식생활관리

MEAL MANAGEMENT

식생활관리

이심열 · 김경민 · 김경원 · 윤지현 · 송수진 지음

교문사

식생활이란 먹는 일에 관한 생활, 즉 식품의 섭취와 관련한 모든 행위로 인간이 건강과 생명을 유지하기 위한 가장 필수적인 요소이다. 식생활은 사회 환경변화와 밀접한 관련성이 있으며 현대에 들어서 이러한 환경의 변화에 따라 식생활도 더욱 다양하고 급속하게 변화되고 있다. 최근 과학기술이 발달하고 국제적인 교류가 활발해지면서 가공식품의 이용과 외식이 증가하고 있으며 지구 온난화, 1인 가구의 증가, 인구의 고령화, 디지털 기술의 발달, 감염병의 유행 등은 생활환경에 영향을 미쳐 우리의 식생활 양상을 크게 변화시키고 있다. 또한 식생활에 관한 각종 왜곡되고 과장된 정보로 인해 식생활의 안전성이 위협을 받고 있다. 이러한 식생활환경 속에서 식생활관리자는 바람직한 식생활관리를 위해 과학적이고 현명한 의사결정을 할 수 있어야 한다. 이를 통해 경제상태, 기호를 충족시키면서도 위생적이고 영양적으로 균형 잡힌 식사를 가능하게 하여 건강을 유지하게 할 수 있는 것이다. 따라서 식생활관리자는 식생활 전반에 걸쳐 과학적이며 합리적인 관리를 할 수 있도록 전문 지식과 기술을 습득하고 능력을 개발하여, 식생활 관리 과정에서 이를 실천하도록 해야 한다.

대학에서는 식생활 관련 전공 학생들에게 급속하게 발전하고 변화되어 가는 식생활환경에 알맞은 새로운 교재의 필요성이 제기되어, 이에 공감하는 식생활 관련 분야 저자들이 모여 자료 수집과 논의 등을 거쳐 본 교재를 발간하게 되었다. 본 교재는 새로운 식생활 환경에 적합하고 실제적인 측면에서 식생활관리의 길잡이가 될 수 있는 교재의 역할을 충족시키기 위해 식생활에 영향을 미치는 여러 환경요인을 파악하고 일상 식생활에서 직접 적용할 수 있는 식단작성 부분을 강조하였으며, 식생활관리의 기본 실습을 추가하였다. 그러나 아직 미흡한 부분이 많을 것으로 여겨지며, 앞으로도 저자들은 본 교재에 대한 지속적인 관심과 노력을 기울여 더욱 알찬 교재로 키워나갈 것임을 약속드린다.

이 책이 나오기까지 아낌없는 지원을 해주신 교문사의 류제동, 류원식 대표이사님과 직원 여러분께 깊은 감사를 드린다.

2022년 8월
저자 일동

차례

머리말 4

CHAPTER 1   **식생활관리의 개요**

1. 식생활과 식생활관리 11
2. 식생활관리의 기초 14
3. 식생활의 가치 18
4. 식생활산업 25

CHAPTER 2   **식생활의 변화와 식생활관리**

1. 식생활의 변화 요인 35
2. 가정 외 식생활의 증가와 식생활관리 45
3. 새로운 식품의 등장과 식생활관리 49
4. 식생활 서비스의 디지털화와 식생활관리 58

CHAPTER 3   **식생활관리의 목표**

1. 영양면 67
2. 경제면 74
3. 기호면 81
4. 위생면 85
5. 시간과 노력면 89
6. 지속가능성면 94

CHAPTER 4   **식생활관리를 위한 기본지식**

1. 식사계획의 기본원칙 103
2. 한국인 영양소 섭취기준 107
3. 식사구성안 110
4. 식생활지침 114

CHAPTER 5 **식단의 계획 및 평가**

1. 식단 작성의 기본 131
2. 식단 작성 140
3. 식단 작성 프로그램의 활용 163
4. 식단 평가 177

CHAPTER 6 **식단 작성의 실제**

1. 생애주기별 식단 195
2. 가족 식단 228
3. 특수성을 고려한 식단 230

CHAPTER 7 **식품의 구매 및 저장**

1. 식품구매의 개요 251
2. 식품구매 계획 253
3. 식품구매 정보 260
4. 식품별 구매 방법 271
5. 식품의 저장 287
6. 식품별 저장 방법 291

CHAPTER 8 **위생 및 안전관리**

1. 위생관리 301
2. 주방의 안전관리 313
3. 음식물 쓰레기 관리 322

SUPPLEMENT **부록**

1. 2020 한국인 영양소 섭취기준 요약표 332
2. 각 식품군의 대표식품 및 1인 1회 분량 342
3. 권장식사패턴을 활용한 생애주기별 식단 구성 예시 350

참고문헌 362
찾아보기 367

식생활관리의
개요

1. 식생활과 식생활관리
2. 식생활관리의 기초
3. 식생활의 가치
4. 식생활산업

식생활관리의 개요

식생활관리 역량은 식생활 분야 전문가들이 필수적으로 갖추어야 할 역량이다. 식생활 분야의 다양한 직역에서 식생활관리의 역량을 활용할 수 있다. 현대인은 식생활을 통해 건강, 행복, 환경보호, 사회 공정성의 가치를 추구하며, 식생활산업은 이러한 가치와 상호 영향을 주고 받으며 성장해 왔다.

학습목표

1. 식생활과 식생활관리의 개념을 설명할 수 있다.
2. 식생활관리의 주체, 대상, 자원에 대하여 설명할 수 있다.
3. 식생활관리 역량을 활용할 수 있는 다양한 직업군을 나열할 수 있다.
4. 식생활의 가치를 변화의 방향과 함께 제시할 수 있다.
5. 식생활산업을 분류하고 그 실태를 설명할 수 있다.

1 식생활과 식생활관리

1) 식생활

'식생활'이란 먹는 일이나 먹는 음식에 관한 생활이다. 여기서 '생활'은 인간의 삶, 즉 사람이 생명을 유지하고 살기 위해서 행하는 활동으로 정의된다. '의식주'라는 용어에서 짐작할 수 있듯이 식생활은 의생활, 주생활과 함께 생활중에서도 가장 기본이 되는 일상생활을 구성하며, 이러한 일상생활의 요소 중에서도 가장 필수적인 요소이다. 인간은 의·식·주생활로 대표되는 일상생활이외에 직업생활, 여가생활, 종교생활 등을 영위하며 살아간다.

우리나라의 경우 2가지 법에서 식생활을 정의하고 있는데, 이러한 정의를식생활의 사전적 정의와 함께 **표 1-1**에 정리하였다. 식생활을 국민영양관리법에서는 '식품의 섭취와 관련된 행위'로, 식생활교육지원법에서는 '음식물의 섭취와관련된 활동'으로 정의하고 있어 그 정의에 큰 차이가 없다고 볼 수도 있지만,조금 더 살펴보면 두 법에서 식품 또는 음식물 섭취와 '관련된' 행위 또는 활동의 범위를 상당히 다르게 설정하고 있음을 알 수 있다. 국민영양관리법에서는식문화, 식습관, 식품의 선택 및 소비와 같이 인간의 일상생활 영역에서의 식품섭취와 관련된 영역만을 식생활의 범주에 포함시키고 있는 반면, 식생활교육지원법에서는 이러한 일상생활 영역뿐 아니라 식품의 생산 및 가공과 같이 산업영역까지도 식생활의 범주에 포함시키고 있다. 물론 농작지를 경작하고 가축을기르는 식품 생산의 단계부터 이를 저장, 섭취하기 위해 가공하는 일까지 모두가정에서 이루어지던 산업화 이전의 시대를 생각한다면 식품의 생산 및 가공을 식생활의 범주에 포함시키는 식생활교육지원법의 정의가 자연스러울 수 있으나 현대 사회에서 적용하기에는 그 정의가 지나치게 넓어 적절하지 않은 것으로 생각된다.

식생활, 즉 '식품의 섭취와 관련된 모든 행위'는 식품의 선택(Choice), 조리(Cooking), 섭취(Consumption), 정리(Cleaning)의 4C 과정으로 구성된다고 볼 수

표 1-1 **식생활의 정의**

근거	정의
사전	[표준국어대사전] 먹는 일이나 먹는 음식에 관한 생활 [두산백과] 인간의 생활 중에서 생명의 유지 및 생체의 활동에 필요한 영양분을 섭취하기 위해서 여러 가지 음식을 먹는 일
국민영양관리법	(제2조 1항) "식생활"이란 식문화, 식습관, 식품의 선택 및 소비 등 식품의 섭취와 관련된 모든 양식화된 행위를 말한다.
식생활교육지원법	(제2조 1항) "식생활"이란 식품의 생산, 조리, 가공, 식사용구, 상차림, 식습관, 식사 예절, 식품의 선택과 소비 등 음식물의 섭취와 관련된 유·무형의 활동을 말한다.

있다. '선택' 단계는 주로 식품의 구매로 구성되겠으나, 직접 가꾼 텃밭에서 기른 채소를 식재료로 사용하는 것 등을 포함할 수 있다. '조리' 단계는 식재료를 세척하고, 자르고, 익히는 등의 과정으로 앞선 단계에서 선택한 식품의 유형에 따라 간소화되거나 생략되기도 한다. 예를 들어, 밀키트를 구매한 경우 조리 과정이 매우 간소화될 수 있다. 가정간편식을 구매한 경우 그대로 섭취할 수 있어 조리과정이 생략될 수 있으며, 간단한 가열만으로 조리가 완료될 수도 있다. '섭취' 단계는 음식물을 입을 통하여 신체로 들이는 과정으로 협의의 소비 단계로 불리기도 한다. '정리' 단계는 남은 음식물을 보관하거나 처리하고, 식기를 세척하거나, 포장 용기 등을 분리 수거하는 등의 단계이다 **그림 1-1**.

그림 1-1 **식생활의 과정(4C)**

자료: 윤지현 외, 지속가능한 식생활·영양 정책 선진 사례 및 국민 식생활 실태조사 개편방안 연구, 2018

2) 식생활관리

식생활관리란 한정된 자원으로 식생활의 목표를 달성하기 위하여 식생활을 계획(plan), 실행(do), 평가(see)하는 과정이다. 식생활이란 먹는 일에 관한 생활, 즉 식품의 섭취와 관련한 모든 행위이므로, 식생활관리는 식품의 섭취와 관련한 모든 행위를 계획, 실행, 평가하는 과정이라 할 수 있다.

관리에는 목표가 중요한데, 전통적으로 식생활관리의 목표는 영양, 경제, 기호, 위생, 시간과 노력 측면에서 논의되어 왔으나 최근에는 이에 더하여 지속가능성 측면의 목표가 중요하게 대두되고 있다. 식생활관리의 목표는 영양적으로 충분하고 균형 잡힌 식사, 가정의 경제 상태를 고려한 합리적인 식품비로 구성된 식사, 기호를 만족시키는 식사, 위생적으로 안전한 식사, 시간과 노력의 효율적 사용으로 준비된 식사, 친환경적이고 윤리적인 식사를 계획하고 실천하는 것이다. 식생활이 추구하는 가치에 따라, 식생활관리의 목표도 변화할 수 있으며 목표별 가중치도 달라질 수 있다. 본 교재에서는 주로 영양적 측면의 목표 달성을 위한 식생활관리의 지식과 기술을 다룬다.

과거의 식생활관리에서 '계획'은 메뉴(식단)를 결정하는 과정으로 여겨져 왔다. 그러나 현대인의 식생활관리에서 '계획'은 메뉴의 결정 이전에 식사를 집에서 할지, 외식으로 할지 또는 집에서 하더라도 직접 조리하여 먹을지, 간편식을 이용할지, 배달을 시켜 먹을지 등을 포함하여 어떠한 메뉴로 식사를 할지 결정하는 과정까지 포함한다. 식생활관리에서 '실행'은 앞서 배운 식생활의 과정인 4C, 즉 식품의 선택, 조리, 섭취, 정리의 단계로 이루어진다. 식사 계획 단계의 의사결정에 따라 조리나 정리의 과정이 생략 또는 간소화될 수 있다. 식생활관리에서 '평가'는 실행한 식생활에 대한 비공식적, 공식적 평가를 모두 포함한다. 이러한 평가 결과는 다음 식생활 계획에 반영된다. IT의 발달로 이러한 평가의 결과가 다른 사람들과 쉽게 공유되기도 하며, 반대로 타인의 평가가 다음 식생활 계획에 영향을 미치기도 한다.

2 식생활관리의 기초

1) 식생활관리의 주체와 대상

식생활관리의 주체, 즉 식생활을 계획, 실행, 평가하는 책임자를 식생활관리자라고 한다. 식생활관리자는 식생활, 즉 먹는 일과 관련된 의사결정을 수행하고 실천한다.

사람은 누구나 어떤 목표를 가지고 살아가며, 이 목표를 보다 효율적으로 성취하기 위하여 의식적, 무의식적으로 노력을 한다. 우리가 지닌 돈, 시간, 에너지 등은 한정되어 있고, 어떠한 목표이든 그것을 충족하는 방법은 여러 가지가 있기 때문이다. 이때 우리는 목표를 달성하기 위한 몇 가지 방법 중에서 어떤 것을 선택해야만 한다. 이렇게 한 가지를 선택하는 것을 의사결정이라고 하며, 의사결정 과정은 개인이나 기업, 정부 등의 조직이 어떤 상태의 문제에 직면했을 때 그가 그 문제를 확인하고 그것을 해결하기 위한 대안을 탐구하고 평가하여 그중에서 가장 적합하다고 판단되는 하나의 대안을 선택하는 과정이다.

식생활에서도 구매식품, 조리방법의 결정 등 여러 가지 선택이 놓여 있다. 식생활은 다양한 요소가 포함된 종합적인 활동이므로 식생활관리자는 바람직한 식생활을 위해 수많은 의사결정을 하게 된다. 식생활관리자의 의사결정은 개인의 가치관과 상황에 따라 그 기준이 달라질 수 있다. 오로지 가격에만 의존할 수도 있고, 조리시간을 기준으로 선택할 수도 있고, 그 외의 다양한 기준에 따라서 선택할 수도 있다.

식생활관리자는 각자의 기준에 따라 목표를 달성하기 위해 합리적인 방법으로 의사결정을 내려야 한다. 좋아하는 식품을 구입하는 것이 합리적인 결정일 경우도 있고, 시간이 없는 사람은 식품 재료를 구입하여 음식을 만드는 것보다 완제품을 사는 것이 합리적일 수 있다. 환경 보존을 중요하게 생각하는 식생활관리자는 가격이 비싸더라도 일반 채소 대신에 친환경 농산물을 구입하는 것이 합리적인 결정이 될 것이다.

합리적인 의사결정은 식생활관리자가 처한 환경에서 자신이 알고 있는 지식과 기술을 충분히 이용하는 것이다. 그러나 식생활관리자는 경우에 따라 감정적 요인, 특별한 상황에 의해 비합리적인 결정을 내리기도 한다. 그러므로 식생활관리자는 합리적인 식생활이라는 목표를 달성하기 위하여 한정된 수단과 자원 내에서 우리가 원하는 것이 무엇이며 무엇을 얻어야 할지를 조정하면서 끊임없이 의사결정을 해나가야 한다. 최근 외식문화가 급속하게 확산되면서 가정의 외식비 지출이 크게 증가되고 있는데, 이러한 외식 시에 어떠한 음식을 먹을까 하는 선택도 각자의 기준에 따른 의사결정으로 볼 수 있다.

식생활관리의 대상그림 1-2에 따라 식생활관리자의 유형을 4가지로 분류할 수 있다. 첫 번째 유형은 스스로 식생활관리를 하는 식생활관리자이다. 두 번째 유형은 스스로 식생활관리를 하기 어려운 가족 구성원(영유아, 고령자 등)이나 동거인을 대상으로 하는 식생활관리자이다. 한 가구의 식생활관리자가 꼭 한 명일 필요는 없으므로, 경우에 따라서 한 가구에 복수의 식생활관리자가 있을 수도

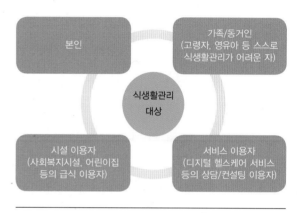

그림 1-2 **식생활관리의 대상**

있다. 또한 가사도우미가 한 가정의 식생활관리자일 수도 있다. 세 번째 유형은 시설 이용자의 식생활관리자로, 단체급식소의 영양사가 이 유형에 해당한다. 네 번째 유형은 서비스 이용자의 식생활관리자이다. 앱 기반 건강 코칭 서비스 이용자 또는 맞춤형 식단관리가 필요한 운동선수의 생활관리자가 이 유형에 해당되며 이러한 식생활관리자를 식생활 컨설턴트 또는 식생활 큐레이터라 부르기도 한다.

2) 식생활관리의 자원

일반적으로 관리의 자원은 재정 자원(money), 인적 자원(man), 물적 자원(material)의 3M으로 구분된다표 1-2. 기업의 경우, 돈을 지불하고 얻은 노동력과 시

표 1-2 **식생활관리의 자원(3M)**

재정 자원(Money)	돈
인적 자원(Man)	지식, 기술, 능력, 시간, 노력
물적 자원(Material)	식재료, 식기, 조리시설, 조리기구, 설비, 에너지

설·재료를 자원으로 투입하여 제품을 생산하거나 서비스를 제공한다. 식생활관리의 경우, 노동력과 조리시설·식재료를 이용하기 위하여 돈을 지불하기도 하나, 관리자 본인이나 타인(가족, 친구)의 노동력을 이용하거나 직접 재배한 농작물을 이용하는 경우에는 직접적으로 돈을 지불하는 행위는 이루어지지 않는다. 따라서 식생활관리의 자원을 재정 자원, 인적 자원, 물적 자원 3가지로, 또는 재정 자원을 제외하고 인적 자원과 물적 자원 2가지로 볼 수 있다.

인적 자원이란 식생활관리자 본인 또는 타인의 지식, 기술, 능력, 시간, 노력 등을 의미한다. 식사를 계획하고 식재료를 구매하여 조리하기 위해서는 시간이 필요한데 어떠한 종류의 식품을 어떠한 방법으로 조리하느냐에 따라 소요되는 시간은 차이가 있을 것이다. 또한 이러한 작업 과정에는 일정량의 노력이 필요하다. 시간과 노력이 식생활관리에 투입되는 비율은 식생활관리자의 사정과 가치관에 따라 달라질 것이다. 예를 들어, 직장생활을 하는 사람은 시간을 절약할 수 있는 관리 방법을 택하는 경향이 있고 이는 식생활의 형태에 많은 영향을 미치게 된다.

물적 자원에는 식품, 식기, 조리 시설 및 기구, 설비, 에너지 등이 포함된다. 이러한 물적 자원들은 식생활 및 관련 산업의 발전과 함께 다양화, 간편화되어 왔다. 특히 최근에는 다양한 가정간편식, 밀키트 등이 시장에서 널리 판매되고 있다. 또한 매주 규칙적으로 샐러드나 국 등의 반찬을 주문배달의 형태로 제공하는 식품 구독 서비스도 증가하는 추세에 있으며, 배달 가능한 음식의 종류도 다양해지고 있다. 식재료의 종류도 다양화되어, 세계 각국으로부터의 수입농산물, 대체육과 대체유와 같은 대체 식품 등이 시장에 소개되어 선택 받고 있다. 뿐만 아니라 식사관리용 식품이 제도권으로 들어옴에 따라 시장의 급속한 확대가 예상되며, 건강기능식품이 새로운 선택지로 등장하였다. 시설 설비 중 스마트 조리기구의 등장도 식생활관리의 물적 자원 변화의 대표적인 현상이다.

식생활관리의 자원은 서로 대체될 수 있다. 돈(재정 자원)을 더 지불하여 손질된 식재료를 구입하면 조리에 드는 시간과 노력(인적 자원)을 단축할 수 있다. 가공식품(물적 자원)을 많이 이용하면 조리를 도와줄 사람(인적 자원)을 덜 쓸 수 있다. 식품 구매나 조리에 필요한 지식과 기술(인적 자원)을 통해 식재료와 연료(물적 자원)뿐 아니라 시간과 노력(인적 자원), 나아가 돈(재정 지원)을 절약할 수 있다.

3) 식생활관리의 역량 및 활용 분야

식생활관리의 역량은 식품과 조리 및 식생활교육에 대한 지식과 기술, 영양과위생에 대한 지식, 정보탐색 능력과 의사결정력, 예술적 감각 등으로 이루어진다. 식생활관리 역량은 일반인에게도 중요하지만, 식생활 분야 전문가에게는 더욱 필수적이다. 이러한 식생활관리 역량은 **표 1-3**과 같이 다양한 분야에서 활용될 수 있다.

식생활 분야 전문가가 학교, 병원, 산업체 등에서 급식관리자로 일하는 경우 반드시 필요한 지식인 단체급식관리의 기초가 되는 지식은 식생활관리의 지식에 그뿌리를 두고 있다. 식생활의 사회화에 따라 많은 사람들이 식사를 가정 내가 아닌가정 밖에서 해결하게 되었고, 이러한 가정 밖의 식사 중 급식의 경우, 영양사들이가정 내 식생활관리자의 역할을 대신하여 피급식자의 식생활을 관리하게 된다. 또

표 1-3 **식생활관리 역량의 활용 분야**

구분	활용 분야	직업 예
일반인	자신 또는 가족/동거인의 식생활관리	–
식생활 분야 전문가	타인 또는 시설 이용자의 식생활관리	개인 전담 영양사, 급식소 영양사, 공유부엌 운영자
	식생활관리 교육	임상영양사, 영양교사 지역사회 영양사(보건소, 어린이급식관리지원센터)
	식생활관리 자원 개발	식품기업 연구원, 식품기업 마케팅 담당자 식생활관리앱 개발자
	식생활 정책 수립 및 시행	정부기관 또는 지자의 식품영양 정책 분야 공무원

한 식생활분야 전문가들은 가정 내 식생활관리자들이 제대로 그 역할을 할 수 있도록 교육해야 하는 업무를 담당할 수 있다. 병원의 임상영양사나 보건소, 어린이 급식관리지원센터 등의 지역사회 영양사, 학교의 영양교사 등이 주로 수행하는 식생활교육의 주된 내용이 바로 식생활관리이다.

최근 들어 영양사들이 전통적인 직역을 벗어나 식품제조 및 유통 기업, 푸드테크 기업 등에 취직하는 사례가 증가하고 있는데, 이러한 곳에서 영양사들은 새로운 식품이나 서비스를 개발하고 마케팅함으로써 식생활관리의 자원 형성에 기여하게 되고 이러한 업무를 제대로 수행하기 위해서는 식생활관리의 지식 활용이 필수적이다.

중앙정부 및 지자체 등에서 수행하는 식생활 관련 정책이 증가함에 따라 영양사들은 식생활관리의 지식을 바탕으로 국민 건강 및 식생활의 지속가능성 증진을 위한 식생활 정책의 수립 및 시행에 참여한다. 영양 섭취 측면에서 취약한 계층들이 다양화되고 있고, 이러한 계층들의 식생활 지원에 대한 정책 필요성이 커지고 있다. 영양취약계층의 식생활 지원의 일환으로 현금이나 현물(식품)을 지원하는 것도 중요하지만, 이와 함께 이러한 계층들이 스스로 식생활관리를 수행할 수 있는 능력을 길러주는 것이 중요하다. 우리나라의 대표적 영양취약계층으로는 고령자, 1인 가구, 다문화가정 등을 들 수 있다. 이러한 계층들이 가지고 있는 식생활의 문제는 다양한데, 식생활관리 전문가들이 이들의 식생활의 질을 높일 수 있는 정책의 수립과 실현에 기여할 수 있다. 영양취약계층에 대한 식품의 현물지원사업인 농식품바우처 사업의 경우, 식품의 지원과 함께 식생활관리 역량을 키우기 위한 식생활교육의 필요성이 제기되어 정책 수립의 방향에 포함되어 있다.

3 식생활의 가치

1) 식생활과 건강

배고픔을 해결하고, 성장과 활동을 위한 최소한의 에너지와 영양소를 섭취하는 식생활의 1차적, 생리적 기능은 여전히 중요하지만, 현대인들은 식생활을 통해 건강을 유지하고 증진하는 것에 점점 더 큰 관심을 갖는다. **그림 1-3**에서 보는 바와 같이 우리나라 사람들의 주요 사망원인으로 암, 심장 질환, 뇌혈관 질환과 같은 만성질환이 상위를 차지함에 따라, 특히 만성질환 예방과 치료에 도움이 되는 식생활에 대한 관심이 높아지고 있다.

그러나 우리나라 국민의 식생활을 분석한 결과에 따르면, 여전히 술의 섭취량이 많고 육류의 섭취는 지속적으로 증가하는 반면, 과일과 채소를 포함한 식물성 식품의 섭취는 감소하고 있다. 즉 건강한 식생활에 대한 관심은 높지만 그 실천률이 높지는 않다. 한편 균형 잡힌 식사와 간식을 통한 건강한 식생활을 실천하기 위한 노력보다 건강기능식품과 같은 보조식품의 섭취를 통한 건강 증진을 추구하는 인구가 증가하고 있다. TV, 신문 등의 여러 대중매체와 인터넷이 식생활에 대한 정보의 홍수로 범람하는 것 또한 건강지향적인 식생활에 대한 높은 관심을 보여준다.

그림 1-3 **2020년 한국인의 사망원인**
자료: 통계청, 2020년 사망원인통계 결과, 2021

식습관이 전세계 사망원인의 5분의 1이라는 연구 결과가 나왔다

세계적인 의학 저널 '랜싯(Lancet)'에 실린 이 연구는 우리가 매일 먹는 음식이 흡연보다 더 큰 사망 원인이며 전 세계에서 발생하는 사망의 5분의 1이 음식과 연관돼 있다는 걸 알아냈다. 소금은 사람들의 수명을 가장 많이 단축시켰다. 빵에 들어있는 소금이든 간장이나 가공육에 들어있는 것이든 마찬가지였다. 연구진은 이 연구가 비만에 관한 것이 아니라 심장에 악영향을 미치며 암을 발생하는 '저질' 식품에 관한 것이라고 말했다. (중략)

머레이 교수는 말했다. "당신의 체중이 얼마든 간에 먹는 양은 중요합니다." "정말 중요한 것은 통곡물, 과일, 견과류, 씨앗류, 야채 섭취를 늘리고 소금 섭취는 줄여야 한다는 거에요."

그러나 돈이 문제. 가난한 나라에서는 권장량의 과일과 야채를 섭취하는 비용이 가계소득의 최대 52%까지 차지한다.

포로히 교수는 이렇게 경고한다. "적절한 지도와 정보를 제공받으면 사람들은 더욱 건강한 식품을 선택할 수 있어요. 하지만 상점에서 1+1 행사로 나와 있는 식품이 건강하지 않다면 그런 정보는 효과 없겠죠." "건강하면서도 저렴한 식품이 정말 필요합니다."

머레이 교수와 포로히 교수 모두 영양소(지방, 설탕, 소금)에 집중하는 것보다는 사람들이 어떤 음식을 먹는 게 중요한지를 말하는 게 더 필요하다는 데 동의했다.

자료: BBC 뉴스, 2019
기사 전문: https://www.bbc.com/korean/news-47823116

2) 식생활과 행복

현대인이 식생활을 통해 추구하는 첫 번째 가치로 언급한 건강 못지않게 중요한 가치가 바로 먹는 즐거움, 즉 행복이다. 인간은 맛있는 음식을 가족, 지인들과 함께 먹으며 정을 나누고 사교를 하는 식생활을 통해 행복을 추구한다. 물론 최근 혼밥, 혼술을 즐기는 사람들이 증가하고 있는 것은 사실이지만, 사회적 동물인 인간은 궁극적으로 주위 사람들과 소통하고 관계를 맺는 시간과 공간에서 식생활의 가치로서 삶에 대한 만족과 행복을 느끼고 추구하게 된다. 간혹 영화나 소설에서 영양제 등의 간단한 섭취만으로 필요한 영양소를 섭취하고 건강을 유지하는 미래가 그려지곤 하는데, 식생활의 중요한 가치 중 하나가

··· 더보기

음식이 갖는 의미, 작은 행복을 주는 것

우리가 인생을 살아가면서 기쁨과 행복을 느낄 때가 실제로는 많지 않다. 가장 기뻐해야 할 때인 내가 이 세상에 태어날 때, 나는 기쁨을 느끼지 못했던 것 같다. 사람이 '응애응애' 울고 태어난 것을 보면 분명 기쁨은 느끼지 못했을 것이다. (중략)

흔히 요즘 행복을 느낄 때가 언제인지 물어보면 남녀노소의 차이는 다소 있지만 맛있는 것을 먹을 때라고 한다. 정확한 통계는 아니지만 젊은 사람들은 좋은 사람들과 맛있는 것을 먹으면서 마음에 맞는 사람들과 이야기하는 것이고, 나이 좀 드신 분은 좋은 장소에서 마음에 맞는 사람들과 걸으면서 이야기하고 맛있는 것을 먹는 것이라고 한다.

맞는 말인 것 같다. 자식들이 잘되는 것은 큰 기쁨이지만 매일 기쁨을 전달할 수는 없고, 맛있는 음식을 생각이 맞는 사람들이랑 같이 먹을 때 그나마 일상에서 소소한 행복을 느끼는 것 같다. 특히 요즘같이 코로나 때문에 세계 여행을 가기가 쉽지 않을 때는 그 느낌이 더욱 새로운 것 같다. 1960년대 이전에는 음식이 살기 위한 수단이었고, 70~80년대에는 음식이 먹고 일하기 위한 수단으로 인식됐다. 이제 음식은 먹고 즐기고 행복을 느끼는 가장 소소한 수단으로 바뀐 것이다. (중략)

여태껏 가공식품을 먹고 행복을 느꼈다고 이야기하는 사람은 거의 보지 못했다. 지금 식품정책은 기업이 돈 버는 데에 맞춰져 있는데 국민의 건강과 행복에도 초점이 맞춰져야 한다. 이참에 우리나라의 헌법도 바뀌어야 한다. 과학기술도 경제발전에 맞춰져 있는데 국민의 행복에도 초점이 맞춰져야 한다. 국민의 건강, 안전, 여유와 행복, 우리의 환경도 다 과학기술이 감당해야 할 영역이다.

선진국시대, 고령화시대에 음식의 의미를 생각할 때다. 이에 대한 인식과 정책도 바뀌어야 할 것 같다.

자료: 식품외식경제, 2020
기사 전문: https://www.foodbank.co.kr/news/articleView.html?idxno=59884

행복인 것은 불변의 진리이므로 이러한 미래는 결코 현실이 될 수 없음을 이해할 수 있을 것이다.

3) 식생활과 환경보호

식생활을 통해 그동안의 인류가 추구해 온 주요 가치가 건강과 행복이라면,

그림 1-4 **UN의 지속가능발전목표**
자료: 유네스코한국위원회, 우리가 원하는 미래를 위한 약속, 2020

비교적 최근에 더해진 가치가 환경보호라 할 수 있다. 식생활의 환경보호 가치는 매우 오래전부터 논의되어 오긴 하였으나, 2015년 국제연합(UN)이 지속가능발전목표(Sustainable Developmet Goals, SDGs)를 발표하고 이를 달성하기 위한 전지구적인 실행계획을 촉구하면서 더욱 주목을 받게 되었다. 지속가능발전목표의 달성을 위해서는 지속가능한 식품시스템의 수립 및 유지가 필요한데, 특히 목표 2(기아 종식), 3(건강과 웰빙), 12(책임 있는 소비와 생산), 13(기후행동)의 달성을 위해서는 식품시스템을 지속가능한 식품시스템으로 대전환하는 것이 필수적이다 **그림 1-4**.

식품시스템을 통해 발생하는 온실가스가 전 지구 온실가스 발생량의 20~25%에 달하고, 식품시스템은 가용수의 약 70%를 사용하고 있는 것으로 보고되고 있다. 이토록 많은 온실가스를 발생시키고 자원을 소모하여 생산한 식품의 1/3은 원래의 목적대로 소비되지 못하고 쓰레기로 처리되어 버린다. 따라서 이러한 식품시스템이 보다 지속가능성을 확보하는 것, 다시 말하면 온실가스를 덜 발생시키고, 가용수를 덜 쓰고, 쓰레기를 덜 생산하는 방향으로 전환하는

••• 더보기

지구를 위한 5가지 똑똑한 식습관

우리가 보다 윤리적이고 지속가능한 방식으로 살아갈 수 있는 방법은 많습니다. 특히 좀 더 지속가능한 방식으로 우리의 식습관을 개선한다면 환경에 미치고 있는 심각한 영향을 확실하게 줄일 수 있습니다.

2050년, 전 세계 인구가 97억 명에 다다를 것으로 예상되면서 식량에 대한 수요도 크게 증가할 것으로 보입니다. 우리가 음식을 먹을 때 좀 더 현명한 선택을 통해 기후변화에 대응하고 지역사회를 지원할 수 있는 5가지 방법을 공유합니다.

1. 채식을 실천해 보세요.

전 세계적으로 가축 생산 과정에서 배출되는 온실가스가 전체 온실가스에서 차지하는 양은 무려 14%에 달합니다. 고기를 덜 먹는 채식 위주의 식사는 여러분의 탄소발자국을 줄여줄 뿐만 아니라 소중한 수자원을 아끼고 가축들을 키우기 위해 사용되는 사료 작물 재배를 줄일 수 있게 해줄 것입니다. 채식주의 요리를 소개하는 수많은 앱과 책의 도움을 받는다면, 지구를 위한 한끼 식사가 좀 더 쉽고 즐겁지 않을까요?

2. 제철 과일과 채소를 구매해 보세요.

가장 좋은 식재료란, 가까운 곳에서 생산되고 살 수 있는 신선한 재료들입니다. 될 수 있는 대로 가까운 곳에서 생산된 제철 과일과 채소를 구매하세요. 식재료가 재배되는 산지와 가까운 곳에 살고 있다면 식재료의 원거리 이동이 필요 없어져 지구에 더 이롭습니다. 이는 지역사회의 생산자들을 지원하는 좋은 방법이기도 합니다.

3. 음식 낭비를 줄이세요. (중략)

4. 나만의 작은 텃밭을 가꿔보세요. (중략)

5. 일회용 포장재 사용을 줄여보세요. (중략)

작은 식습관만 바꾸더라도 여러분은 더 건강하고, 깨끗하고, 안전한 지구를 만들 수 있습니다. 4월 22일 지구의 날, 지구를 위한 똑똑한 식습관을 실천해 보세요!

자료: 그린피스, 2020
기사 전문: https://www.greenpeace.org/korea/update/13013/blog-etc-eating-for-the-planet

것은 지속가능발전목표의 달성을 위해 필수적이다.

식품의 생산, 가공, 유통, 소비의 단계로 구성된 식품시스템의 소비 단계에 해당하는 것이 '식생활'이라 할 수 있다. 이러한 식생활이 지속가능한 방식으로 이루어지지 않는다면, 즉 식품산업에서 지속가능한 방식으로 생산, 가공, 유통한 식품을 소비자가 선택해주지 않는다면 궁극적으로 지속가능한 식품시스템은 유지될 수 없다. 이에 따라 최근에는 인류의 건강뿐만 아니라 지속가능성을 위해서도 식생활의 중요성이 더욱 강조되고 있다.

4) 식생활과 사회 공정성

환경보호와 더불어 식생활이 추구해야 할 가치로 사회 공정성이 있다. 지속가능성(Sustainability)과 ESG(Environment, Social, Governance)에 대한 사회적 관심이 증가하면서, 이들의 주요 가치 중 하나인 사회 공정성이 식생활에서도 중요한 가치로 떠오르고 있는 것이다. 예를 들어, 현대 사회에서 공정무역으로 수입된 식품, 노동자의 인권과 복지를 잘 챙기는 기업이 만들고 유통하는 식품, 사회적 책임을 다하는 기업의 식품 등을 우선적으로 구매하고자 하는 소비자들이 늘어나고 있는 것은 식생활에서 건강, 행복, 환경보호와 함께 사회 공정성이 중요한 가치로 떠오르고 있음을 보여주는 좋은 사례이다.

4 식생활산업

식생활산업은 공식적인 보고서나 국가 통계에서 그 범위가 명시되어 있지는 않다. 그러나 생활산업이 "가정생활 영역에서 이루어졌던 의식주에 필요한 재화와 서비스의 시장 생산화 및 사회화와 관련된 산업"으로 정의되므로, 식생활산업을 "식생활 관련 재화나 서비스를 생산하는 활동에 종사하는 생산단위(주로 기업)의 집합"으로 정의할 수 있다.

전통적으로 식생활산업이라 하면 식품산업을 지칭하는 경우가 일반적이었다. 그러나 최근에는 영양상담서비스를 제공하거나 식생활 관련 정보를 제공하는 영양관리서비스를 제공하는 기업들이 증가하고 있고, 이러한 기업들은 식품산업에 포함되지 않지만 식생활산업의 범주에 속하는 기업으로 볼 수 있다. 따라서 협의의 식생활산업은 식품산업만을 포함하는 것으로 볼 수 있으나, 광의의 식생활산업은 식품산업뿐 아니라 영양관리서비스산업까지 포함한다.

1) 식품산업

식품산업에는 1차 산업에서 생산된 농·수·임·축산물을 원료를 이용하여 식품을 제조·가공하는 2차 산업과 이러한 식품을 조리·가공하여 소비자에게 제공하는 3차 산업(서비스업)이 포함된다. 즉, 식품산업은 식품을 생산, 가공, 제조, 조리, 포장, 보관, 수송 또는 판매하는 산업으로도 정의될 수 있으며, 식품제조업, 외식업, 식품유통업을 모두 포함한다.

이러한 식품산업의 현황을 보여주는 주요 통계 자료는 통계청 홈페이지에 공개되어 있지만, 보다 구체적인 자료는 한국농수산식품유통공사가 운영하는 식품산업통계정보 사이트(http://www.atfis.or.kr)에서 확인할 수 있다 그림 1-5.

우리나라 식품산업의 시장 규모는 2019년 기준 535.5조원으로, 이 중 식품제조업(음식료품 제조업)이 126.5조원, 외식업(음식점업)이 144.4조원, 식품유통업이 264.6조원(도매업이 153.2조원, 소매업이 111.4조원)을 구성하고 있다. 상황에 따라서 식품산업에 식품제조업과 외식업만을 포함하여 협의의 식품산업 규모를 추산하며, 이러한 경우 식품산업의 시장 규모, 즉 협의의 식품산업의 규모는 270.9조원으로 볼 수 있다 표 1-4.

우리나라의 식품산업은 꾸준히 성장해 왔는데, 특히 외식업이 매우 빠른 속도로 성장해 왔다. 아직 공식 통계는 발표되지 않았으나, 코로나19 대유행이 시작된 이후 이러한 외식업의 성장세는 둔화되거나 퇴보하였을 것으로 예상되는 반면 식품유통업은 온라인을 중심으로 빠른 속도로 확장되었을 것으로 추정된다.

(1) 식품제조업

1960년대 이전 우리나라의 식품제조업은 통조림, 건조식품 등 간단한 가공식품을 생산하는 수준이었다. 이후 경제개발 5개년 계획에 포함된 국민생활개선운동의 일환인 분식장려정책에 힘입어 제면·제빵업이 급속히 성장함에 따라 식품제조업의 발전이 본격화되었다. 특히 이 시기에 생산되기 시작한 라면은 식

그림 1-5 **식품산업통계정보 홈페이지 화면**

표 1-4 **식품산업 시장 규모(2017년~2019년)**

구분	2017	2018	2019	전년대비 증가율(%)
협의의 식품산업(A+B)	242,410.3	260,315.0	270,853.6	4.0
※ 유통 포함(A+B+C+D)	498,463.9	521,332.8	535,526.1	2.7
음식료품 제조업(A)	114,110.5	122,131.9	126,461.6	3.5
음식점업(B)	128,299.8	138,183.1	144,392.0	4.5
식품 유통업(C+D)	256,053.6	261,017.8	264,672.5	1.4
−음식료품 및 담배도매업	153,523.4	154,134.7	155,895.4	1.1
*담배제외(C)	150,704.7	151,474.2	153,249.5	1.2
−음식료품 및 담배소매업	24,002.1	24,989.7	25,565.2	2.3
*담배제외	23,783.3	24,662.6	25,136.8	1.9
−식품 소매업(D)	105,348.9	109,543.6	111,423.0	1.7

자료: 한국농수산식품유통공사, 2021년 식품외식산업 주요 통계, 2021

품제조업의 발전에 크게 기여하였다.

식품산업의 태동기라 할 수 있는 1970년대까지 식품제조업은 주로 식품의 영양공급 기능에 주력하였다. 식품산업의 성장기인 1980~1990년대에는 식품의 맛과 향미를 중시하여 소비자의 기호를 만족시키기 위한 다양한 제품 개발이 이루어졌다. 이 시기에 맥주, 식용유, 햄, 소시지 등의 육가공품, 아이스크림, 발효유 등의 낙농 제품을 비롯한 다양한 가공식품이 생산되면서 국민들의 식생활에 많은 변화를 가져왔다. 이후 21세기에 들어서면서 식품에 함유된 생리적 활성을 강조하는 건강기능식품과 더불어 안전성, 영양, 기호 및 편리성 등을 함께 고려한 고부가가치의 다양한 가공식품들이 생산되고 있다. 그 결과, 2000년에 25.5조원이었던 식품제조업의 규모는 20년 동안 5배 가까이 성장하여 2019년에 126.5조원 규모를 기록하였다.

우리나라 국민의 식생활에 큰 영향을 미친 대표적인 가공식품으로는 1960년대의 라면, 1970년대의 바나나 우유, 1980년대의 3분 카레, 1990년대의 즉석밥을 들 수 있다 표 1-5. 이후 21세기 소비자들이 가정에서 원재료를 가지고 긴 시간 조리해 먹는 것보다 조리된 식품으로 간단히 데워 먹거나, 반조리된 식품이나 손질된 식재료를 이용하여 간편하게 조리하여 식사를 해결하려는 경향을 보임에 따라, 이러한 소비자들의 니즈에 부합하는 다양한 가공식품들이 개발·판매되어 왔다.

(2) 외식업

식생활은 크게 가정 안에서 이루어지는 가정 내 식생활(내식)과 가정 밖에서 이루어지는 가정 외 식생활(외식)로 구분할 수 있다. 식생활 중 이러한 외식에 필요한 시설과 식음료를 구비하고 음식서비스를 제공하는 조직들이 외식산업을 구성한다.

우리나라에서 외식업이라는 용어는 국내 최초의 브랜드 프랜차이즈 음식점인 롯데리아(패스트푸드 업종)가 1979년 개점하면서 사용하기 시작한 것으로 보인다. 이후 외식시장의 개방과 더불어 대기업의 참여가 외식업의 발달을 촉

표 1-5 우리나라 국민의 식생활에 큰 영향을 미친 가공식품

내용	
우리나라 최초의 '라면' 등장(1963) - 1963년 처음 치킨라면이 생산되었는데 당시 가격은 10원(현재 라면 가격은 800~1,000원) - 곡식 위주의 생활을 하던 우리나라 사람들은 들어보지도 못했던 라면이란 제품이 나오자 라면의 '면'을 무슨 섬유나 실의 명칭으로 오인하였다고 함	
'바나나 우유' 탄생(1974) - 먹거리 부족현상과 국민의 영양결핍 현상을 해결하기 위해 우유 소비가 권장되었으나, 흰우유 소비가 생각만큼 늘지 않자 우유에 다른 맛을 가한 가공우유 제품 개발을 독려, 1974년에 바나나 우유가 최초로 시장에 출시됨	
'3분 카레' 출시(1981) - 완전 멸균 과정을 거친 즉석식품인 3분 카레제품 - 끓은 물이나 전자레인지로 데우면 바로 먹을 수 있는 '간편식'으로 소비자들의 큰 호응을 받음	
'즉석밥' 등장(1996) - 대한민국 국민의 주식인 밥이 즉석편의식품으로 출시 - 출시 초기에는 밥을 사서 먹는 것에 소비자들이 상당한 거부감을 가졌으나 출시 15년만인 2011년에는 연간 판매량 1억개를 돌파하였음	

자료: 식품의약품안전처, 『국민건강 지킴이 식품위생법 환갑 맞다』, 2022

진하였다. 패스트푸드와 패밀리 레스토랑 중심의 프랜차이즈 기업군이 현대적 시스템 경영방식을 도입함으로써 외식업의 규모를 확대하는 견인차 역할을 하면서 국내 외식업이 급속하게 성장하였다. 외식업은 우리나라에서 성장 산업 중 하나로 각광을 받아 왔으며, 이와 함께 국민의 식생활에서 외식이 차지하는 비중이 높아지고 있다. 외식업의 일부인 급식산업 또한 국민 식생활에 대한 영향과 중요성이 상당히 크다.

(3) 식품유통업

식품제조업, 외식업의 발전과 함께 식품유통업도 지속적으로 발전해 왔다. 1990년대 이전은 공급이 수요에 비해 부족했던 공급자 중심의 시장으로 가공식품을 제조만 하면 팔리는 시대였다면, 1990년대 이후는 공급이 수요를 초과하여 소비자 중심으로 시장이 재편되면서 가공식품의 판매 경쟁이 심화되었다. 식품유통에서의 재래시장의 역할이 축소되고 현대화된 대형 식품할인점 및 슈퍼마켓, 편의점 등이 차지하는 역할이 증대되어 왔다. 나아가 온라인을 통한 식품판매가 전체 식품유통에서 매우 중요한 위치를 차지하기 시작했으며, 최근에는 모바일 식품판매의 규모가 급속도로 커지고 있다.

2) 영양관리서비스산업

병원이나 보건소에서만 이루어졌던 영양상담 및 교육이 영양관리서비스업의 형태로 사업화되고 있다. 특히 최근에는 상담 및 교육 서비스를 맞춤형 식품 추천과 결합한 사업이 각광을 받고 있다. 아직 이러한 산업 분야에 대한 구체적인 통계가 집계되고 있지는 않지만 전문가들은 이러한 영양관리서비스산업의 전망이 매우 밝은 것으로 내다보고 있다.

최근 정부의 공공데이터 구축 및 개방 사업의 일환으로 식품영양성분 정보에 대한 통합 데이터베이스가 구축되어 개인 및 기업에게 제공되기 시작하였으며, 이러한 데이터베이스는 향후 더욱 고도화될 것으로 기대되고 있다. 따라서 이러한 식품영양성분 정보를 이용한 다양한 영양관리서비스산업이 디지털헬스케어산업과 함께 국민 식생활에서 더욱 중요한 위치를 차지할 것으로 보인다. 또한 빅데이터 분석 및 AI 기술이 도입되면서 영양관리서비스산업은 미래의 식생활산업에서 가장 급속한 발전이 기대되는 분야이기도 하다.

요약

- 식생활이란 식품의 섭취와 관련된 모든 행위로, 선택, 조리, 섭취, 정리의 4단계로 구성된다.

- 식생활관리란 한정된 자원으로 식생활의 목표를 달성하기 위하여 식생활을 계획, 실행, 평가하는 과정이다.

- 식생활관리의 주체, 식생활관리자는 식생활, 즉 먹는 일과 관련된 의사결정를 수행하고 실천한다.

- 식생활관리의 대상에 따라 식생활관리자의 유형을 4가지로 분류할 수 있다. 첫 번째 유형은 스스로의 식생활관리를 하는 식생활관리자이다. 두 번째 유형은 스스로 식생활관리를 하기 어려운 가족 구성원(영유아, 고령자 등)이나 동거인을 대상으로 하는 식생활관리자이다. 세 번째 유형은 시설 이용자의 식생활관리자이고, 네 번째 유형은 서비스 이용자의 식생활관리자이다.

- 식생활관리의 자원은 재정 자원, 인적 자원, 물적 자원 3가지, 또는 재정자원을 제외하고 인적 자원과 물적 자원의 2가지로 볼 수 있다.

- 일반인은 식생활관리의 역량을 길러 자신이나 가족/동거인의 식생활 목표를 달성할 수 있다. 식생활 분야 전문가는 식생활관리의 역량을 길러 타인 또는 시설 이용자의 식생활관리를 대신하거나, 식생활관리를 교육하거나, 식생활관리의 자원을 개발하고, 식생활 정책의 수립 및 시행에 활용할 수 있다.

- 현대인의 식생활에서의 중요한 가치로는 건강, 행복, 환경보호, 사회 공정성을 들 수 있다.

- 식생활산업은 식품산업과 영양관리서비스산업으로 구성되어 있으며, 식품산업에는 식품제조업, 외식업, 식품유통업이 포함되어 있다.

CHAPTER 2

식생활의 변화와
식생활관리

1. 식생활의 변화 요인
2. 가정 외 식생활의 증가와 식생활관리
3. 새로운 식품류의 등장과 식생활관리
4. 식생활 서비스의 디지털화와 식생활관리

식생활의 변화와
식생활관리

식생활이 변화함에 따라 식생활관리에도 새로운 이슈와 과제가 제기된다. 현대인의 식생활에서 외식이 차지하는 비중이 증가하면서, 식단을 계획하고 식재료를 구매, 조리하는 전통적인 식생활관리자의 역량만큼 음식점, 급식소 등에서 제공되는 다양한 음식 중에 적절한 음식을 선택할 수 있는 역량이 식생활관리자의 중요한 역량으로 대두되고 있다. 또한 간편식, 대체식품, 건강기능식품, 고령친화식품과 같은 새로운 유형의 식품과 각종 디지털기반 식생활관리서비스가 식생활의 중요한 자원으로 자리잡게 됨에 따라 이러한 제품과 서비스들을 이용이 식생활관리의 이슈로 논의되고 있다.

학습목표

1. 식생활에 영향을 미치는 요인을 개인적 요인과 환경적 요인으로 구분하여 설명할 수 있다.
2. 2020년대 한국인의 식생활환경에 영향을 미친 주요 요인을 그 영향의 결과와 함께 나열할 수 있다.
3. 2020년대 식생활관리의 새로운 이슈들을 나열할 수 있다.
4. 외식, 새로운 식품 및 식생활관리서비스 등을 이용한 식생활관리를 바람직한 방향으로 발전시키기 위한 식생활 분야 전문가들의 과제를 제시할 수 있다.

1 식생활의 변화 요인

1) 식생활의 영향 요인

식생활에 영향을 미치는 요인은 매우 다양하지만, 크게 개인적 요인과 환경적 요인으로 구분할 수 있다. 개인적 요인인 유전, 성별, 연령, 인종, 소득, 지식, 태도, 기호, 가치, 기술, 라이프스타일은 식생활에 영향을 미친다. 환경적 요인, 즉 식생활환경은 보다 복잡하고 다양한데 사회적환경, 물리적환경, 거시적환경의 3가지 차원으로 설명하는 모형이 널리 받아들여지고 있다 **그림 2-1**.

사회적 식생활환경이란 가족, 친구, 직장동료와의 네트워크, 즉 인간관계이다. 이러한 인간관계 속에서 찾은 롤모델, 얻은 사회적 지지, 배운 사회적 규범 등이 식생활에 영향을 미치게 된다. 물리적 식생활환경이란 사람들이 식품을 구매하거나 섭취하는 장소에 해당한다. 즉, 가정과 직장, 학교, 어린이집 등의 급식소, 다양한 종류의 음식점, 슈퍼마켓이나 편의점과 같은 식품소매점 등이 이에 해당한다. 거시적 식생활환경은 더욱 다양한데, 식생활 산업(식품산업, 영

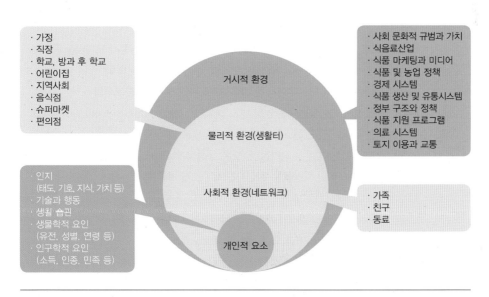

그림 2-1 식생활의 영향 요인

자료: Story M 외, Creating healthy food and eating environment: Policy and environmental approaches, 2008

양관리서비스산업)이 거시적 식생활환경의 주요 요소라 할 수 있으며 정부의 정책, 사회경제 시스템 등도 거시적 식생활환경의 요소에 해당한다.

••• 더보기

풍요 얻고 건강 잃다

"풍요와 편의를 얻고 건강과 전통을 잃다." 숙명여대 한영실(식품영양학)교수는 지난 40년간 우리 음식문화의 변화를 이렇게 요약했다. 1960년대 중반부터 경제발전이 가속화되면서 '보릿고개'를 벗어나기 시작했다. 해외 교류가 확대되고 국민총생산(GNP)이 높아지면서 식생활은 점차 서구화되고 풍성해졌다. 공업화와 여성의 사회 진출은 편이식품 · 가공식품과 외식문화의 발달을 가져왔다. 통계 자료에 따르면 1975년만 해도 음식비의 78%를 조리를 위한 재료를 사는 데 썼으나, 2000년에는 가공식품과 외식에 63% 이상을 쓰게 됐다. 1969년 일평균 6.6g에 불과했던 육류 섭취량은 2001년에는 91.7g에 달했다. 이 같은 급격한 변화는 득과 실을 함께 가져왔다.

한 교수는 "고칼로리 · 고단백 먹거리가 식탁을 채우는 등 양적인 측면에서는 풍요를 누리게 되었으나, 다른 한편으로는 비만과 당뇨 · 아토피 질환을 앓게 되는 등 새로운 문제들이 발생했다"며 "이에 대한 반작용으로 최근에는 자연식과 전통식에 대한 관심이 조금씩 늘어나기 시작했다"고 설명한다.

자급자족의 시대(1965~1974)

"꼬꼬댁 꼬꼬 먼동이 튼다/ 복남이네 집에서 아침을 먹네/ 옹기종기 모여앉아 꽁당보리밥/ 꿀보다도 더 맛좋은 꽁당보리밥/ 보리밥 먹는 사람 신체 건강해."

1960년대 중반부터 1970년대까지 전국의 학교에서 울려 퍼진 '혼분식의 노래' 가사다. 1960년대 초까지 극심했던 식량난은 1차 경제개발5개년계획(1962~1966)이 성공적으로 수행되면서 어느 정도 해소됐다. 그러나 흉작으로 쌀 부족 현상이 계속되자 박정희 정권이 내놓은 것이 '혼분식 장려정책'. 모든 음식점에서 보리쌀이나 면류를 25% 이상 혼합해서 팔아야 했고, 학생들은 점심시간마다 도시락에 보리가 섞여 있는지 검사를 받아야 했다.

1971년 다수확 품종인 통일벼가 개발되어 쌀의 자급시대가 열리지만, 혼분식 장려정책의 영향으로 이때부터 라면과 국수 · 빵, 새우깡과 초코파이 등 스낵이 일상화되고 주식인 밥의 비율이 줄어들기 시작했다. 또한 육류와 우유 · 유지류의 소비가 증가하는 서구형 식품 소비 패턴이 나타났다.

편의추구의 시대(1975~1984)

1979년 서울 소공동에 롯데리아 1호점이 문을 열면서 햄버거가 대중화의 테이프를 끊었다. 당시 햄버거 가격은 개당 450원. 고칼로리의 맛있는 음식을 간단하고 빠르게 먹을 수 있다는 점이 특히 젊은 층의 관심을 끌었다. 이때부터 청소년의 식생활이 빠르게 서구화·패스트푸드화해 연령별로 입맛의 색깔이 뚜렷한 차이를 보이기 시작했다. 조리 시간이 짧은 가공·반가공 식품의 소비 성향이 높아졌으며 된장·고추장과 김치 등 전통음식도 대량생산을 시작했다. 또 컬러TV가 나오고 야간통금이 없어지는 등 경제성장의 결과를 즐길 수 있는 여건이 무르익고 여성의 사회 진출이 활발해지면서 외식업이 발돋움하게 됐다. 당시 최고의 외식은 갈비와 불고기 등 육류.'ㅇㅇ가든''ㅇㅇ회관' 같은 이름의 고기집들이 문을 열었고 돈가스와 햄버그스테이크를 파는 경양식집도 이때부터 80년대 후반까지 전성기를 누렸다.

식도락의 시대(1985~1994)

아시안 게임과 서울 올림픽 등 국제 규모의 행사를 거치면서 입맛의 서구화와 외식산업 붐이 가속화됐다. 커피 전문점, 돈가스 전문점 등 각종 전문 음식점이 간판을 내걸었고 피자헛·맥도날드·버거킹 등 해외 유명 프랜차이즈 업체가 대거 도입됐다. 특히 1988년 코코스를 시작으로 T.G.I. 프라이데이스, 베니건스 등 기업형 패밀리 레스토랑이 잇따라 문을 열었다. 패밀리 레스토랑은 외국자본이라는 점과 비싼 가격 때문에 비난을 받기도 했으나 세련된 서비스와 이국적인 인테리어로 외식업의 고급화를 주도해 나갔다.

이처럼 '먹는 즐거움'을 최대한 누리게 된 반면, 동물성 식품과 지방의 과다 소비로 비만·고혈압 등 성인병 발병률이 높아져 식생활의 불균형을 사회적 문제로 인식하기 시작한 것도 이때부터다.

건강식의 시대(1995~현재)

오늘날 식문화를 나타내는 키워드는 '퓨전'과 '웰빙'. 90년대 후반부터 동·서양의 재료와 조리법을 섞어 만드는 '퓨전 요리'가 유행하기 시작했으며 '푸드 스타일리스트'가 직업으로 자리잡게 됐다. 독창성과 미를 추구하는 고품격 음식문화가 형성된 것. 직접 만들어 먹고, 원하는 것을 찾아가 먹는 적극적인 식문화로 변화하면서 케이블TV에 요리 전문 채널이 생기고 요리 관련 정보와 오락 프로그램이 인기를 얻게 됐다. '웰빙 시대'인 2000년대에는 음식을 통해 건강과 생활의 질을 높이는 것이 최대 관심사가 됐다. 패스트푸드 불매운동과 친환경 농산물 시장의 확대가 그 예다.

자료: 중앙일보, 2005

2) 2020년대 식생활환경의 주요 변화 요인

식생활에 영향을 주는 개인적 요인이 지속적으로 변화하므로 개인의 식생활도 생애주기에 따라, 개인의 소득, 신념 등의 변화에 따라 함께 변화한다. 개인적 요인은 그 종류와 변화의 양상이 매우 다양하여 이러한 요인에 대해 개별적으로 기술하는 것은 쉬운 일이 아니다.

개인의 식생활은 개인적 요인뿐 아니라 환경적 요인, 즉 식생활환경의 영향을 받는다. 개인적 요인이 변화하듯이 식생활환경 또한 지속적으로 변화한다. 식생활환경은 자연, 사회, 경제, 기술 환경 등의 변화로부터 큰 영향을 받는다. 2020년대 한국인의 식생활환경을 변화시킨 주요 요인으로는 지구 온난화, 1인 가구의 증가, 인구의 고령화, 세계화, 디지털 기술의 발달, 감염병의 유행을 들 수 있다.

(1) 지구 온난화

기후 문제, 즉 지구 온난화가 우리의 삶에 미치는 영향은 지대하다 그림 2-2. 지구 온난화 문제가 대두되면서 이에 따른 식생활산업과 관련 정책의 변화, 즉 거시적 식생활환경의 변화를 촉진시키고 있다. 이는 소비자 의식 또한 바꾸어 궁극적으로 식생활에도 변화의 바람이 불고 있다. 제철에 생산된 지역 농산물과 유기농 농산물을 이용하고, 육류 및 유제품 소비를 줄이고 채식 비중을 높이는 것, 식품 낭비와 음식물 쓰레기를 줄이기 위한 합리적인 노력을 하는 것 등을 포함하는 지속가능한 식생활에 대한 관심과 실천이 증가하고 있다.

지구 온난화로 빙하가 줄어들면서, 빙하가 녹아 내린 물을 공급받던 남아메리카, 중국 서부, 파키스탄 등의 지역에는 물이 부족해지고 산업용수 및 생활용수의 공급이 어려워지고 있다. 또한 지구 온난화에 따른 가뭄과 폭염은 식량 생산에도 악영향을 미친다. 중위도에서 고위도 지역의 경우 기온이 2~3℃ 상승했을 때는 수확량이 증가하지만, 그 이상 오르게 되면 수확량이 급격히 감소하는 것으로 알려져 있다. 가뭄과 폭염이 심해지면 농작물은 생장에 꼭 필요

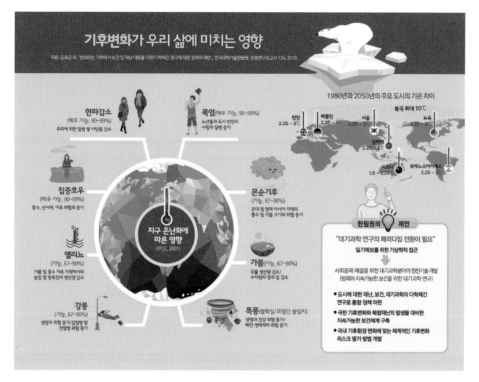

그림 2-2 기후변화가 우리 삶에 미치는 영향
자료: 한국과학기술한림원

한 물이 부족해 잘 자라지 못하는 데다, 기온이 오르면 바이러스, 박테리아, 해충까지 번식하여 해를 입기도 한다. 가축의 사료로 쓰이는 농작물 공급에 문제가 생기면 육류 및 유제품의 공급도 어려움을 겪게 된다. 지구 온난화에 따른 태풍과 홍수도 식량 위기의 원인이 된다. 과일 등 농작물이 떨어지거나 침수 피해를 입어 수확이 어려워지기 때문이다. 지구 온난화로 해수면이 상승하여 경작지가 바닷물에 잠기면서 농지를 오염시키는 것 역시 식량 생산을 감소시키는 원인이 된다.

(2) 1인 가구의 증가

'1인 가구'란 1인이 독립적으로 취사, 취침 등 생계를 유지하고 있는 가구로 정의되는데, 2010년에 총가구의 23.9%였던 1인 가구의 비율은 매년 증가하여

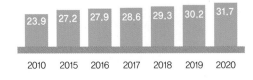

그림 2-3 **1인 가구 비율의 변화**
자료: 인구주택총조사

2020년에는 31.7%로 나타났다그림 2-3. 이에 따라 1인 가구를 대상으로 하는 식생활정책 및 식생활 산업이 확대되고 있으며, 이러한 현상은 당분간 지속될 것으로 전망된다.

　　1인 가구의 구성원은 다인 가구의 구성원보다 혼밥을 하는 경우가 많다. 따라서 이러한 혼밥족을 겨냥한 다수의 냉동식품, 가정간편식(HMR, Home Meal Replacement) 등이 시장에 출시되었고, 혼밥족 전용 음식점이 등장하는가 하면 급식소나 외식업소에 1인을 위한 자리가 만들어지기 시작하였다. 또한 혼밥족이 많이 이용하는 것으로 알려진 편의점 도시락이 브랜드화, 다양화, 고급화되었다.

(3) 고령화

　　우리나라는 2000년대에 들어서 저출산, 기대수명의 증가 등의 영향으로 고령화가 매우 빠른 속도로 진행되고 있다. 2000년에 고령자, 즉 65세 이상 인구의 비율이 7%를 넘어 고령화사회가 되었고, 이후 2018년에 14%를 넘어 고령사회가 되었다. 2026년에는 고령자 1,000만 시대로 그 비율이 20%를 넘어서 초고령사회로 분류될 것으로 전망된다그림 2-4. 또한 앞서 본 1인 가구와 함께 1인 노인 가구도 크게 증가하고 있다. 2010년 65세 이상 1인 가구는 전체 1인 가구 중 29.4%였으나, 2030년에는 49.6%로 1인 가구의 절반을 차지할 것으로 예상된다.

　　노인들의 생활패턴은 과거와 다른 양상을 보이는데, 이는 전반적인 국가 경제력 향상과 국민연금, 개인연금 등으로 노인들의 소득이 과거보다 증가한 것과 관련된다. 또한 자식에 의존하는 수동적인 존재에서 탈피하여 노인 스스로가 상품을 구매하는 소비의 주체가 됨으로써 편의식 구매 증가에도 큰 영향을 미치게 되었다. 이에 따라 고령자를 대상으로 한 고령친화식품이 시장에 선보여지기 시작하였고 이에 대한 인증제도가 도입되었으며, 이러한 고령친화식품 시장은 지속적으로 확대될 것으로 전망된다.

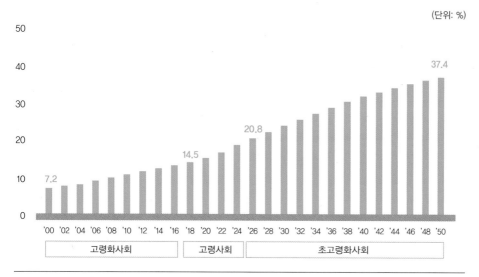

(단위: %)

그림 2-4 **우리나라 고령화 비율 변화**
자료: 통계청

(4) 세계화

세계화란 세계 여러 나라가 정치, 경제, 사회, 문화, 과학 등 다양한 분야에서 서로 영향을 주고 받으면서 교류가 많아지는 현상이다. 오늘날에는 국제 교류가 활발해지면서 다른 문화권의 음식에 대해서도 관심이 크다. 동양과 서양 음식이 각각의 장점을 살리고 단점은 서로 보완하면서 전통적인 음식보다 우수한 새로운 퓨전음식이 개발되고 식생활문화의 융합현상이 일반화되고 있다. 또한 다문화가족이 증가하면서 동남아를 중심으로 다른 나라 음식문화가 자연스럽게 유입되었으며 서로의 식문화에 대한 장점을 받아들여 새로운 형태의 식생활로 변화하고 있다.

국가 간 교역이 활발해지면서 수입식품이 증가함에 따라 식재료의 다양성이 날로 커지고 있다**그림 2-5**. 아보카도와 같은 열대과일, 다양한 종류의 올리브유와 같이 이전에는 쉽게 구하기 어려웠던 식재료들이 대량 수입되면서 새로운 식재료를 이용한 다양한 음식들이 한국인의 식탁에서 차지하는 비중도 높아지고 있다. 한편 수입식품의 증가는 식량자급률의 하락과 이에 따른 식량안보의 저하를 초래한다는 측면에서 우려가 커지고 있다.

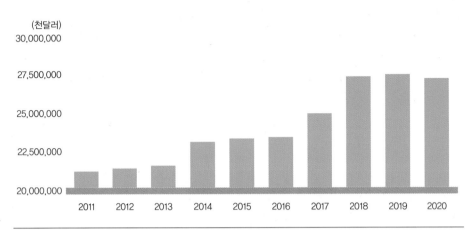

그림 2-5 **우리나라 수입식품 총액 변화**
자료: 식품의약품안전처, 수입식품현황, 2021

식품뿐 아니라 조리기구의 수입 또한 급격히 증가하여 식생활환경, 나아가 식생활의 변화를 촉진하고 있다. 다기능 조기기구인 에어프라이어, 멀티쿠커 등의 수입이 크게 늘어나고 있고 이러한 새로운 조리기구의 확산은 가정에서 조리하는 음식의 종류에도 변화를 가져왔다. 코로나19 대유행 이후에는 식품 및 식생활 관련 용품의 해외로부터 직접 구매(직구) 또한 급격히 증가하는 추세를 보이고 있다. 식품의약품안전처에 따르면, 현재 우리나라 국민의 식생활에 약 170개국에 달하는 국가로부터 수입된 가공식품, 농축산물, 식품첨가물, 식품용기구 등이 쓰이고 있다.

(5) 디지털 기술의 발전

다양한 과학기술의 발전은 생활환경의 변화에 영향을 미치고 있으며, 특히 디지털 기술의 발전에 따른 4차 산업혁명의 도래는 사회 기능 전반에 걸친 대전환을 초래했다. 따라서 이러한 디지털 전환(Digital Transformation)이 식생활환경 및 식생활에 미친 영향 또한 적지 않다.

'푸드테크'는 식품(food)과 기술(technology)을 결합한 용어로, 생산·가공·유통·판매·소비·폐기 등 식품의 가치사슬 전반에 걸쳐 첨단 정보통신기술(ICT)을 중심으로 한 디지털 기술을 접목한 것을 말한다. 최근에는 디지털 기

그림 2-6 **푸드테크 트렌드**
자료: 더농부의 팜스토리, 떠오르는 푸드테크 트렌드! 한눈에 알아보기, 2021

술뿐 아니라 최첨단 과학기술을 접목한 식품산업 분야의 기술을 모두 푸드테크라 부르기도 한다. 이를 통하여 이전에는 생각하지 못한 대규모의 부가가치가 창출됨에 따라 식품산업 생태계의 혁신을 이루고 있는 많은 스타트업이 배출되었다. 전통적인 형태의 식품기업이 푸드테크 사업을 확장하고 새로운 푸드테크 기업들이 등장함에 따라 식품산업의 구조가 전면적으로 재편성되고 있으며, 이에 따라 식생활에도 대대적인 변화의 바람이 불고 있다**그림 2-6**.

(6) 감염병의 유행

2020년 초, 전 세계적으로 코로나19 대유행이 시작되었으며, 이와 함께 생활 영역 전반이 변화하였다. **표 2-1**에서 보여지듯이, 코로나19는 특히 식생활에 큰 변화를 가져왔다. 이는 코로나19 확산 방지를 위한 사회적 거기두기 정책과 이에 따른 재택근무의 확대로 식생활의 물리적환경(급식, 외식, 소매점)과 거시

표 2-1 **코로나19 이후 생활의 변화**

	1위	2위	3위
전체	배달음식 주문 빈도 증가 (22.0%)	집에서 직접 요리 빈도 증가 (21.0%)	체중증가, 운동량 감소 (12.5%)　　(11.4%)
20대	배달음식 주문 빈도 증가 (26.9%)	체중증가 (12.9%)	집에서 직접 요리 빈도 증가 (11.9%)
30대	배달음식 주문 빈도 증가 (23.7%)	체중증가 (16.1%)	집에서 직접 요리 빈도 증가 (15.6%)
40대	배달음식 주문 빈도 증가 (27.0%)	집에서 직접 요리 빈도 증가 (23.4%)	운동량 감소 (12.1%)
50대	집에서 직접 요리 빈도 증가 (25.6%)	배달음식 주문 빈도 증가 (16.3%)	체중증가 (13.2%)
60대	집에서 직접 요리 빈도 증가 (31.0%)	별다른 변화가 없음 (21.2%)	배달음식 주문 빈도 증가 (12.4%)

* 만 20~65세 이하 성인 남녀 1,031명 대상 온라인조사
자료: 한국건강증진개발원, 「'코로나19 이후 생활의 변화' 여론조사」, 2020

적환경(식생활정책, 식생활산업)의 변화에 기인하는 것으로 볼 수 있다.

이러한 식생활환경의 변화와 함께 식생활의 비대면화가 진행되어, 온라인을 통한 식품 구매 비율 또한 코로나19 시기를 거치며 급속히 높아진 것으로 보고되고 있다. 코로나19 대유행이 시작되기 직전 연도인 2019년의 경우 전체 온라인 총거래액이 134조원 수준이었으나 코로나19 대유행 2년차인 2021년에는 192조원을 넘어섰는데, 이러한 총거래액 중 음식료품이 차지하는 비율이 동시기 9.9%에서 12.9%로 증가하였다. 또한 이러한 식품의 구매뿐 아니라 음식서비스, 즉 배달서비스의 온라인화 현상도 두드러져 2019년에는 총 온라인쇼핑 거래액 중 7.2% 수준이었던 음식서비스가 2021년에는 13.3%에 달하였다. 요약하면, 2021년에는 온라인쇼핑 거래액 중 1/4 이상(26.2%)이 식생활 영역의 품목이었다그림 2-7.

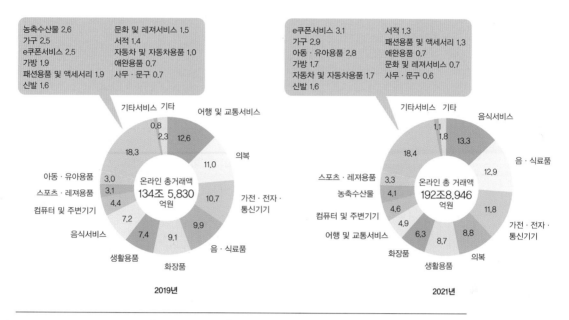

그림 2-7 코로나19 전후 온라인 쇼핑 품목 구성 비율
자료: 통계청, 2019년 12월 및 연간 온라인쇼핑 동향, 2020(좌). 통계청, 2021년 12월 및 연간 온라인쇼핑 동향, 2022(우)

2 가정 외 식생활의 증가와 식생활관리

가정 외 식생활, 즉 외식이 식생활에서 차지하는 비중이 점차적으로 증가하고 있다. 과거에는 조리 장소와 섭취 장소가 동일한 경우가 많아 외식의 정의가 단순했으나 최근에는 가정 밖에서 준비된 음식을 가정에서 섭취하는 비중이 증가하고 있어 **그림 2-8**과 같은 외식의 정의가 필요해졌다. 즉, 섭취 장소에 상관없이 가정 외에서 조리 또는 반조리된 음식을 섭취하는 것을 가정 외 식생활, 즉 외식의 범주로 포함하는 것이 일반적으로 받아들여지고 있다. 이렇게 외부에서 조리 또는 반조리된 간편 식품을 가정(또는 최근에는 회사, 학교 등의 장소)에서 먹는 식사를 유럽에서는 HMR(Home Meal Replacement)로, 일본에서는 내식과 외식의 중간이라는 의미로

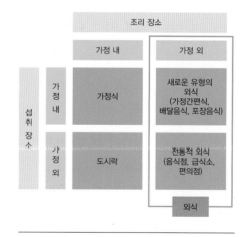

그림 2-8 조리장소와 섭취장소에 식생활의 분류

45

중식(中食, 나카쇼쿠)이라 불러 왔는데, 우리나라에서는 에이치엠알 또는 가정 간편식으로 부르고 있다.

1) 외식

우리나라 국민의 식생활 지출 중 외식비가 차지하는 비율은 1990년에 23% 수준이었으나 이후 10년 동안 꾸준히 증가하여 2000년에 40%를 넘어섰으며 2005년 이후에는 50%에 가까운 수준을 유지하고 있다. 이러한 통계 수치에서 음식점, 급식소 등에서의 식사 및 배달 음식에 쓰인 비용은 포함되어 있지만, 간편식을 구매하여 가정에서 식사한 비용은 포함되어 있지 않은 점을 감안한 다면 실제 우리나라 국민의 식생활에서 외식이 차지하는 비중은 금액 기준으로 50%를 넘는 것으로 추정된다.

이렇듯 외식이 식생활에서 차지하는 비중이 높아짐에 따라 보다 다양한 음식을 경험할 수 있고 기호를 만족시킬 수 있게 되었으나, 영양, 위생, 경제적인 측면에서의 식생활관리에는 다양한 이슈가 제기되고 있다. 급식소의 경우는 예외이나 대부분의 외식업소에서는 소비자의 영양과 건강보다는 기호를 중심으로 한 메뉴를 개발, 서비스하는 경향이 있다. 외식업소의 위생 문제는 과거에 비해 개선되었으나 여전히 식생활 안전에 위험 요인이다. 또한 외식 비용이 대체로 가정식 비용보다 높다는 점도 식생활관리에서 고려되어야 할 부분이다.

2) 급식

급식이 우리나라 국민의 식생활에서 차지하는 중요성은 매우 크다. 생애주기별로 볼 때, 어린이집, 유치원 급식을 먹으며 자란 영유아들은 이후 자라면서 학교급식, 대학급식, 산업체급식, 군대급식 등을 통해 식생활을 영위하게 된다. 또한 개인의 상황에 따라 병원급식, 교도소급식, 사회복지시설급식 등에서의 식사가 식생활의 중요한 부분을 차지하기도 한다.

급식을 먹는 시기의 식생활관리는 급식소 영양사의 영역이므로 급식 이외의 끼니와 간식이 급식소에서의 식사와 균형 있도록 본인의 영양학적 필요를 만족시키는 것이 필요하다. 최근에는 급식소에서 선택 메뉴를 제공하는 사례가 많고, 시설에 따라 자율 배식을 운영하는 경우도 있어 주어진 메뉴 중에서도 본인에게 적절하고 균형있는 식사를 하기 위한 노력이 식생활관리에 필요하다.

3) 편의점

편의점이 식생활에서 차지하는 역할이 점점 증가하고 있다. 특히 편의점에서 판매하는 도시락, 김밥, 삼각김밥, 샌드위치 등을 식사로 섭취하는 사례가 청소년 및 직장인들에서 상당히 높은 것으로 보고되고 있다. 또한 맥주, 소주, 와인과 같은 주류의 판매가 증가하고 있고, 어린이·청소년 비만의 주범으로 지목되고 있는 다양한 탄산음료가 판매 냉장고의 상당 부분을 차지하고 있다. 24시간 접근이 가능한 특성 때문에 편의점은 특히 늦은 밤 청소년 및 대학생, 직장인들의 간식의 주요 구매, 섭취 장소가 되었다.

이렇듯 식생활, 특히 청소년이나 1인 가구 청년과 같은 영양취약계층의 식생활에서 차지하는 편의점 식품의 비중이 상당히 높음에도 불구하고, 편의점에서 판매되는 식품들의 영양학적 질에 대한 논란은 지속되고 있다. 특히 편의점 도시락의 높은 나트륨 함량, 각종 음료 및 간식류의 높은 당류 함량 등은 식생활관리 측면에서 각별한 주의가 필요하다.

4) 배달 음식

짜장면, 피자, 치킨 등에 국한되었던 음식 배달 서비스를 대부분의 음식점이 제공하게 됨에 따라 식생활에서 배달 음식이 차지하는 비중이 상당히 커졌다. 이러한 현상은 배달 앱이 활성화되면서 시작되어, 코로나19 대유행 기간 중 음식점 이용 시간 및 인원 제한과 같은 거리두기 방역조치와 함께 더욱 가속

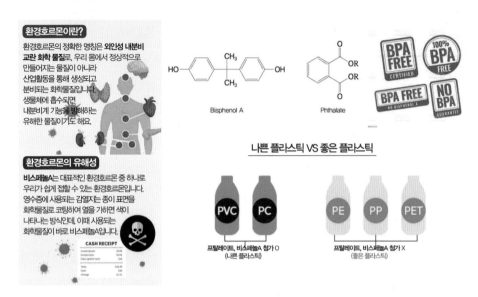

그림 2-9 플라스틱 용기의 환경호르몬 유해성
자료: 김준태, 배달음식용 패키징의 안전 및 환경 문제, 2022

화된 것으로 보인다.

배달 음식은 일반적인 외식 음식이 갖는 영양학적 문제(고열량, 고나트륨 등)와 동시에 최소 주문량 규정에 따른 과식의 문제까지 야기하는 경향이 있다. 또한 소비자가 추가로 지불해야 하는 배달 비용은 식생활의 경제적 측면에서 고려해야 할 또 하나의 이슈이다. 배달 음식의 종류가 확대되고, 배달 종사자의 수가 증가함에 따라 이와 관련하여 위생 관리 관련 법적 제도의 정비가 필요한 상황이다. 또한 배달 음식을 담는 플라스틱 용기 등의 건강에 대한 안전성**그림 2-9**, 환경에 대한 유해성 등이 식생활관리의 지속가능성 측면에서 중요한 이슈로 대두되고 있다.

3 새로운 식품의 등장과 식생활관리

식생활의 자원 중 가장 핵심적인 물적 자원은 식품이다. 2020년대 우리나라 시장에서는 매우 다양한 식품들을 손쉽게 구할 수 있다. 전통적으로 국민들이 즐겨 먹어온 국내산 식품들에 더하여 세계 여러 나라들에서 수입되는 식품들의 수가 매년 증가하고 있다. 다양한 신선 식품(채소 및 과일)뿐 아니라 와인, 커피 등의 식품들이 수입됨에 따라 식생활관리의 주요 자원으로 활용되고 있다. 또한 가공식품의 종류도 점점 다양해지고 있는데, 코로나19 대유행과 함께 가정간편식, 밀키트와 같은 다양한 간편식이 인기를 끌고 있다. 이 밖에도 식생활관리의 자원으로 이용 가능한 대체식품, 건강기능식품, 맞춤형 식품 등도 다양하게 개발·판매되고 있다.

⋯ 더보기

CJ제일제당 "올해 식(食) 키워드, L.I.F.E"

올해 식문화 트렌드의 핵심 키워드는 超편리(Less effort), 개인化(Individual), 푸드테크(Food Tech), 지속가능성(ESG)이 될 것으로 전망된다. 코로나19가 우리 삶의 일부가 될수록 이 같은 흐름이 더 빠르게 자리잡을 것으로 보인다.
CJ제일제당은 지난해 4,665명을 대상으로 약 8만 3,000건의 식단과 26만 건의 조리방법·메뉴를 빅데이터로 분석 조사해 '2022 식문화 트렌드 전망'을 발표했다.

① 초(超)편리(Less effort) 추구: '효율적인 집밥'
CJ제일제당이 지난해 진행한 '가정간편식(HMR)에 대한 인식과 식사 마련법' 조사(1,000명 대상)에 따르면, '코로나 이후 HMR을 긍정적으로 평가하게 됐다'는 응답자는 71.9%였다. HMR을 활용한 식사도 1인당 연 평균 225.5끼에서 236.5끼로 11끼 증가한 것으로 나타났다. 이유로는 '조리 및 취식 간편성'이 57.3%로 가장 높았다. 이에 식사 준비 단계에서부터 소비자의 사소한 불편을 파악해 해결해주는 '넥스트(Next) 편의성' 제품이 속속 등장하고 있다. 뼈와 가시를 없앤 '비비고 순살 생선구이', 전자레인지에 2분이면 완성되는 솥밥인 '햇반 솥반' 등이 대표적인 예다. 효율적인 집밥에 대한 니즈가 커지면서 HMR의 영역이 식사 준비뿐 아니라 취식 시간도 줄여주는 방향으로 진화하고 있는 것이다.

② 개인화(Individual): 개인맞춤형 건강기능식품 급부상… HMR 시장 점점 세분화

개인화 경향도 두드러지고 있다. 특히 일상 속 면역과 건강 관리에 대한 관심이 높아진 데다 변화에 적극적으로 대응하는 MZ세대는 자신을 위한 투자로 건강기능식품에 지갑을 열고 있다. 식품기업부터 스타트업까지 맞춤형 시장에 집중하는 한 해가 될 것으로 전망된다. 집밥 메뉴도 갈수록 세분화되고 있다. HMR, 배달 음식, 밀키트를 활용해 외식의 전유물이었던 양식, 중식 등의 다양한 메뉴들을 집밥으로 차려 먹는 것이 일상이 됐다. 실제 지난해 가정에서 차린 한식 식단의 비중은 1.2%p 감소한 반면 양식과 중식 등이 그만큼 늘었다. 특히, HMR은 '시간약자(시간적 여유가 없는 사람)'들이 외식메뉴를 손쉽게 즐길 수 있는 최선의 한끼로 빠르게 성장하는 모습이다. 식품업계 자사몰도 개인 맞춤형 서비스를 강화할 것으로 보인다. 고객의 눈높이를 고려한 맞춤형 플랫폼은 더욱 정교하게 진화하고 있다. 구독서비스의 경우 생필품, 식음료, 라이프스타일 등 다양한 분야에 걸쳐 취향을 고려한 품목을 추천하고 쇼핑 시간도 줄여주는 방향으로 진화하고 있다.

③ 푸드테크(Food Tech): 친환경 기술 기반 식품 · 소재, 미래먹거리로 떠오르다

급변하는 식품시장 속에서 연구개발 및 투자를 통한 미래 먹거리 선점 경쟁도 더욱 치열해질 것으로 보인다. 특히 친환경 기술 기반의 식품과 소재는 식품업계의 신성장 동력이 될 것으로 예상된다. 신(新)기술 집약체로 불리우는 '대체육', '배양육', '친환경 조미소재' 등이 대표적인 예다. 유로모니터에 따르면, 국내 대체육 시장 규모는 2020년(115억) 대비 약 35% 성장해 155억원에 이르렀고 2025년에는 181억원을 넘어설 것으로 예측된다. 글로벌 시장은 2015년 4조2400억원에서 2023년엔 7조원에 이를 것으로 전망된다. 글로벌 시장이 6년 만에 50% 가까운 성장세를 보인 점을 비추어 볼 때, 국내 시장도 가파르게 성장할 것으로 예상된다. 이와 함께 첨가물, 화학처리 등 인위적 공정을 거치지 않는 조미(향 맛) 소재도 각광받고 있다. 천연 조미 소재 시장은 연 평균 6~10%가량 높은 싱징률을 기록하고 있다.

2022년 食문화 키워드

LESS EFFORT
'초(超) 편리함' 추구
: 효율적인 집밥

INDIVIDUAL
개인화
: 고객 니즈 세분화/개인맞춤형 산업 성장

FOOD TECH
푸드테크
: 친환경 기술 기반
대체육 · 배양육 · 조미소재 개발

ESG
지속가능식품
: 환경을 생각한 제품

④ 지속가능성(ESG): '환경을 생각한 제품', 하나의 구매 기준이 되다

'먹는 것'이 나를 위한 소비였다면,

이제는 '가치 있는 소비'로 그 개념이 확장하고 있다. 윤리적 제품, 친환경 제품은 MZ 세대의 구매 기준으로 자리 잡았다. 올해 재활용이 손쉽고 플라스틱 저감 노력이 담긴 제품들의 출시가 더욱 더 증가할 것으로 보인다. 글로벌 및 국내 주요 식품기업은 고객이 사용한 용기를 직접 수거하기 시작했고, 포장에서 불필요한 트레이 등을 최소화해 플라스틱 사용량 감축에 힘을 쏟고 있다. 푸드 업사이클링도 새로운 트렌드로 떠오르고 있다. 콩비지, 깨진 쌀 등 버려지는 것들이 당연했던 식품 부산물로 만든 친환경 제품들이 증가하는 추세다.

자료: CJ제일제당, 2022

1) 간편식

1인 가구, 맞벌이 가구 등이 증가하면서 식생활에서의 편의성을 중시하게 됨에 따라 간편식 제품들이 식탁에서 중요한 역할을 하게 되었다. 간편식은 가공식품의 한 유형인데, 때로는 모든 가공식품이 간편식인 것처럼 용어가 혼재되어 사용되기도 한다.

간편식 중 비교적 최근에 주목을 받는 유형의 식품이 가정간편식(HMR, Home Meal Replacement)이다. 식품공전에서는 소비자가 별도의 조리과정 없이 그대로 또는 단순조리과정을 거쳐 섭취할 수 있도록 제조·가공·포장한 완전 또는 반조리 형태의 제품으로 '즉석섭취 편의식품류'를 정의한다. 이러한 즉석섭취 편의식품류에는 즉석섭취식품, 신선편의식품, 즉석조리식품, 간편조리세트의 4가지 유형의 식품이 포함되는데, 이 중 즉석섭취식품, 신선편의식품, 즉석조리식품의 3가지 유형이 가정간편식에 해당한다.

'신선편의식품'은 농·임산물을 세척, 박피, 절단 또는 세절 등의 가공공정을 거치거나 이에 단순히 식품 또는 식품첨가물을 가한 것으로서 그대로 섭취할 수 있는 샐러드, 새싹채소 등의 식품을 말한다. 즉석섭취식품은 동·식물성 원료를 식품이나 식품첨가물을 가하여 제조·가공한 것으로서 더 이상의 가열,

표 2-2 **즉석섭취 · 편의식품류의 식품 유형**

식품공전 상의 식품 유형	시장에서의 식품 유형
신선편의식품	가정간편식(HMR)
즉석섭취식품	
즉석조리식품	
간편조리세트	밀키트(Meal Kit)

조리과정 없이 그대로 섭취할 수 있는 도시락, 김밥, 햄버거, 선식 등의 식품을 말한다. 즉석조리식품은 동·식물성 원료에 식품이나 식품첨가물을 가하여 제조·가공한 것으로서 단순가열 등의 가열조리과정을 거치면 섭취할 수 있도록 제조된 국, 탕, 수프, 순대 등의 식품을 말한다. 간편조리세트는 조리되지 않은 손질된 농축수산물과 가공식품 등 조리에 필요한 정량의 식재료와 양념 및 조리법으로 구성되어, 제공되는 조리법에 따라 소비자가 가정에서 간편하게 조리하여 섭취할 수 있도록 제조한 제품을 말하며, 간편조리세트는 흔히 밀키트(Meal Kit)로 불린다 표 2-2, 그림 2-10.

별도의 조리과정 없이 바로 섭취할 수 있는 식품

간편하게 조리할 수 있는 식품

그림 2-10 **간편식의 종류**

자료: 김초일 외, 「코로나19에 따른 성인의 식생활 실태 조사」 온라인 설문지, 2022

다양한 간편식 제품이 시장에 나옴에 따라 식생활관리의 목표 중 시간과 노력면에서의 "능률" 달성이 용이 매우 용이해졌다. 더불어 식품업체, 유통업체, 외식업체뿐만 아니라 백화점과 제약업체 및 스타트업들도 간편식 시장에 합류하여 간편식 제품에 대한 관심과 투자가 증가함에 따라 영양, 기호, 위생, 지속가능성 측면에서도 우수한 간편식 제품들이 빠른 속도로 개발, 판매되고 있다. 따라서 간편식은 식생활관리의 주요 물적 자원으로 자리잡을 것으로 기대된다. 그러나 경제적 측면에서 간편식은 경제적 취약계층에게 아직 부담스러운 가격일 수 있으며, 종류에 따라 편차가 있기는 하지만 과다한 포장으로 인한 환경 문제를 야기하기도 한다.

2) 대체식품

건강에 대한 관심의 증가와 함께 환경, 동물복지 등을 고려한 가치 소비의 확산은 동물성 식품의 대체식품 산업의 발전으로 이어졌다. 채식주의자들로 한정되었던 대체식품 시장에 이러한 가치 소비를 지향하는 소비자들이 합류함으로써 지난 몇 년간 대체식품 시장은 급속도로 성장해 왔다. 대체식품으로는 대체육이 가장 많이 알려져 있으나 최근에는 식물성 우유로 불리우는 대체유에 대한 공급과 소비도 증가하는 추세이다그림 2-11. 이러한 대체식품에 대한 연구개발은 주로 미국의 기업들을 중심으로 이루어져 왔는데, 최근에는 우리나라의 대기업들도 대체식품 시장에 전망을 높이 평가하여 사업을 확대하고 있다그림 2-12.

그림 2-11 **대체식품 소비 트렌드**
자료: 농림수산식품교육문화정보원, 2021년 대체식품 소비 트렌드, 2021

비**미트	임**블푸즈	타**푸드	켈*그(모닝스타팜)	멤**미트
콩과 채소로 육고기의 질감과 맛 표현	식물성 원료로 햄버거 패티와 인공치즈 개발	완두콩을 이용한 너겟 상품 출시	GMO 콩 미사용 패티, 너겟 생산	줄기세포 배양육 개발
식물성 단백질 기반				배양육
롯**드	롯**아	동*F&B	C*	지**컴퍼니
통밀에서 추출한 단백질로 닭고기 대체육 개발	대체육 패티를 활용한 미라클버거 출시	미국 비욘드미트사와 독점공급계약	농축대두단백업체 '셀렉타'를 인수하여 사료용 대체육 생산 착수	우리나라 대표 푸드테크 스타트업으로 견과류 활용 대체육 생산

그림 2-12 **대체육 제품 사례**

자료: 한국농수산식품유통공사, 글로벌 대체육 식품시장 현황, 2021

대체식품이 식생활관리의 자원으로 등장함에 따라 영양이나 지속가능성 측면에서의 목표 달성이 수월해졌다고 볼 수 있다. 동물성 식품을 식물성 식품으로 대체함으로써 영양학적 측면에서는 만성질환을 예방하는 식생활에 가까워질 수 있으며, 동물성 식품의 생산 과정에서 방출되는 온실 가스를 감축함으로써 지속가능한 발전에도 기여할 수 있다. 그러나 이러한 대체식품들이 식생활관리의 또 다른 목표인 경제성과 기호성 측면에 기여하기에는 아직 미흡하다는 것이 일반적인 평가이다. 또한 이러한 대체식품은 일반적으로 원래의 식품보다 그 가공 과정에 많은 첨가물이 들어가게 되므로, 과연 이러한 대체식품의 섭취가 건강에 긍정적인 영향을 미치는지에 대한 논란이 여전히 진행 중이다. 아직 우리나라에서 구입이 가능하지는 않지만 배양육의 경우, 그 생산과정에 소용되는 다량의 에너지를 고려할 때 과연 전통적 방법에 의한 동물성 식품의 생산과 비교하여 배양육의 생산이 보다 친환경적인지에 대해서도 명확한 해답이 없는 상황이다.

3) 건강기능식품

'건강기능식품'이란 인체에 유용한 기능성을 가진 원료나 성분을 사용하여 제조·가공한 식품으로 식품의약품안전처로부터 기능성과 안전성을 인정받은 제품이다. 건강기능식품은 건강에 좋다고 인식되는 제품을 통칭하는 '건강식품'이나 '건강보조식품'과는 다르게 엄격하게 법에서 정하는 기준을 만족하는 제품만을 부르는 용어이다. 식품의약품안전처로부터 인증을 받은 건강기능식품인지의 여부는 건강기능식품 인증 마크그림 2-13를 통해 알 수 있다.

우리나라 국민들은 주로 면역력 증진, 건강 증진, 피로 회복, 장 건강, 영양 보충 등의 목적으로 건강기능식품을 섭취하고 있다. 평균 수명이 증가하고, 이와 함께 만성질환자의 수도 증가함에 따라 식생활을 통한 질병 예방에 대한 관심이 높아져 건강기능식품에 대한 수요 또한 증가하고 있다. 고령자 및 중장년층이 주를 이루었던 건강기능식품 소비자의 연령대도 점점 확대되어 건강기능식품을 섭취하는 어린이와 청소년 및 청년들의 수도 꾸준히 증가하는 추세이다. 최근에는 해외로부터의 직구(직접구매) 절차가 수월해지면서 건강기능식품 또는 건강기능식품에는 해당하지 않으나 소비자들이 유사한 효능을 기대하는 다양한 건강식품이나 건강보조식품들이 수입, 섭취되고 있다.

2020년 12월부터 일반 식품에 대한 기능성 표시가 허용됨에 따라 기존의 건강기능식품에 더하여 이러한 기능성 표시 일반 식품이 식생활관리에서 차지하는 중요성이 더욱 커질 것으로 생각된다. 영양 기준에 적합한 하루의 식생활을 계획할 때 식사와 간식 이외에 다양한 건강기능식품, 건강보조식품 등으로부터 섭취하는 영양소의 양을 고려할 필요성이 제기되는 이유이다. 특히 일반 식품의 형태가 아닌 알약, 캡슐 등의 형태로 섭취되는 건강식품의 경우, 일부 성분의 과잉 섭취에 대한 신중한 고려가 식생활관리에 포함되어야 한다.

4) 맞춤형 식품

대상자의 특성에 적합한 맞춤형 식품에 대한 소비자의 요구가 커짐에 따라 다양한 맞춤형 식품들이 개발, 판매되고 있다. 특히 고령자 및 질환자를 위한 맞춤형 식품들이 다양한 형태로 시판되기 시작하면서 관련한 제도가 정비되고 있다.

2022년에는 특수영양식품으로 '고령자용 영양조제식품'이 특수의료용도식품으로 '암환자용 영양조제식품'과 '암환자용 식단형 식품'의 기준·규격이 신설되었다. '특수영양식품'이라 함은 영·유아, 비만자 또는 임산·수유부 등 특별한 영양관리가 필요한 특정 대상을 위하여 식품과 영양성분을 배합하는 등의 방법으로 제조·가공한 것이다. '특수의료용도식품'이라 함은 정상적으로 섭취, 소화, 흡수 또는 대사할 수 있는 능력이 제한되거나 질병, 수술 등의 임상적 상태로 인하여 일반인과 생리적으로 특별히 다른 영양요구량을 가지고 있어 충분한 영양공급이 필요하거나 일부영양성분의 제한 또는 보충이 필요한 사람에게 식사의 일부 또는 전부를 대신할 목적으로 경구 또는 경관급식을 통하여 공급할 수 있도록 제조·가공된 식품을 말한다. 특수영양식품과 특수의료용도식품에는 **표 2-3**과 같은 다양한 유형의 식품이 포함된다.

식품공전에서는 특수영양식품이나 특수의료용도식품의 유형에 포함되지 않은 식품 중에서도 고령자를 섭취 대상으로 표시하여 판매하는 식품으로 고령자의 식품 섭취나 소화 등을 돕기 위해 식품의 물성을 조절하거나, 소화에 용이한 성분이나 형태가 되도록 처리하거나, 영양성분을 조정하여 제조 가공한 것을 "고령친화식품"으로 정하고 있다. 또한 농림축산식품부의 주도 하에 고령친화식품 한국산업표준(KS) 인증**그림 2-14** 및 고령친화우수식품 지정 제도가 운영되고 있다.

그림 2-14 **한국산업표준(KS) 고령친화식품 인증 마크와 단계 구분 표시**
자료: 농림축산식품부

표 2-3 **특수영양식품과 특수의료용도식품의 종류**

제5장 식품별 기준과 규격	
10. 특수영양식품 　10-1 조제유류 　10-2 영아용 조제식 　10-3 성장기용 조제식 　10-4 영·유아용 이유식 　10-5 체중조절용 조제식품 　10-6 임산·수유부용 식품 　10-7 고령자용 영양조제식	11. 특수의료용도식품 　11-1 표준형 영양조제식품 　　(1) 일반환자용 균형영양조제식품 　　(2) 당뇨환자용 영양조제식품 　　(3) 신장질환자용 영양조제식품 　　(4) 장질환자용 단백가수분해 영양조제식품 　　(5) 암환자용 영양제제식품 　　(6) 열량 및 영양공급용 식품 　　(7) 연하곤란자용 점도조절 식품 　11-2 맞춤형 영양조제식품 　　(1) 선천성대사질환자용조제식품 　　(2) 영·유아용 특수조제식품 　　(3) 기타환자용 영양조제식품 　11-3 식단형 식사관리식품 　　(1) 당뇨환자용 식단형 식품 　　(2) 신장질환자용 식단형 식품 　　(3) 암환자용 식단형 식품

자료: 식품의약품안전처, 식품공전, 2022

　맞춤형 식품은 우리나라가 고령사회를 넘어 초고령사회로 진입하고 머지 않아 세계에서 가장 고령화 인구 비율인 높은 국가가 될 것임을 감안할 때 식생활관리 분야에서 주요 자원으로서 자리매김할 것으로 기대되고 있다. 단 이러한 맞춤형 식품이 식생활관리에서 그 역할을 제대로 하기 위해서는 기호면에서 더욱 까다로워지고 있는 소비자를 만족시킬 수 있는 수준에 도달할 수 있는지가 주요한 과제이다. 또한 가격적인 측면에서 아직 일반적인 국민들이 일상의 식생활에서 이용하기에는 부담되는 수준인 것 역시 식생활관리의 자원으로서의 이용에 이슈가 될 수 있다. 특히 요양 병원과 같은 시설 입주자나 취약계층의 식생활관리의 자원으로 그 기능을 제대로 하기 위해서는 보다 저렴한 가격의 경제적인 제품이 필요할 것으로 생각된다.

4 식생활 서비스의 디지털화와 식생활관리

식생활관리의 일부 과정을 디지털 기반으로 수행하는 서비스들이 등장하고 있다. 이를 통해 다양한 식품을 온라인 플랫폼에서 더욱 저렴한 가격에 편리하게 구매할 수 있게 되었고, 식품 구독 서비스도 활성화되어 장보기의 번거로움이 해소되었다. 또한 빅데이터를 기반으로 한 인공지능을 이용한 디지털 헬스케어 서비스의 일환으로 영양 상담과 식단 추천을 제공하는 영양관리 서비스가 인기를 끌고 있다. 이러한 모든 서비스들이 푸드테크의 한 부분으로 비약적으로 발전하고 있다그림 2-15.

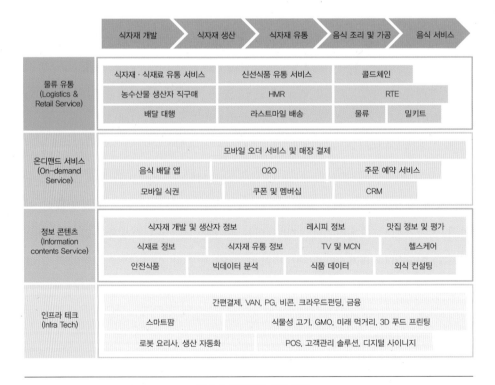

그림 2-15 **푸드테크 사업 구분**
자료: 한국푸드테크협회, 국내 푸드테크 사업 구분, 2021

1) 온라인 식품 쇼핑 플랫폼

IT 기술의 발달과 스마트폰의 보급은 자연스럽게 식생활 관련 온라인 플랫폼의 발전으로 이어졌다. 배달의 민족, 쿠팡 잇츠와 같은 음식 배달 플랫폼이 식생활에 깊이 자리 잡았고, 이와 함께 다수의 온라인 식품 쇼핑 플랫폼이 성공리에 식생활의 일부분으로 안착하였다<그림 2-16>. 특히 마켓컬리를 필두로 한 새벽배송 서비스의 시작은 이러한 식품 이커머스(e-commerce) 시장의 급속한 확대를 가져왔다. 전통적인 슈퍼마켓과 같이 여러 가지 식품을 함께 판매하는 온라인 플랫폼이 일반적이기는 하나, '오늘회', '설로인'과 같이 수산물이나 축산물에 특화된 온라인 식품 쇼핑 플랫폼도 세분화된 식품 영역에서의 전문성을 앞세워 성장하고 있다.

그림 2-16 **식료품 구입 앱**

이러한 온라인 식품 쇼핑 플랫폼의 활성화는 식생활관리에 있어 식품의 선택, 즉 구매에 관한 활동에 편의성을 높이고 시간과 노력의 절약을 가능하게 해주고, 손쉬운 가격 비교를 통한 경제적 식품 구입에도 도움을 줄 수 있다. 그러나 배달 서비스, 특히 소량의 식품에 대한 새벽 배달 서비스의 이용은 지속가능성의 측면에서 환경과 사회에 부정적인 영향을 미치고 있다. 즉, 적은 양의 식품을 포장하고 배달하는 과정에서 다량의 쓰레기 생산과 온실가스 배출이 이루어지며, 배달 노동자들의 근로 여건이 악화될 가능성이 높다.

2) 식품 구독 서비스

온라인 식품 구매의 활성화와 함께 저렴한 가격에 정해진 기간 동안 편하게 집에서 식품을 받아볼 수 있는 식품 구독 서비스의 인기도 높아지고 있다. 김치, 유제품, 빵, 과자, 샐러드, 이유식, 밀키트 등의 구독 서비스가 이미 이용되

식품 구독 서비스

코로나19 장기화의 가장 큰 영향을 받은 구독 서비스는 푸드, 즉 음식 문화다. 비대면과 1인 식사의 비중이 눈에 띄게 늘어나면서 다양한 형태의 식품 구독 서비스가 생겨났다. 요즘 식품 구독 서비스의 가장 큰 특징은 바른 생활과 건강한 라이프를 지향한다는 점에서 기존 서비스와 차별점을 지닌다. 고열량의 외식 문화에서 벗어나 자신의 생활 주기, 취향과 알맞은 맞춤 식단을 선택하는 것이 대세다. 식사 외에도 샐러드나 비건식, 커피, 영양제, 술, 과일, 간식, 도시락, 밀키트 등이 가장 인기가 많다.

건강 고려한 비건식, 샐러드, 영양제 구독이 인기

샐러드 시장의 변화가 가장 눈에 띈다. 한 끼 식사로 든든한 프리미엄 샐러드가 인기다. 채소와 과일로 단순하게 구성했던 기존 틀에서 벗어나 특별한 제철 식재료를 더해 영양과 포만감, 소비자의 취향까지 고려한다. 최근 가장 눈에 띄는 서비스 중엔 맞춤형 건강기능식품 소분 구독 서비스도 있다. 모노랩스의 'I AM'은 소비자의 생활 루틴을 고려한 개인 영양 상담을 기반으로 최상의 건강기능식품을 제공한다.

취향 고려한 음료도 구독

일상에서 자주 접하는 커피와 차, 술을 정기적으로 구독하는 서비스도 있다. 기호품인 음료는 개인의 취향을 가장 크게 반영한다. 술담화의 '담화박스'를 구독하면 매월 새로운 전통주를 집에 보내주고, 와인 초보나 독특한 와인을 좋아하는 와인 애호가들은 자신의 예산에 맞춘 와인 구독 서비스를 즐긴다. 커피나 차도 비슷하다. 서비스 자체에서 매달 추천하는 차를 받아보거나, 본인이 원하는 소량의 원두를 정기적으로 배송 받는 식이다.

그래도 대세는 밀키트

꾸준한 발전을 거듭한 밀키트 서비스는 장기화된 코로나 사태로 최근 찾는 발길이 크게 늘었다. '집콕족'의 번거로운 식사 문제를 해결하는 동시에 비용 절감 효과까지 있다. 맛과 영양은 기본이다. 집밥 구독 서비스 '프레시지'에 따르면 지난해 '지역 맛집'과 '백년가게 밀키트 구독 시비스'를 처음 시작했을 때와 비교해 구독 서비스 이용자 수가 약 2배 증가했다. 배송 서비스 또한 편리하니 니즈와 인기가 꾸준히 확대될 전망이다.

자료: 여성조선, 2022

고 있으며 이러한 품목은 더욱 확대될 것으로 전망된다.

식생활관리 측면에서 구독 서비스를 이용하면, 경제적인 측면과 시간과 노력 측면에서 목표 달성이 용이해진다. 식품의 구매에 소요되는 시간과 노력을 절약하면서 보다 저렴하게 식품을 구배할 수 있기 때문이다.

3) 디지털 기반 식생활관리 서비스

식생활관리 및 건강관리에 대한 관심이 증가하고 코로나19 대유행에 따른 비대면 서비스가 고도화됨에 따라 디지털 기반 식생활관리 서비스의 개발 및 이용이 증가하고 있다. 현재 우리나라 국민들이 이용하고 있는 식생활관리 관련 앱은 대부분 건강한 개인을 대상으로 신체 정보, 음식 섭취 정보, 신체활동 정보 등을 입력하면 이에 대한 평가 및 상담을 제공하고 있다표 2-4, 표 2-5.

디지털 헬스케어 서비스와 함께 또는 독립적으로 제공되고 있는 디지털 기반 식생활관리 서비스가 상용화되면 식생활관리 분야에 상당한 변화가 있을 것으로 예측된다. 우리나라의 경우 아직까지는 영양상태를 평가하고 상담을 제공하는 수준의 서비스가 제공되고 있으며, 이러한 서비스에 빅데이터 기반 인공지능(AI)이 본격적으로 도입되지는 못한 상황이다. 그러나 글로벌 시장에서는 Verdify와 같이 빅데이터에 기반한 개인 맞춤형 식단과 레시피를 추천·제공하는 AI 전문 영양 서비스 기업이 등장하여 사업을 펼치고 있다. 민간 기업을 중심으로 이러한 서비스를 개발하고자 하는 노력이 이루어지고 있어, 머지 않아 보다 고도화된 맞춤형 식생활관리 서비스가 디지털 기반으로 이루어질 수 있을 것으로 보인다. 개인의 유전자 정보까지 포함한 데이터를 분석하여 개인에게 적합한 영양 서비스를 제공하는 정밀영양(precision) 서비스도 디지털 기반 식생활관리 서비스의 한 영역으로 그 발전 가능성이 매우 큰 분야로 주목 받고 있다. 또한 이러한 추천 서비스를 식단과 레시피에 더하여 다양한 유형의 식품(건강기능식품, 특수의료용도식품 등)에 대하여 제공하는 사업도 곧 시장에 선보여질 것으로 예상된다.

표 2-4 **정부/공공기관 제공 디지털 기반 식생활관리서비스 현황**

구분	칼로리코디	식사구성오뚝이	모바일헬스케어
제공기관	식품의약품안전처	한국보건산업진흥원	한국건강증진개발원
서비스 대상	대국민	대국민	만성질환 고위험군
서비스 내용	식품 섭취 기록을 통한 영양섭취평가	음식 섭취 기록을 통한 식사구성 밎에너지 섭취 평가	식품 섭취 기록을 통한 식사섭취 균형 및 영양섭취 평가
서비스 형식	웹기반 홈페이지	웹기반 홈페이지	모바일 어플리케이션

자료: 식품의약품안전처 · 한국보건산업진흥원, 디지털 기반 맞춤형 식생활관리서비스 표준가이드 개발, 2021

표 2-5 **민간 제공 디지털 기반 식생활관리서비스 현황**

구분	눔	다이어트신	YAZIO	상식	FatSecret	다이어트일기	arise
개발사	Noom INC	(주)퍼니엠	YAZIO	두잉랩	FatCecret	giventech	A.R.I.S.E
광고유무	없음	있음	없음	없음	없음	있음	없음
유료여부	무료/유료 (인앱구매)	무료	무료/유료 (인앱구매)	무료/유료 (인앱구매)	무료/유료 (인앱구매)	무료	무료/유료 (인앱구매)
음식입력 방법	키워드 검색	키워드 검색	키워드 검색	사진촬영/ 키워드 검색	키워드 검색	키워드 검색	키워드 검색/ 비코드 스캔
섭취량 설정방법 (눈대중량, 중량, 용기 등)	눈대중량, 용기	눈대중량, 중량, 용기	눈대중량, 중량, 용기	눈대중량, 용기	눈대중량,	눈대중량, 용기	눈대중량, 용기
	1개, 1/2개 등	1개, 1인분, 100g, 100mL 등	1개, 1컵, 1팩, 100g 등	1개, 1/2개 등, 100g	1공기, 1인분, 1포	1인분, 1접시, 100g	1인분, 100g
섭취 단위 및 열량 표기	쌀밥 1공기 272kcal 김치1그릇 19kcal	쌀밥 1공기 310kcal 김치1소접시 25kcal	쌀밥 1인분 260kcal 김치1인분 17kcal	쌀밥 1공기 372kcal 김치1접시 10kcal	쌀밥 1공기 300kcal 배추김치 1인분 8kcal	쌀밥 1인분 313kcal 배추김치 1접시 10,8kcal	쌀밥 1인분 272kcal 배추감치50g 19kcal
산출영양소	열량	열량	열량	열량	열량	열량	열량
맞춤메세지 특징	'좋은선택이에요/적당히드세요/가끔씩드세요'로 음식별 맞춤 메세지	섭취/소모 칼로리 제시/다이어트 칼로리 소모 성공 실패 메시지	없음	없음	남은 칼로리/ 소비 칼로리 제시	없음	영양 섭취량, 섭취가능 칼로리 제시
영양성분 상세정보	있음	있음	있음(유료)	있음	있음	없음	있음(유료)

자료: 식품의약품안전처 · 한국보건산업진흥원, 디지털 기반 맞춤형 식생활관리서비스 표준가이드 개발, 2021

요약

- 식생활에 영향을 미치는 요인으로는 개인적 요인과 환경적 요인이 있다.

- 식생활환경은 사회적, 물리적, 거시적 환경의 다차원으로 구성되어 있다. 지구 온난화, 1인 가구 증가, 고령화, 세계화, 디지털 기술의 발전, 감염병의 유행은 2020년대 한국인의 식생활환경에 변화를 가져온 주요 요인이다.

- 2020년대 식생활의 주요 변화로 가정 외 식생활의 증가, 새로운 식품류의 등장, 식생활 서비스의 디지털화를 들 수 있다.

- 가정 외 식생활이 증가함에 따라 급식소 급식, 편의점 식품, 배달 음식을 포함한 외식의 선택이 식생활관리에서 중요한 위치를 차지하고 있다. 이러한 외식으로부터 섭취하는 음식은 주로 식생활관리의 기호 및 시간과 노력 측면의 목표 충족에 용이하나, 영양, 위생, 지속가능성 측면에서 문제점을 가지고 있다.

- 간편식, 대체식품, 건강기능식품, 맞춤형 식품 등의 새로운 식품류가 등장함에 따라 이러한 식품들 각각의 장단점과 특성을 잘 이해하여 식생활관리의 자원으로 이용하기 위한 노력이 필요하다.

- 다양한 식생활 서비스들이 디지털 기반으로 제공되기 시작하고 있다. 이러한 서비스는 식생활관리의 계획, 실행 및 평가에 효율성을 높여 줄 것으로 기대된다. 디지털 기반 식생활관리 서비스는 식단계획, 식품구매, 영양섭취평가 등에서 유용하다.

CHAPTER 3

식생활관리의
목표

1. 영양면

2. 경제면

3. 기호면

4. 위생면

5. 시간과 노력면

6. 지속가능성면

식생활관리의 목표

식생활관리의 목표는 영양, 경제, 기호, 위생·안전, 능률, 지속가능성 측면에서 고려한다. 구체적으로 식생활관리의 목표는 영양적으로 적합한 식사, 가정 경제 상태를 고려한 합리적인 식품비로 구성된 식사, 가족의 기호를 고려한 식사, 위생적이고 안전한 식사, 시간과 에너지의 효율적 사용으로 준비된 식사, 지속가능성을 고려한 식사를 계획하고 실천하는 것이다.

학습목표

1. 식생활관리의 목표를 나열할 수 있다.
2. 영양, 경제, 기호를 고려한 식생활관리의 목표를 서술할 수 있다.
3. 위생과 안전, 능률, 지속가능성을 고려한 식생활관리의 목표를 서술할 수 있다.

가족의 바람직한 식생활을 위한 식생활관리의 목표는 6가지로 나눌 수 있다. 첫째, 영양적으로 균형 잡힌 식사를 계획한다. 둘째, 가정의 경제적 상태를 고려하여 식품비 지출을 합리적으로 계획한다. 셋째, 가족의 기호를 고려한 식사를 계획하며, 바람직하지 못한 기호를 가진 경우 이의 개선을 위한 노력을 병행한다. 넷째, 위생적으로 안전한 식

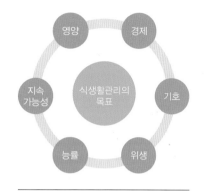

그림 3-1 **식생활관리의 목표**

사를 제공한다. 다섯째, 계획된 시간과 에너지 사용에 맞추어 식사를 계획한다. 마지막 목표는 지속가능성을 고려한 식사를 계획하는 것이다. 이러한 6가지 목표를 충족시킨다면 가정의 상황을 고려하면서도 건강하고 즐거운 식사를 할 수 있는 바람직한 식생활관리가 가능할 것이다**그림 3-1**.

1 영양면

식생활관리의 첫 번째 목표는 가족 구성원에게 우수한 영양을 공급하여 건강을 유지하고 건강증진을 도모하는 것이다. 특히 어린이가 있는 가정은 어린이의 정상적인 성장발육을 위해 우수한 영양을 공급할 수 있어야 한다.

또한 여러 가지의 영양소를 균형 있게 섭취하는 것이 매우 중요하다. 오늘날 편의 위주 식생활의 선호 현상은 가공식품의 남용과 패스트푸드나 편의식품의 섭취 증가 등 올바르지 못한 식습관 형성으로 이어지며, 이는 영양소 섭취에 불균형을 초래할 수 있다. 특히 어린이들은 육류, 인스턴트식품과 가공식품을 선호하고, 채소류의 섭취를 기피하는 특징을 가지고 있다. 이러한 현상은 우리나라뿐 아니라 서구 선진국에서도 공통적으로 나타난다. 각 가정에 따라 가족 구성의 패턴이 다르므로 가족 구성원의 특성을 고려하여 균형적인 영양을 섭취할 수 있는 식사를 계획해야 한다.

1) 우리나라 국민의 식생활 실태

(1) 식품 섭취 실태

2020년 국민건강영양조사 결과에 따르면, 만 1세 이상 우리나라 국민이 섭취하는 식품의 총량(2005년 추계인구로 표준화)은 1인 1일 평균 1,472.7g으로 식물성 식품이 1,102.1g(74.8%), 동물성 식품이 370.6g(25.2%)이었으며, 1998년의 식품 섭취량 1,290g에 비해 182.7g 증가하였다. 이는 2011년에 어패류, 해조류, 육류, 채소류 등에서 국물을 추출하여 사용하는 육수용 식품이 추가되고 2013년 이후에는 실제 식품에 반영되면서 증가한 것으로 볼 수 있다. 액체식품의 추가로 인해 발생되는 중량의 오류를 최소화하기 위해 어패류, 해조류, 육류, 채소류의 육수를 제외한 중량기준과 육수 섭취량을 포함한 에너지 기준을 추가로 제시하였다.

식품 섭취 중 식물성과 동물성 식품의 비를 보면 1969년에는 섭취하는 식품의 97%가 식물성 식품이었으나 2020년에는 74.8%로 줄어든 반면, 동물성 식품의 비율은 1969년 3%에서 2020년 25.2%로 크게 증가하였다**그림 3-2**. 식품군별 섭취량의 변화 추이를 보면 1인 1일 평균 곡류 섭취량은 1969년 559g에서 1998년 347g, 2020년 270g 정도로 크게 감소하였다. 감자 및 전분류의 1인 1일 평균 섭취량도 1969년 76g에 비해 2020년 31g으로 절반 수준으로 감소하였다**그림 3-3**. 채소류는 1969년 이래 다소 증가 또는 감소 추세를 보이며 일정

그림 3-2 식품 섭취 중 식물성 식품과 동물성 식품의 비
자료: 질병관리청, 2020 국민건강통계: 국민건강영양조사 제8기 2차년도(2020), 2021 등(자료 재구성)

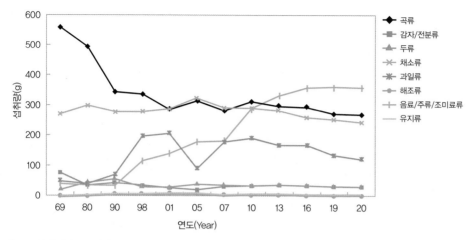

그림 3-3 **식물성 식품군별 섭취량 추이(중량 기준)**
자료: 질병관리청, 2020 국민건강통계: 국민건강영양조사 제8기 2차년도(2020), 2021 등(자료 재구성)

하게 유지되다가 2005년을 정점으로 약간 감소하는 추세이다. 과일류는 1969년에 1인 1일 평균 48g으로 섭취량이 낮았으나 점차 증가하여 2010년에 약 193g에 달하였고 이후 다소 감소하는 추세이다. 음료/주류/조미료류의 섭취는 1969년에 1인 1일 평균 41g이었으나 2020년에 360g으로 약 9배 정도로 크게 증가하였다그림 3-3.

동물성 식품군의 경우 육류와 난류, 우유류의 섭취량이 1969년 국민영양조사가 시작된 이래 크게 증가 추세를 보이고 있다. 그중 육류는 1969년에 1인 1일 평균 6.6g에 불과하였으나 1998년 69g, 2020년 125g(육수 제외)으로 증가하였다. 우유류의 경우에도 1969년에 1인 1일 평균 2.4g에서 1998년 약 88g, 2020년 약 106g으로 급증하였다. 어패류는 1969년에 1인 1일 평균 약 18.2g, 1998년에 약 65g에 달하였으며 이후 다소 감소하여 2020년에는 약 41g을 섭취하였다그림 3-4.

(2) 영양소 섭취 실태

2020년 우리나라 국민(만 1세 이상, 2005년 추계인구로 연령표준화)의 1인 1일

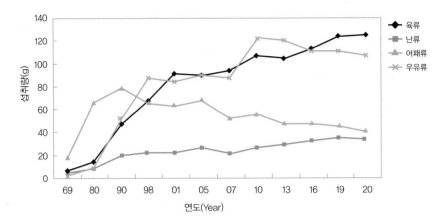

그림 3-4 **동물성 식품군별 섭취량 추이(중량 기준)**
자료: 질병관리청, 2020 국민건강통계: 국민건강영양조사 제8기 2차년도(2020), 2021 등(자료 재구성)

평균 영양소 섭취량은 에너지 1,894.8kcal, 탄수화물 264.9g, 단백질 71.5g, 지방 51.7g을 섭취한 것으로 나타났다. 이는 2010년에 1일 에너지 2,066.8kcal, 탄수화물 321.0g, 단백질 74.7g, 지방 46.4g 섭취한 것에 비해 에너지의 섭취량이 감소하였는데, 주로 탄수화물의 섭취량 감소에 따른 것으로 보인다.

2020년 열량영양소의 에너지 구성 비율(%)은 탄수화물 : 단백질 : 지방이 60.1 : 15.6 : 24.4로 나타나 2010년의 65.7 : 14.7 : 19.7에 비해 탄수화물의 섭취 비율이 감소된 반면 지방과 단백질의 섭취 비율이 증가하였다. 이는 1969년 최초로 국민영양조사가 실시된 이래 2005년에 처음으로 지방 에너지 비율이 20%를 초과하였으나 2007년 18.5%로 감소했으며 2013년에는 다시 21.2%로 증가하여 2020년에 24.4%에 달함을 알 수 있다 **그림 3-5**.

2020년 만 1세 이상 국민의 영양소 섭취량을 한국인 영양소 섭취기준(2015년)과 비교한 결과, 에너지(에너지필요추정량의 91.5%), 칼슘(권장섭취량의 64.4%), 비타민 A(59.1%), 비타민 C(70.8%), 니아신(88.7%), 칼륨(충분섭취량의 76.9%)의 섭취가 기준 대비 낮았다. 성별로 영양소 섭취를 비교하면 남자에 비해 여자의 영양소 섭취, 특히 에너지, 칼슘, 비타민 C, 나이아신, 엽산, 칼슘의 섭취가 저조하였다. 반면 단백질(권장섭취량의 143%), 인(141.4%), 리보플라빈(136.1%), 나트륨(목표섭취량의 166.8%) 등의 섭취는 기준 대비 높았다그림 3-6.

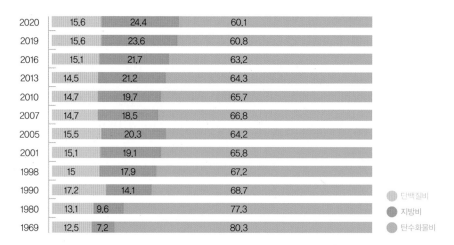

* 단백질급원 에너지섭취분율: {(단백질 섭취량)×4}의 {(단백질 섭취량)×4+(지방 섭취량)×9+(탄수화물 섭취량)×4}에 대한 분율, 만 1세 이상
* 지방 및 탄수화물급원 에너지섭취분율: 단백질급원 에너지섭취분율과 같은 정의에 의해 산출
* 1969~1995년, 원시자료 확보가 불가하여 각 영양소 섭취량의 평균값을 이용하여 계산
* 1998~2020년, 2005년 추계인구로 연령표준화

그림 3-5 섭취 에너지의 3대 영양소 구성 비율 추이
자료: 질병관리청, 2020 국민건강통계: 국민건강영양조사 제8기 2차년도(2020), 2021 등(자료 재구성)

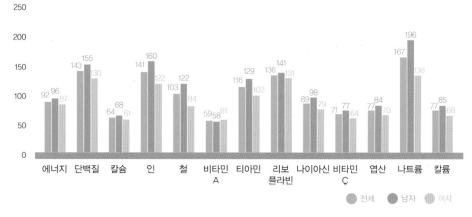

* 영양소 섭취기준에 대한 섭취비율: 영양섭취기준에 대한 개인별 영양소 섭취량 백분율의 평균값, 만 1세 이상
* 영양소 섭취기준: 2015 한국인 영양소 섭취기준(보건복지부, 한국영양학회, 2015).
* 에너지: 필요추정량, 나트륨: 목표섭취량, 칼륨: 충분섭취량, 기타: 권장섭취량

그림 3-6 영양소별 영양소 섭취기준에 대한 평균 섭취 비율(2020년)
자료: 질병관리청, 2020 국민건강통계: 국민건강영양조사 제8기 2차년도(2020), 2021

국민건강영양조사가 시작된 이래(1998년) 영양소별 영양소 섭취기준 대비 섭취 비율의 추이를 보면, 에너지는 에너지필요추정량의 90%대 수준이며, 단백질, 인, 티아민, 리보플라빈 등의 평균 섭취량은 권장섭취량 대비 100% 이상으로 충분히 섭취하고 있다. 반면 칼슘의 섭취는 권장섭취량의 64~76% 수준으로 섭취가 저조한 실정이다. 이외에 비타민 A, 비타민 C 등 영양소는 예전에는 부족하지 않았으나 최근 섭취가 낮게 나타나고 있다. 나트륨 섭취가 높았던 예전에 비해 최근에는 나트륨의 섭취량이 다소 낮아지는 경향을 보이고 있지만, 목표섭취량 대

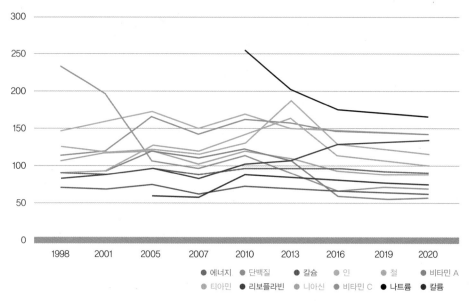

* 영양섭취기준
- 제1기(1998): 한국인 영양권장량 제6차 개정(한국영양학회, 1995)
- 제2기(2001): 한국인 영양권장량 제7차 개정(한국영양학회, 2000)
- 제3, 4기(2005, 2007): 한국인 영양섭취기준(한국영양학회, 2005)
- 제5, 6기(2010, 2013): 2010 한국인 영양섭취기준 개정판(한국영양학회, 2010)
- 제7, 8기(2016, 2019, 2020): 2015 한국인 영양소 섭취기준(보건복지부, 한국영양학회 2015)
- 에너지: 필요추정량(또는 영양권장량), 나트륨: 목표섭취량, 칼륨: 충분섭취량, 그 외 영양소: 권장섭취량(또는 영양권장량)
* 2005년 추계인구로 연령표준화
* 나트륨 및 칼륨에 대한 기준은 한국인 영양섭취기준(한국영양학회, 2005) 이후부터 설정. 나트륨의 경우 2005, 2007년 결과는 충분섭취량과 비교하여 제시하지 않음.
* 비타민 A: 2015년까지 레티놀 당량(RE)으로 산출해 왔으나 영양소 섭취기준이 레티놀 활성 당량(RAE)으로 변경됨에 따라 2016년부터 RAE로 산출.

그림 3-7 **영양소별 영양섭취기준에 대한 섭취 비율 추이(만 1세 이상, 1998~2020)**
자료: 질병관리청, 2020 국민건강통계: 국민건강영양조사 제8기 2차년도(2020), 2021 등(자료 재구성)

비 167% 수준이므로 나트륨 섭취의 조절이 요구된다그림 3-7.

2) 식생활관리 목표: 영양

식생활관리의 첫 번째 목표는 가족 구성원의 생애주기 및 특성을 고려하여 영양소 섭취기준을 충족하는 식사, 즉 영양적으로 균형된 식사를 제공하는 것이다. 앞서 살펴본 우리나라 국민의 식품 섭취 및 영양소 섭취 실태 결과를 참고하여 에너지, 칼슘, 철, 비타민 A, 비타민 C 등 섭취가 저조한 영양소의 섭취를 늘리고 나트륨의 섭취를 줄이는 등의 식사계획을 해야 하겠다.

(1) 영양소 섭취기준의 활용

가족 구성원의 영양을 충족하는 식사계획을 위해서 한국인 영양소 섭취기준을 활용할 수 있다. 한국인 영양소 섭취기준 중 평균필요량은 개인의 영양섭취 목표로는 사용하지 않는다. 개인의 영양섭취 목표는 권장섭취량 또는 충분섭취량에 가깝게, 상한섭취량 미만으로 섭취하는 것이다. 집단의 영양섭취 목표는 섭취량이 평균필요량 미만인 사람의 비율과 상한섭취량 이상인 사람의 비율을 최소화하는 것이다. 권장섭취량은 집단의 식사목표로 사용하지 않으며 집단에서 섭취량의 중앙값이 충분섭취량이 되도록 하는 것을 목표로 한다. 영양소 섭취기준은 에너지와 영양소 섭취량에 대한 기준을 나타내기 위한 것이지만 이를 활용할 때 언제나 모든 영양소를 고려해야 하는 것은 아니다.

평균필요량, 권장섭취량, 충분섭취량에 대해서는 건강 유지와 성장에 꼭 필요한 영양소를 우선적으로 고려해야 한다. 만성질환의 예방 차원에서 영양소 섭취기준이 책정된 영양소는 대상자 개인에 대해 별도로 고려해야 할 필요가 있는 경우 영양소 섭취가 적절히 이루어지도록 계획해야 한다.

(2) 식사구성안의 활용

한국인 영양소 섭취기준은 건강인의 식사 계획에서 기본이 되는 영양소별 권장섭취 수준 등 기준을 제시한다. 그러나 일반인이 식사를 계획할 때 한국인 영양소 섭취기준을 직접 이용하는 것은 쉽지 않기 때문에, 이를 기초로 하여 일반인이 식사 계획에서 활용할 수 있도록 식사구성안이 제시되었다. 식사구성 안에서는 6가지 식품군, 각 식품군별 대표식품의 1인 1회 분량, 1인 1회 분량을 기준으로 한 생애주기별 섭취횟수(권장식사패턴)를 제시하고 있다. 식사구성안 을 활용하면 일반인도 손쉽게 하루에 또는 매끼 각 식품군의 식품을 어느 정 도 먹어야 할지 계획할 수 있다.

2 경제면

가정마다 식품구매나 외식 등 식생활에 사용하는 비용에 차이가 있고, 식 생활을 위한 비용은 건강한 식사를 계획하는 데 주요한 요인이 된다. 경제적인 문제로 식품 구매에 제한을 받는 경우 식품의 구매량이 충분하지 못하고 식품 을 다양하게 선택하지 못하는 등의 문제가 생기며, 이로 인해 가족의 영양 상 태가 적절하지 못할 수 있다. 경제적인 능력이 있는 가정에서도 식생활에 사용 하는 비용을 필요 이상으로 많이 지출하고 이로 인해 영양소의 과잉 섭취 등 의 문제가 발생할 수 있다. 따라서 식생활관리자는 가정의 경제적 측면을 고려 하여 어느 정도로 식품비를 지출할 것인지, 식품비의 범위 내에서 어떻게 효율 적으로 사용할 것인지 계획하는 것이 바람직하다.

1) 식품비 지출 현황

식생활관리의 목표 중에서 현실적으로 중요한 것은 각 가정의 식품비에 알 맞은 식사를 계획하는 것이다. 각 가정의 식품비 지출은 소득수준, 식생활에 대한 가치관 등에 의해 달라질 수 있다. 대부분의 가정은 수입에 한계가 있으 며 수입의 규모에 따라 식생활비가 달라지므로 식품비 지출의 가능성을 고려 하여 식사를 계획해야 한다.

표 3-1 **월평균 소비지출 중 식비(전국 가구, 1인 이상)** (단위: 천원)

연도	소비지출	식비	엥겔지수 (%)	식비 중 비율(%)				
				주식	부식	간식/ 기호식품	기타	외식
2010	2,002.2	537.9	26.9	47.8(8.9)	130.2(24.2)	101.5(18.9)	16.9(1.6)	249.7(46.4)
2015	2,193.0	597.9	27.3	51.4(8.6)	139.7(23.4)	115.4(19.3)	11.1(1.8)	280.4(46.9)
2020	2,400.1	705.7	29.4	62.7(8.9)	176.1(24.9)	134.5(19.1)	23.5(3.3)	309.0(43.8)

자료: 통계청, 가계소득지출, 2022(자료 재구성)

국내에서의 가구당 식비(식료품, 음료, 외식비 등) 지출은 **표 3-1**과 같다. 2020년 가구당 월평균 식비(전국 가구, 1인 이상)는 705,700원, 엥겔지수(가구의 소비지출 중 식비가 차지하는 비율)는 29.4%로 2010년, 2015년에 비해 식비와 엥겔지수 모두 증가하였다. 2020년 식비 중 주식비는 8.9%, 부식비는 24.9%로 주식비의 2.8배였다. 간식과 기호식품비는 식비의 19.1%로 주식비의 2.1배, 외식비는 식비의 43.8%(주식비의 4.9배)로 가장 높은 비율을 차지하였다. 2010년에 비해 식비 중 주식비의 비율은 같았으나 부식비, 간식과 기호식품비의 비율이 다소 증가하였고 외식비가 차지하는 비율은 다소 감소하였다. 식비 중 외식비의 비율이 가장 큰 비중을 차지하는 것으로 볼 때 계획된 식품비 지출을 하는 것이 매우 중요함을 나타낸다. 월평균 식비 중 식품군별 식품비의 비율(2020년)은 **그림 3-8**에 제시하였다.

식비, 즉 식료품 구입이나 외식에 사용하는 비용은 가구의 소득수준, 가구원 수 등에 따라 달라진다. 가구의 소득수준이 높아질수록 식비도 지출하는 비용은 늘어나서 소득이 가장 낮은 군(월 100만원 미만)에 비해 가장 높은 군(월 700만원 이상)에서는 식비를 3.7배 정도 더 많이 지출하였다. 반면 소득이 높아질수록 엥겔지수

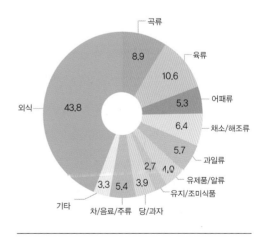

그림 3-8 **월평균 식비 중 식품군별 식품비 비율 (%, 전국 가구, 1인 이상, 2020년)**
자료: 통계청, 가계소득지출, 2022(자료 재구성)

표 3-2 **소득구간별 가구당 소비지출, 식비 및 식품군별 식료품비 지출(전국 가구, 1인 이상, 2020년)**　　　(단위: 천원)

소득	소비지출	식비	엥겔지수(%)	곡류	육류/어패류	채소/해조류	과일류	유제품/알류	외식
〈100만원	890	306	34.0	38.3(12.5)[1]	54.9(18.0)	33.6(11.0)	19.9(6.5)	15.8(5.2)	87.7(28.7)
100~〈200만원	1,264	408	32.3	45.1(11.1)	72.6(17.8)	40.1(9.8)	25.6(6.3)	17.1(4.2)	136.8(33.5)
200~〈300만원	1,689	537	31.8	49.5(9.2)	81.9(15.3)	37.8(7.0)	29.4(5.5)	20.5(3.8)	232.6(43.3)
300~〈400만원	2,109	649	30.8	58.4(9.0)	98.8(15.2)	42.0(6.5)	35.2(5.4)	25.0(3.9)	289.5(44.6)
400~〈500만원	2,527	781	30.9	67.5(8.7)	124.8(16.0)	47.2(6.1)	44.0(5.6)	31.3(4.0)	342.9(43.9)
500~〈600만원	2,972	889	29.9	73.3(8.3)	140.6(15.8)	50.6(5.7)	49.2(5.5)	35.2(4.0)	400.9(45.1)
600~〈700만원	3,383	963	28.5	82.0(8.5)	152.8(15.9)	52.2(5.4)	53.4(5.5)	40.8(4.2)	438.8(45.6)
700만원 이상	4,338	1,135	26.2	90.1(7.9)	175.5(15.5)	59.1(5.2)	64.3(5.7)	42.3(3.7)	542.5(47.8)
평균	2,400	706	29.4	62.7(8.9)	111.9(15.9)	45.3(6.4)	40.0(5.7)	28.0(4.0)	309.0(43.8)

1) 식비에 대한 %
자료: 통계청, 가계소득지출, 2022(자료 재구성)

　는 낮아져서 소득이 가장 낮은 군에서는 엥겔지수가 34.0%, 가장 높은 군에서는 26.2%로 차이가 있었다표 3-2.

　　소득수준이 높아질수록 외식비가 차지하는 비율이 높으며 소득이 가장 낮은 군은 외식비가 식비의 28.7%이었으나 가장 높은 군에서는 식비의 47.8%에 달하였다. 소득이 200만원 이상인 가구에서 외식비가 식비의 40% 이상을 차지하여 거의 모든 소득 계층에서 외식비의 비중이 높다고 할 수 있다. 소득이 높아질수록 곡류, 육류와 어패류, 과일류 등 식품구입에 사용하는 비용은 늘어나지만 식비 중 이들 식품군이 차지하는 비율은 낮았으며 특히 곡류, 채소와 해조류 등이 차지하는 비율이 감소하였다표 3-2.

표 3-3 **가구원수별 월평균 식비 지출 실태(전국 가구, 1인 이상, 2020년)**

가구원 수	소비지출	식비	엥겔지수(%)	외식비	식비 중 외식비(%)	1인당 식비 지출
1인	1,320.0	406.2	30.8	214.1	52.7	406.2
2인	2,040.3	628.4	30.8	236.2	37.6	314.2
3인	3,010.3	866.9	28.8	378.6	43.7	289.0
4인	3,694.3	1,044.1	28.3	465.8	44.6	261.0
5인 이상	3,972.2	1,118.3	28.2	460.8	41.2	223.7
전체(평균)[1]	2,400.1	705.7	29.4	309.0	43.8	294.1

1) 전국 가구의 평균 가구원수: 2.4명
자료: 통계청, 가계소득지출, 2022(자료 재구성)

식비의 지출은 가족의 수에 따라 차이가 있다표 3-3. 가구원 수가 많으면 필요한 식품의 양이 늘어나고 이에 따라 식품비의 지출이 더 크다. 2020년 가구원 수별 월평균 식비 지출(2020년)은 1인 가구의 경우 약 406,200원, 3인 가구는 약 866,900원, 5인 이상 가구에서는 약 1,118,300원으로 가구원 수가 늘수록 식비가 증가하였다. 그러나 가구원 수가 늘어나면 1인당 지출되는 식비는 줄어드는 양상을 보인다표 3-3.

2) 식품계획

식품계획(food plan)은 영양섭취기준을 만족시키면서도 각 가정의 소득수준에 따라 합리적인 식품구입 계획을 세우는 것이다. 미국의 농무성(USDA)은 가정의 소득수준에 차이가 있더라도 식품 선택을 현명하게 함으로써 가족에게 필요한 영양소 섭취량을 만족시킬 수 있는 식품계획을 마련하여 국민들이 식생활 계획에 활용하도록 제공하고 있다.

식품계획은 소득수준에 따라 절약계획(thrifty plan), 저가격계획(low cost plan), 적정가격계획(moderate cost plan), 여유가격계획(liberal cost plan)으

로 나누어 계획한다. 저가격계획은 최저식품비로 한 식품계획으로 각 식품군 내에서 가격이 싼 식품이나 제품을 선택하는 것이다. 절약계획은 저가격계획보다 식품비를 25~33% 낮게 책정한 것이며 이때에도 영양섭취기준을 만족시킬 수 있도록 해야 한다. 적정가격계획은 저가격계획보다 약 25% 높게, 여유가격계획은 저가격계획보다 약 50% 높고 적정가격계획보다는 약 20% 높게 계획한다. 여유가격계획은 경제적으로 가장 풍족한 식품계획으로 식품 선택을 다양하고 자유롭게 하여 식사에 대한 만족도를 높일 수 있다. 같은 쇠고기를 선택해도 여유가격계획을 할 수 있는 가정에서는 값비싼 부위와 등급을 사용할 수 있지만 저가격계획을 해야 하는 가정에서는 값싼 부위와 등급의 쇠고기를 사용하게 된다.

국내에서는 최저생계비 계측을 통해 최저 식료품비를 산출하고 있다. 전물량 방식(market basket)에 의한 최저 식료품비(2020년)는 2015 한국인 영양소 섭취기준에 따라 사람들이 많이 소비하는 식료품을 중심으로 식단을 구성하고 그 식단을 유지하는 데 드는 최소한의 비용을 말하며 가정식과 외식의 비용을 합한 것으로 산출된다. 2020년 산출된 식료품비는 4인 가구(부/모/자녀 2명)의 구성에 따라 표준가구 1안(47세 부, 44세 모, 16세 남아, 13세 여아)의 경우 771,345원으로, 표준가구 2안(42세 부, 39세 모, 12세 남아, 10세 여아)의 경우 728,366원으로 계측되었다**표 3-4**.

···
더보기 미국 USDA 식품계획의 예

미국 USDA에서 제시한 식품계획의 예를 다음 표에 제시하였다. 이는 미국에서 4개의 가격수준에서 영양적인 식사를 할 수 있는 가격을 나타낸 것이다. 가격은 4인 가족에서의 개인을 기준으로 하였고, 가족 수가 다를 경우에는 1인 20%, 2인 10%, 3인 5%를 추가하고 5~6인 5% 삭감, 7인 이상 10% 삭감하는 것으로 보정하여 계산한다. 가족의 총식품비는 개인별 식품비를 합하고 가족 수에 따른 보정을 적용하여 계산한다. 식품계획을 위한 영양적 기준은 영양소 섭취기준, 미국인을 위한 식사지침과 MyPlate 식품 섭취 권장 등을 활용하였다. 가격 외에 식품계획에서의 차이는 특정식품의 선택 여부와 식품의 양을 들 수 있다. 식품계획에서 모든 음식과 간식은 집에서 조리하는 것을 기준으로 한다.

USDA 식품계획: 미국 평균 4수준의 가계에서 식품비 지출(2022년 4월)　　　　(단위: \$)

연령-성별 그룹 개인[1]	식비/월			
	절약계획	저가격계획	적정가격계획	여유가격계획
어린이:				
1세	102.80	147.00	166.70	203.70
2~3세	156.10	155.70	186.40	226.80
4~5세	168.90	159.70	198.70	241.80
6~8세	188.20	228.10	272.00	321.70
9~11세	217.30	243.00	314.40	366.10
남자:				
12~13세	232.20	279.40	349.30	410.40
14~18세	291.60	282.70	359.00	415.80
19~50세	283.60	281.30	352.40	431.30
51~70세	249.80	265.30	333.50	399.80
71+ 세	239.40	261.60	324.00	399.60
여자:				
12~13세	202.10	239.70	288.70	356.10
14~18세	231.60	239.00	286.60	353.90
19~50세	227.50	244.20	298.80	382.10
51~70세	211.70	237.60	296.10	358.60
71+ 세	232.50	235.30	291.90	351.50

1) 식품비 가격은 4인 가족의 개인을 기준으로 함. 가족 수가 다를 경우에는 보정함.
자료: www.cnpp.usda.gov, 2022

표 3-4 **표준가구의 최저 식료품비(2020년)** (단위: 원)

	표준가구 1안[1]	표준가구 2안[2]
가정식 비용	521,754	499,232
외식비	249,591	229,134
월 식료품비	771,345	728,366

1) 가구 구성: 47세 부, 44세 모, 16세 남아(고등학생), 13세 여아(중학생)
2) 가구 구성: 42세 부, 39세 모, 12세 남아(초등학생), 10세 여아(초등학생)
자료: 보건복지부 · 한국보건사회연구원, 2020년 기초생활보장 실태조사 및 평가연구, 2020

3) 식생활관리 목표: 경제

식생활관리에서 주요한 목표는 가정의 소득수준에 따라 이에 맞는 식품비를 계획·지출하고 주어진 식품비의 범위 안에서 우수한 식사를 계획하는 것이다. 우선 가정의 경제수준에 따라 소비지출 중 식품비를 어느 정도로 할 것인지 정하고, 식품비가 결정되면 주식비, 부식비, 간식비, 외식비 등을 계획한다. 주식비는 소득수준에 의한 영향을 가장 적게 받지만 부식비, 간식비, 외식비는 소득수준과 밀접한 관계가 있다. 가정에서 식품비가 합리적으로 지출될 수 있도록 계획하며, 이를 위해서는 가족의 영양소 필요량 고려, 식품구매, 식단계획, 식품비 예산 세우기, 계획적인 식생활 실천 등의 과정에서 노력이 요구된다. 현명하게 식품을 구매하려면 식품선택에 관한 지식, 식품 구매장소와 가격 등 구매 관련 정보와 기술이 있어야 한다.

식품구매에 대한 계획을 할 때 가정의 소득수준에 따라 절약계획, 저가격계획, 적정가격계획, 여유가격계획 등 식품계획을 활용한다. 또한 각 식품군에서 영양소 함량은 비슷하나 가격에 차이가 있는 식품이 있으므로, 가격 정보를 통하여 가정의 소득에 알맞은 식품을 선택한다. 일반적으로 단백질 식품은 가격이 비싼 편이므로 가정 경제에 맞는 적정한 식품을 선택한다. 단백질 식품에서는 유사한 단백질 함량을 포함하면서도 값이 저렴한 단백질 식품을 선택할

표 3-5 **경제면을 고려한 대체식품**

식품군	식품명	대체식품
어육류군	쇠고기	돼지고기, 닭고기
어육류군	조기, 갈치	고등어, 꽁치
채소군	송이버섯	새송이버섯
과일군	멜론	참외

수 있어야 한다. **표 3-5**는 상대적으로 가격이 저렴한 대체식품을 활용하는 예를 제시한 것이다. 채소, 과일 등은 제철식품을 이용하면 영양이 풍부하면서 비교적 저렴한 가격에 식품을 구매할 수 있다.

식품을 구매하는 장소에 따라 같은 식품이라도 가격에 차이가 나므로 식품의 판매장소에 따른 가격 비교 등의 정보를 활용하여 식품구매 비용을 낮출 수 있다. 식품의 구매장소는 기존의 재래시장, 농수산물판매장, 동네 장터 외에 대형 할인점, 슈퍼마켓(동네, 백화점), 편의점 등이 있다. 장을 보기에 앞서, 어떤 장소에서 내가 구매하려는 양질의 식품을 싼 가격으로 제공하는지 정보를 파악한다. 이외에도 가공식품, 유제품, 주스 등은 상표의 종류(예: 상점상표, 유명상표)에 따라 가격에 차이가 있으므로 식품 구매를 할 때 이에 대한 정보를 활용한다.

소득 등 경제적 측면은 식품구매와 식생활관리에 소요되는 비용을 제한하는 주요한 요인이지만, 식생활관리자가 식품계획, 식품구매, 구매장소 등에 관한 정보를 미리 파악하고 계획한다면 식생활을 위해 지출하는 비용을 합리적·경제적으로 조절하면서 가족의 영양요구를 충족시키는 식사를 계획할 수 있다.

3 기호면

식생활관리 목표 중의 하나는 기호에 맞는 맛있는 식사를 할 수 있도록 하는 것이다. 아무리 영양이 풍부한 식사라 하더라도 맛이 없으면 음식을 잘 먹지 않게 된다. 그러나 영양이 좋은 식사이면서 각 개인의 기호에 적합한 식사를 구성하는 것은 쉬운 일이 아니다. 기호는 성별, 연령, 건강상태, 개인이 처한 환경에 따라 항상 변화될 수 있기 때문이다. 특히 어린이를 중심으로 특정식품에 대한 편식이 증가되고 있으며 이는 균형적인 영양 섭취를 저해하는 문제로 지적된다. 따라서 영양적으로 양호한 식사를 하면서 개인의 기호를 만족시킬 수 있는 식생활관리 목표를 달성하는 것이 중요하다.

1) 기호에 영향을 미치는 관능적 요인

음식을 먹을 때 식품 기호에 영향을 미치는 관능적 요인에는 음식의 색, 질감, 향미와 전체적인 맛을 들 수 있다. 따라서 이러한 요인들을 고려하여 식사를 구성하여 기호를 증진시킬 수 있다.

(1) 색

식품의 색은 향, 맛 등과 함께 식욕에 영향을 미치는 요소이며, 식품의 신선도와 품질을 평가하는 기준이 된다. 우리가 일상생활에서 접하는 음식들은 다양한 색채들로 이루어져 있는데, 이 색채들은 인간의 식욕에 영향을 준다. 일반적으로 밝고 따뜻한 색은 달콤한 것을 연상시켜 음식을 더 맛있어 보이게 하고, 탁하고 차가운 색은 쓰고 떫은맛을 연상시켜 음식의 맛을 감소시키는 역할을 한다.

시각적으로 맛이 있어 보이는 식사를 만들려면 각 식품의 색이 잘 배합되도록 고려하는 것뿐만 아니라 식사의 전체적인 색이 아름답게 조화를 이루도

밝고 따뜻한 색: 맛있어 보임

대체적으로 밝고 따뜻한 계열인 빨강, 주황, 노랑 등은 부드럽고 달콤한 것을 연상시켜 음식이 보다 맛있어 보이는 느낌을 준다.

탁하고 차가운 색: 맛없어 보임

대체로 탁하고 차가운 계열인 파랑, 보라, 검정 등은 쓰고 떫은맛을 연상시켜 음식의 맛을 감소시키는 역할을 한다.

록 해야 한다. 또한 음식을 담는 그릇의 색과 모양에 의해서도 음식의 맛과 특성이 살아나기도 하고 감소되기도 한다.

식단을 구성할 때 식품의 색이 다양할수록 영양적으로도 균형이 잡힌다. 음식을 먹을 때 기초식품군을 골고루 이용하고, 다양한 색의 채소와 과일을 사용하여 식단을 구성하면 식품에 대한 기호도 높아지고 영양소의 균형도 훨씬 좋아진다.

(2) 질감

식품의 질감은 촉감에 관계되는 것으로서 식품의 물성, 구조적 특성과 이것을 생리적으로 느끼는 결과라고 할 수 있다. 질감에 대한 관능평가는 소비자의 기호도를 반영할 수 있다.

식품 기호도에 대한 여러 조사에서 채소에 대한 기호가 낮은 어린이들은 익숙하지 못한 질감의 식품을 싫어하였다. 채소에서 느껴지는 싫은 질감은 물컹함, 아삭함, 미끈함, 딱딱함으로 조사되었고, 그중 물컹한 채소의 질감을 가장 싫어하는 것으로 나타났다.

(3) 향미

식품의 맛을 보기 전에 냄새를 맡음으로써 먹고 싶다는 충동을 느끼게 된다. 특히 식사 시간이 가까워지면 냄새는 식욕을 더 자극한다. 냄새는 맛을 연상시킬 뿐만 아니라 신선도를 판단하는 데도 도움을 준다.

향미를 인식하는 것은 각 개인에 따라 다르며, 같은 사람이라도 시간이 지남에 따라 그 강도가 다르게 느껴질 수 있다. 또한 유사한 향미를 가진 식품, 양념, 조미료를 같은 식사에서 반복하여 사용하는 것은 좋지 않다.

(4) 맛

식품은 각각 고유한 맛을 가지며, 이는 식품 기호와 밀접한 관련이 있다. 식품의 맛은 단맛, 짠맛, 신맛, 쓴맛의 4가지로 분류되지만 매운맛, 떫은맛 등의 특성으로 표현되기도 한다. 특히 어린이들은 자극적이고 강한 맛, 특유의 맛이나 냄새를 가진 음식에 대한 기호가 낮은 것으로 나타났다.

식단을 작성할 때 맛에 대한 원칙은 밥, 빵, 육류, 채소 등의 순한 맛을 먼저 맛보게 하고 생선, 향신료가 들어간 음식 등의 강한 맛을 나중에 제공하는 것이다. 또한 맛의 상호작용을 잘 파악하여 좋아하는 맛은 강조하고, 싫어하는 맛은 그 맛을 없애기 위해 다른 재료와 조미료를 사용하는 것이 좋다.

2) 기호에 영향을 미치는 기타 요인

기호에 영향을 미치는 요인은 매우 다양하며 연령이나 성별에 따라서도 다르다. 어머니와 자녀는 정서적인 애착관계가 긴밀하므로 어머니의 식품 기호는 자녀의 식품 기호에 많은 영향을 미치게 된다.

식품의약품안전처에서 제시한 '어린이 기호식품 유형'의 다소비 및 다빈도 식품 종류를 살펴보면 어린이들이 선호하는 간식류 중 상당수가 열량, 지방, 나트륨과 당 함량이 많은 식품인 것으로 조사되었다. 따라서 균형적인 영양소 섭취를 위하여 어린이들의 식품 기호를 개선하기 위한 지도가 필요한 실정이다.

식품이나 음식을 선택할 때 브랜드 인지도 또한 중요한 영향을 미치는 것으로 나타났다. 즉, 특정 식품을 선택할 때 그 식품을 생산하는 회사의 지명도나 이미지가 기호에도 영향을 미치는 것이다.

3) 식생활관리 목표: 기호

식생활관리자는 가족의 기호를 고려한 식사, 맛있는 식사를 계획하고 제공할 수 있어야 한다. 만약 가족의 기호가 영양적으로 바람직하지 못한 경우 식재료나 조리법의 변화 등을 통해 이를 수정하도록 노력한다. 식품기호에 영향을 미치는 요인은 음식의 색, 향미, 맛, 질감 등 다양하므로 이를 고려하여 식욕을 돋우고 먹는 즐거움을 느낄 수 있도록 식사를 구성한다.

> **···**
> **더보기**
>
> ## 식품 기호를 높이기 위한 고려 사항
>
> - 구성원이 좋아하는 식품, 음식을 반영한다.
> - 여러 가지의 맛에 익숙하게 한다.
> - 식품 재료를 다양하게 이용하되 재료가 중복되지 않게 한다.
> - 식품과 조리방법을 다양하게 한다.
> - 식품의 종류에 따라 모양, 크기, 양을 변화시킨다.
> - 서로 다른 색의 식품을 어울리게 사용한다.
> - 여러 다른 질감을 느끼도록 식사를 계획한다.
> - 한 식사에 유사한 향미나 맛의 식품을 반복해서 사용하지 않는다.

4 위생면

가정에서 안전한 식사를 제공하기 위해서는 식품을 위생적으로 취급해야 한다. 미생물에 의한 식중독 예방을 위해 식품을 안전하게 관리하는데 있어서 가장 중요한 것은 식품의 시간-온도 관리다. 박테리아가 증식하기 적절한 온도 에서는 우리가 볼 수도 없고 냄새를 맡을 수도 없는 박테리아가 몇 시간 만에 수백만 배로 증가하여 병을 일으킨다. 특히 식품은 박테리아가 필요로 하는 영양소와 수분이 풍부하여 상하기 쉬우므로 안전하고 신선한 식품을 선택하고 식품을 다루는데 있어서 위생관리가 필요하다. 시간-온도 관리와 함께 식품을 취급하는 사람의 위생상태, 식품 조리, 저장과 보관에서의 위생에 유의하며, 주방기기와 설비, 저장 공간의 위생상태도 식중독 예방을 위해 중요하다.

1) 식중독의 발생 현황

식중독은 음식물 섭취에 따른 건강장해 중 하나로 특별히 식품에 식중독을 일으키는 미생물이 부착·증식하거나 독성물질의 혼입 혹은 잔류에 따른 건강상 장해로서 2차 감염의 우려가 없는 경우를 말한다. 이 점에서 2차 감염의 우려 때문에 법정전염병으로 관리되고 있는 식품매개 전염병과 구별된다. 식품위생법 제2조에 의하면 식중독은 식품의 섭취로 인하여 인체에 유해한 미생물 또는 유독물질에 의하여 발생하였거나 발생한 것으로 판단되는 감염성 또는 독소형 질환으로 정의된다. 일반적으로 식중독은 감기와 유사한 증상을 보이는 경우가 많아 식중독을 바이러스에 의한 감기로 잘못 진단하는 경우가 있다.

식중독은 미생물과 화학물질에 의한 것으로 분류하며, 미생물에 의한 것은 세균성(감염형, 독소형), 바이러스성(노로바이러스 등) 식중독으로 구분한다. 화학물질에 의한 것은 자연독과 화학적 물질(식품첨가물, 잔류농약, 니트로소아민 등)에 의한 것으로 구분한다. 식중독에 걸리면 구토나 설사, 복통, 발열 등의 증세가 나타나며, 원인 물질에 따라 잠복기나 증상 정도가 다르다.

우리나라의 식중독 발생 현황을 보면 2002년에 78건, 환자 2,980명이었으나 2007년에 510건, 환자 9,686명으로 증가하였고 이후 발생 건수가 낮아지다가 다소 증가하는 추세를 반복하였으며 2021년에 식중독 260건, 환자 5,304명이 발생하였다 **그림 3-9**.

식중독의 원인물질별 발생 실태를 보면, 발생 건수나 환자수로 볼 때 최근(2021년)에는 노로바이러스로 인한 식중독이 가장 많았고, 이외에 살모넬라, 병원성대장균, 캠필로박터제주니 등 세균에 의한 식중독이 빈번하였다. 이전에는 병원성대장균이나 황색포도상구균, 살모넬라 등에 의한 식중독이 많았으나 2000년대 중반 이후 노로바이러스로 인한 식중독이 증가하면서, 지난 20년간 식중독 발생에서 노로바이러스, 병원성대장균, 살모넬라, 황색포도상구균 등에 의한 식중독이 빈번하였음을 알 수 있다 **표 3-6**. 2021년의 경우 식중독은 6~8월에 많이 발생하였지만, 최근에는 노로바이러스 식중독이 늘고 난방이 잘 되어서 겨울철에도 식중독이 발생하는 추세이므로 계절에 구분 없이 식중독 예방 대책이 더욱 필요한 실정이다.

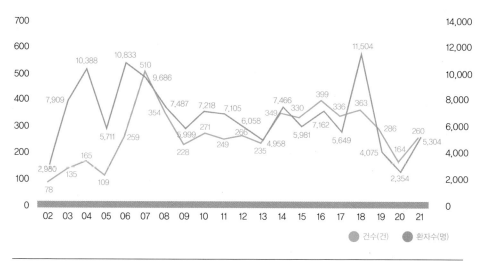

그림 3-9 **연도별 식중독 발생 실태**
자료: 식품의약품안전처, 2022

표 3-6 **원인물질별 식중독 발생 실태**

항목		2021년		2002년~2021년	
		건수(건)	환자수(명)	건수(건)	환자수(명)
세균	병원성대장균	30	585	649	33,669
	살모넬라	32	1,556	431	16,923
	장염비브리오균	2	8	265	5,056
	캠필로박터제주니	26	590	198	7,221
	황색포도상구균	4	80	223	8,366
	클로스트리디움퍼프린젠스	10	589	180	7,529
	바실러스세레우스	7	109	120	2,135
	기타 세균	3	51	35	2,626
바이러스	노로바이러스	86	1,356	860	26,140
	기타 바이러스	1	6	43	1,488
원충		2	8	190	1,088
자연독		0	0	41	389
화학물질		0	0	5	59
불명		57	366	2,105	23,315
계		260	5,304	5,345	136,004

자료: 식품의약품안전처, 2022

2) 위생관리

　미생물이나 바이러스의 증식과 이로 인한 식중독 예방을 위해 식품 구매에서 조리, 저장과 보관에 이르기까지 여러 단계에서 식품위생과 안전에 유의해야 한다. 식생활에서 위생관리는 식품위생, 식품을 다루는 조리자나 취급자의 위생, 주방 설비와 기기의 위생 등으로 나눌 수 있다**표 3-7**.

　식중독 예방을 위해서는 무엇보다 식품위생이 중요하다. 우선 신선한 식재료를 선택하고 식사 준비나 조리 시 교차오염이 일어나지 않게 하며, 조리할 때 충분히 가열하여 식중독을 유발하는 미생물이 증식하지 못하게 한다. 또한 남은 음식의 보관에도 유의하여 식품위생을 철저하게 관리한다. 식품을 취급하는 사람은 깨끗하게 손을 씻고 식품을 다루는 것을 습관화하며, 주방의 위생상태도 청결하게 유지한다. 주방의 위생은 냉동고, 냉장고 등 기기의 청결상태뿐 아니라 매일 사용하는 도마와 칼, 행주 등의 소독도 유의하며, 이러한 기구들

표 3-7 **식생활의 위생관리**

구분	관리 사항
식품위생	1) 식품 구매 • 신선한 식재료, 유통기한이 지나지 않은 식재료 선택 　특히 냉장, 냉동식품의 구매와 운반에 유의 2) 식사 준비 및 조리 • 교차오염이 발생하지 않게 유의 • 가열 조리할 때 충분히 끓이기, 익히기 • 따뜻한 음식은 따뜻하게, 찬 음식은 차게 제공하기 3) 식사, 보관 • 식탁에 음식을 오래 방치하지 않기 • 남은 음식을 냉장, 냉동 **보관**하기 • 나중에 다시 먹을 때는 충분히 재가열하기
개인위생	• 손 씻기: 식품 다룰 때, 조리 전후, 상 차릴 때, 화장실 다녀온 후 등
주방위생	• 도마, 칼, 행주의 살균 소독, 위생 관리 • 조리 기기/기구, 냉장고/냉동고의 위생 관리 • 부엌 바닥, 천장, 벽 등 주방의 위생을 청결하게 유지 • 수도, 배수구 등의 청결 상태 확인 • 환기, 냉방/난방 상태 점검

을 소독하고 청결하게 관리하여 이로 인한 미생물의 번식이 일어나지 않게 한다. 무엇보다 식생활관리자가 식품을 어떻게 다루고, 개인의 위생상태를 어떻게 유지하는지, 주방설비를 어떻게 관리하는지 등 위생관리를 위한 개인의 인식과 노력이 중요하다.

3) 식생활관리 목표: 위생

안전한 식사를 위해서는 식품구매에서 준비, 식사 제공, 저장 및 보관에 이르기까지 식생활과 관련된 모든 단계에서 위생관리에 만전을 기해야 한다. 이를 위해서는 식품의 위생뿐 아니라 식품취급자와 식생활관리자의 위생, 주방의 시설과 기기의 위생상태를 관리하고 안전한 식사 제공을 위해 노력해야 한다. 또한 식생활관리자는 음식물 쓰레기를 줄이기 위한 방법을 고려하고 이를 실천해야 한다. 이는 음식물과 자원의 낭비를 막는데 기여할 뿐 아니라 필요한 만큼 음식을 준비하고 소비하는 문화의 정착에도 일조하여 식생활을 위생적으로 관리하는 측면에도 기여한다.

5 시간과 노력면

식생활관리에 소요되는 시간과 노력은 식단의 계획, 식품 구입, 식사 준비, 식사 뒤처리 단계에 이르기까지 모두 관련된다. 여성의 취업이 늘면서 가사노동이나 식생활관리에 사용되는 시간이 줄어드는 추세이다. 식생활관리자가 식사계획이나 식사준비에 사용하는 시간, 노력 등을 살펴보고 시간이나 노력을 과다하게 사용하는 부분을 개선하는 것이 필요하다. 식생활관리에 소요되는 시간은 가족의 수, 식사 수준, 식품비 예산, 식품 기호, 주방의 설비, 식생활관리자의 지식과 기술 등의 요인에 의해서 결정된다.

1) 한국인의 생활시간 사용 현황

생활시간조사는 우리나라 사람들이 주어진 하루 24시간을 어떤 형태로 보내고 있는지를 파악하여 국민의 생활방식과 삶의 질을 측정할 수 있는 기초자료를 제공하고자 한 것이다. 이는 무급 가사노동에 소요된 시간을 파악하여 가사노동의 경제적 가치를 분석하는 데도 유용하게 활용된다.

가사노동은 가정관리와 가족 및 가구원 돌보기에 사용한 시간이며, 가정관리는 자신의 가족이나 가구를 위해 하는 것으로 음식준비, 의류 관리, 청소와 정리, 주거 및 가정용품 관리, 물품 구입 등 가사일을 말하며, 가족 및 가구원 돌보기는 가족을 신체적, 정신적으로 보살피는 일체의 행동이다.

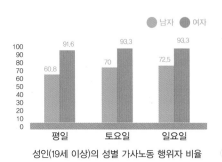

성인(19세 이상)의 성별 가사노동 행위자 비율

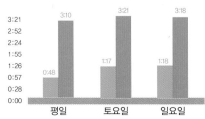

성인(19세 이상)의 성별 가사노동시간

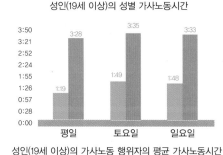

성인(19세 이상)의 가사노동 행위자의 평균 가사노동시간

그림 3-10 성인(19세 이상)의 요일별 가사노동 행위자 비율 및 가사노동시간(2019년)
자료: 통계청, 2019년 생활시간조사 결과, 2020

2019년 생활시간조사 결과, 성인(19세 이상)의 가사노동 행위자 비율을 보면 평일에는 남자 60.8%, 여자 91.6%가 가사노동을 하였고, 주말에는 남자의 경우 토요일 70.0%, 일요일 72.5%, 여자의 경우 93.3%(토, 일 모두)로 여자의 가사노동은 평일과 주말을 가리지 않고 많은 것으로 나타났고 남자는 주말에 가사노동을 많이 하는 것으로 조사되었다. 2014년에 비해 남자의 가사노동 행위자 비율은 평일에 8.4%, 토요일 8.2%, 일요일 4.6% 증가하였다. 또한 가사노동시간은 남자는 평일에 48분, 주말에 1시간 17분 정도였고, 여자는 평일에 3시간 10분, 주말에 3시간 20분 정도로 여자의 가사노동시간이 월등히 많았으며, 여자의 경우 평일과 주말의 가사노동시간에 별로 차이가 없었다. 평균가사노동시간을 보면, 남자는 평일에 1시간 19분, 여자는 3시간 28분이었고, 주말에 남자는 1시간 49분, 여자는 3시간 35분이었다 **그림 3-10**.

맞벌이가구의 가사노동시간(2019년)은 남자 54분, 여자 3시간 7분으로 5년 전보다 남자는 14분 증가하고 여자는 7분 감소하였다. 외벌이가구에서 남자만 취업한 경우 가사노동시간은 남자는 53분으로 맞벌이가구 남자와 차이가 없었으며, 여자는 5시간 41분으로 맞벌이가구 여자보다 2시간 34분 더 많이 하는 것으로 나타났다. 한편 외벌이가구에서 여자만 취업한 경우 가사노동시간은 남자 1시간 59분, 여자 2시간 36분으로 남자만 취업한 경우보다 성별에 따른 가사노동시간의 차이가 적었다 그림 3-11.

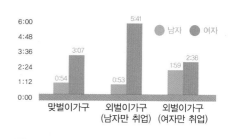

그림 3-11 **맞벌이가구와 외벌이가구의 가사노동시간 (2019년)**
자료: 통계청, 2019년 생활시간조사 결과, 2020

2) 시간과 노력이 필요한 식생활관리

최근 여성의 사회활동이 증가되면서 가정에서의 효율적인 식생활관리에 대한 종합적인 연구가 요구되고 있다. 식생활관리에 소요되는 시간과 노력을 절약하기 위해서는 식생활관리 계획을 세우고, 계획표에 맞추어 효과적으로 실천하는 것을 생활화해야 한다. 식생활관리에 소요되는 시간과 노력은 환경에 따라 차이가 있으나 식생활관리의 일반적인 과정은 다음 박스에 제시된 바와 같다. 이러한 여러 과정에서 식생활관리자가 어느 정도의 시간을 사용하는지 살펴보면 어떤 과정에 많은 시간을 소요하는지, 어떤 부분에서 시간을 줄일 수 있는지 파악할 수 있다. 우선 식생활관리자 자신의 시간 사용에 대해 모니터링하고 이를 분석함으로써 식생활관리자가 이 과정에 사용하는 시간과 노력을 보다 효율적으로 분배할 수 있다.

시장보기, 식사준비 등의 과정을 미리 계획하면 시간과 노력면에서 효율적이다. 예를 들어, 장보기 전에 장보기 목록을 만들어서 식품을 구매하면 슈퍼마켓에서 무엇을 살까 생각하고, 어디에 원하는 상품이 있는지 찾고 이동하는 데 걸리는 시간과 노력을 줄일 수 있다. 또한 장보기 목록을 작성하면 충동구매를 막게 되어 식생활 비용을 규모있게 사용하는 데에도 도움이 된다. 그리고

더보기 식생활관리의 과정

- 식단 계획
- 시장보기 계획
- 시장보기
- 식품 관리 및 저장
- 식사준비 및 조리
- 상차리기
- 식사 후 뒤처리
- 주방 설비 및 기기 관리

한 주 단위로 미리 식단을 계획하고 식사준비를 하면 오늘은 어떤 음식을 어떻게 준비할까 고민하지 않아도 된다. 식사를 준비하는 과정에서도 시간계획표를 작성하면 이에 소요되는 시간이나 노력을 보다 능률적으로 관리할 수 있다.

3) 시간과 노력을 대체하는 자원

식사계획이나 식생활관리는 식생활관리자의 시간과 능률면을 충분히 고려하여 계획되어야 한다. 식생활관리에 소요되는 시간과 노력을 절약하기 위해서는 돈, 지식, 기술 등을 활용한 방안을 강구해야 한다. 이 중 돈은 비교적 다양하게 시간을 절약할 수 있으나 경제적인 여건이 허락되어야 하므로 어느 정도 제약이 있다. 돈을 사용하면 장에서 반조리 식품이나 이미 조리된 식품, 반찬 등을 쉽게 구매함으로써 조리에 사용되는 시간과 노력을 절약하게 된다. 가격은 직접 조리하는 것보다 비싼 편이므로 경제와 시간적인 부분에서 선택을 해야 한다.

주방의 시설이나 조리 기기를 필요에 따라 구매, 비치해 두면 식사준비를 위한 시간과 노력을 절약할 수 있다. 손쉽게 조리할 수 있는 전자레인지, 압력솥, 오븐 외에 전기믹서, 블렌더, 식기세척기 등 기기를 이용하면 식사준비나

그림 3-12 **시간과 노력을 절약하는 주방기기**

식사 후 뒤처리에 소요되는 시간과 노력을 능률적으로 사용할 수 있다그림 3-12.

식생활관리자의 지식이나 기술을 이용하면 비용을 별로 들이지 않으면서 메뉴계획, 장보기, 식사준비 등을 위한 시간과 노력을 줄일 수 있다. 장은 언제, 어디서, 어떻게 볼 것인지, 비용은 얼마나 사용할 것인지 등 정보를 알고 있고, 균형 잡힌 영양을 제공하면서 쉽고 간편하게 조리하는 음식은 무엇인지 파악하며, 조리 능력이 있으면 보다 손쉽게 식사준비를 하게 된다. 식사준비를 할 때 어떤 음식을 먼저 하고 나중에 할 것인지, 일의 효율을 높이기 위해 어떤 기기를 이용할 것인지 등도 중요하다. 이렇듯 식생활관리자의 모든 자원은 시간 사용을 위한 대안이 될 수 있다.

4) 식생활관리 목표: 시간과 노력

식생활관리의 여러 과정, 즉 식사계획, 장보기, 식품구매, 식품보관과 저장, 식사준비와 뒤처리, 주방설비와 기기관리 등에서 시간과 노력이 소요된다. 식생활관리자는 이러한 여러 작업에서 시간과 노력을 얼마나 사용할 것인지, 어떻게 시간과 노력을 줄이면서 식생활관리를 위한 여러 작업을 효율적으로 할 것인지 계획하고 실천해야 한다. 식생활관리자의 시간과 노력을 줄이기 위해 돈, 식생활관리자의 지식이나 기술, 다른 사람의 노력 등을 잘 활용함으로써 식생활을 보다 효율적으로 관리할 수 있다.

6 지속가능성면

농업과 과학 기술의 발달로 농산물이나 축산물의 대량 생산이 가능해지고 식재료가 풍부해졌으나 이로 인한 환경오염과 파괴의 문제가 수반되고 있다. 이에 따라 최근에는 환경 보존을 위한 지속가능한 식생활이 강조되고 있다. 유엔식량농업기구(FAO, 2010)는 지속가능한 식생활을 "현재와 미래 세대를 위한 식품안정성과 건강에 기여하며, 환경에 영향을 미치는 정도가 적은 것이다. 또한 자연과 인간 자원을 최적화하면서, 생물 다양성과 생태계를 보호하고 존중하며, 문화적으로 수용 가능하며, 접근 가능하고, 경제적으로 공정하며 적정한 가격의 식생활이다. 영양학적으로 적절하며, 안전하고, 건강한 것도 지속가능한 식생활"이라고 정의하였다. 이를 요약하면 지속가능한 식생활은 "사람의 건강과 함께, 지구와 사회의 건강을 함께 지키는 식생활 또는 건강·환경·상생을 위한 식생활"로 정의할 수 있다. 우리나라에서는 2010년에 농림축산식품부를 중심으로 '건강, 환경, 배려'를 강조하는 '녹색 식생활' 정책을 시행하였으며, 이는 지속가능한 식생활과 상당 부분 유사하다.

사회 구성원들이 지속가능한 식생활을 선택하면 식품의 지속가능한 생산과 유통이 발전하고, 나아가 전체 식품 시스템의 지속가능성이 확보될 수 있다. 또한 식품의 소비에서 탄소 배출이 많은 식품(육류, 수입식품 등)의 소비를 절제하고 음식물의 낭비를 줄이는 식생활을 실천하면 지속가능한 식생활을 영위하는데 도움이 된다.

1) 음식물 쓰레기 관리

음식물 쓰레기는 식품의 판매와 유통과정에서 버려지는 쓰레기, 가정과 식당 등에서 조리과정 중 식품을 다듬고 버리는 쓰레기, 먹고 남긴 음식물 찌꺼기, 보관했다가 유통기간이 지나거나 상해서 버리는 식품과 음식의 쓰레기를 말한다. 가정에서 발생하는 음식물 쓰레기를 줄이는 것은 식생활의 위생관리나 환경 보존 측면에서 매우 중요하다. 2019년 우리나라에서 하루에 발생하는 생활폐기물량은 57,961톤(1.1kg/인/일)이었으며, 이 중 음식물 쓰레기는 15,999톤(0.27kg/인/일)으로 생활폐기물 발생의 27.6%를 차지하였다**그림 3-13**.

가정에서의 음식물 쓰레기 발생 원인을 보면(국립환경과학원 2012), 유통·조리 과정에서 57%, 먹고 남은 음식물 30%, 보관하다 폐기되는 식재료 9%, 먹지 않은 음식물 4%의 순이었다**그림 3-14**. 여기에는 인구 증가, 세대수 증가, 소득 증가로 인한 외식비 증가, 푸짐한 상차림 문화가 증가 원인으로 나타났다. 최근 늘고 있는 1인 가구 역시 음식물 쓰레기의 증가에 영향을 미칠 것으로 보여진다. 가정 내 음식물 쓰레기 중 가장 큰 비중을 차지하는 것은 과일껍질과 채소 손질 후 발생되는 쓰레기가 51.4%, 남은 반찬과 밥이 37.4%, 상한 음식이 10.1%로 파악되었다.

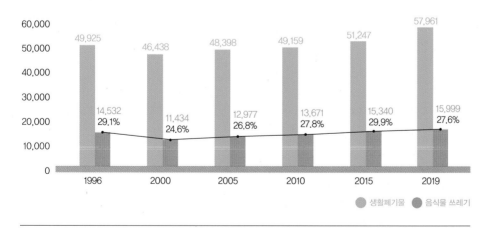

그림 3-13 **생활폐기물 및 음식물 쓰레기 발생 현황(톤/일)**
자료: 환경부 · 한국환경공단, 전국 폐기물 발생 및 처리 현황, 2022

그림 3-14 **가정에서의 음식물 쓰레기 발생 원인(2012년)**
자료: 국립환경과학원

우리나라의 음식물 쓰레기 재활용률은 1996년에 3.3% 에 불과하였으나 2005년에 93.3%, 2010년 95.5%, 2015년 90.4%, 2019년 88.8%이었다**그림 3-15**. 재활용을 위해 분리 배출된 음식물류 쓰레기는 보통 선별, 파쇄, 가열 처리 등을 한 후 필요한 영양분을 첨가하여 가축의 사료로 사용하거나 톱밥, 가축분뇨 등과 혼합하여 발효시켜 퇴비로 재활용하고 있다. 이 밖에도 혐기성 소화로 메탄가스를 생산하여 연료 로 재활용하는 등 음식물 쓰레기를 재활용하기 위한 다양한 기술을 적용한다.

재활용되지 못한 음식물 쓰레기는 소각이나 매립으로 처 리되는데 이는 귀중한 식량자원의 낭비일 뿐만 아니라 환경적으로 여러 문제 가 발생할 수 있다. 수거와 운반 시 악취와 오수가 발생하고, 매립지에서 고농도 의 침출수가 생성되어 토양과 지하수 오염이 발생하며, 이로 인해 매립지 주변 의 주거 환경에 많은 악영향을 끼치게 된다.

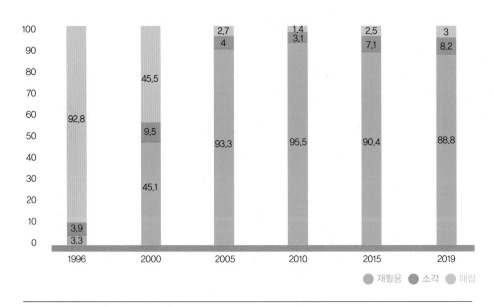

그림 3-15 **음식물 쓰레기의 처리 실태(%)**
자료: 환경부 · 한국환경공단, 전국 폐기물 발생 및 처리 현황, 2022

소각 처리의 경우에도 음식물 쓰레기가 비닐봉지에 있는 상태에서 소각되면 다이옥신의 배출 가능성이 높아진다. 또한 우리나라 음식의 특성상 물기가 많아 소각 온도가 낮아지므로 음식물이 섞이지 않은 폐기물에 비해 추가로 많은 보조연료를 사용해야 하는 문제점이 있다.

따라서 식생활을 계획적으로 하여 불필요한 음식물 쓰레기를 줄이도록 노력해야 한다. 이는 적절한 양의 식품구매, 먹을 만큼 조리하고 남기지 않기, 남은 음식은 알맞은 온도에서 잘 보관하기 등을 실천함으로써 가능하다.

2) 지속가능한 식생활의 실천

(1) 친환경 농축산물의 이용

전통적으로 농산물이나 축산물을 다량으로 생산하고 공급하기 위해 농약과 화학비료를 이용하고 좁은 공간에서 닭이나 소 등을 사육하여 왔지만, 식량 생산이 늘어날수록 환경오염도 증가하여 문제시되고 있다. 이에 최근에는 토양과 지구환경 보존을 고려하여 친환경적 생산 방법으로 재배된 농산물, 유기 농산물의 생산과 이용이 늘고 있다. 이러한 친환경적 농산물을 이용하고, 동물복지를 고려하여 사육된 육류나 난류를 소비하도록 소비자의 인식 변화와 식생활에서의 실천이 필요하다.

(2) 로컬 푸드 이용

글로벌화에 따라 우리가 소비하는 식품에서 수입농산물의 비중이 높아지고 있다. 푸드 마일리지(food mileage)는 식품 수송이 환경에 미치는 부하를 나타낸 것으로 곡물과 축산물, 수산물 등이 생산지에서 소비지까지 식품 수송량과 이동하는 거리를 곱하여 나타낸다(ton·km). 이동 수단은 주로 비행기, 선박, 트럭 등이며 이동 거리가 멀수록 이산화탄소 배출량이 늘어나므로 이동 거리가 먼 식품을 소비하는 것은 이산화탄소의 배출을 높이고 지구 온난화에 영향을 미친다. 이러한 이유로 우리나라뿐 아니라 미국, 일본 등 각 국가에서는 농산물이나 수산물, 축산물을 소비, 이용할 때 로컬 푸드를 이용하자는 운동이 전개되고 있다. 로컬 푸드를 이용하면 신선하고 영양적으로 우수한 식품을 쉽게 이용할 수 있고, 이산화탄소의 배출을 줄여서 환경 보존에도 도움이 된다.

(3) 사회 공정성을 고려한 식생활관리

사회 공정성은 모든 사람들이 경제적으로나 정치적, 사회적으로 같은 권리와 기회를 가지는 것을 의미한다. 식품 공정성은 식품의 생산과 유통, 분배, 소비 측면에서 공평하고 공정하게 되었는지, 이와 관련된 요인은 무엇인지 등을 파악하여 개선하고자 하는 것으로 사회 공정성과 관련이 있다. 사회 공정성은 공정무역이나 동물복지, 문화적 수용성 등 측면에서 고려할 수 있다. 하지만 우리나라에서는 아직 이러한 내용이 식생활에서 주요한 가치로 인식되거나 논의되지 못하고 있는 실정이다.

3) 식생활관리 목표: 지속가능성

일상생활에서 건강, 환경, 상생을 목표로 하는 지속가능한 식생활을 실천한다. 이는 식품의 생산, 유통, 소비, 뒤처리 등 식생활의 모든 영역에서 환경오염을 줄이고 환경을 보존하는 식생활과 관련된다. 구체적으로 친환경 농산물이나 축산물의 이용, 푸드 마일리지가 높은 수입식품보다 로컬 푸드의 이용, 탄소 배출이 높은 육류의 소비를 줄이고 식물성 단백질의 섭취 늘리기, 공정무역과 동물복지 등을 고려한 식품의 선택과 소비 등 행동을 식생활에서 실천하도록 소비자의 인식 변화와 행동 실천이 요구된다.

요약

- 가족의 바람직한 식생활을 위한 식생활관리의 목표는 6가지로 나눌 수 있다. 즉, 식생활관리의 목표는 영양적으로 적합한 식사, 가계의 경제적 상태를 고려하여 합리적으로 식품비를 지출하는 식사, 가족의 기호를 고려한 식사, 위생적으로 안전한 식사, 계획된 시간과 에너지 사용에 맞추어 준비된 식사, 환경을 고려한 식사를 계획하는 것이다. 이러한 6가지 목표를 충족시킨다면 각 가정의 상황을 고려하면서도 건강하고 즐거운 식사를 할 수 있는 바람직한 식생활관리가 가능할 것이다.

- 식생활관리의 첫 번째 목표는 가족 구성원에게 우수한 영양을 공급하여 건강유지와 증진에 도움이 되게 하는 것이다. 특히 어린이가 있는 가정은 어린이의 정상적인 성장발육을 위해 우수한 영양을 공급할 수 있어야 한다. 각 가정에 따라 가족 구성의 패턴이 다르므로 가족 구성원의 특성을 고려하여 균형적인 영양을 섭취할 수 있게 식사를 계획해야 한다.

- 식생활관리의 목표 중에서 현실적으로 중요한 것은 각 가정의 식품비에 알맞은 식사를 계획하는 것이다. 각 가정의 식품비 지출은 소득수준, 식생활에 대한 가치관 등에 의해 달라질 수 있다. 대부분의 가정은 수입에 한계가 있으며 수입의 규모에 따라 식생활비가 달라지므로 식품비 지출의 가능성을 고려하여 식사를 계획해야 한다.

- 식생활관리 목표 중 하나는 기호에 맞는 맛있는 식사를 할 수 있도록 하는 것이다. 그러나 영양이 좋은 식사이면서 각 개인의 기호에 적합한 식사를 구성하는 것은 쉬운 일이 아니다. 기호는 성별, 연령, 건강상태, 개인이 처한 환경에 따라 항상 변화될 수 있기 때문이다. 특히 어린이들을 중심으로 특정식품에 대한 편식이 증가되고 있으며 이는 균형적인 영양 섭취를 저해하는 문제로 지적된다. 따라서 영양적으로 양호한 식사를 할 수 있으면서도 개인의 기호를 만족시킬 수 있는 식생활관리 목표를 달성하는 것이 중요하다.

- 가정에서 안전한 식사를 제공하기 위해서는 식품을 위생적으로 취급해야 한다. 미생물에 의한 식중독 예방을 위해 식품의 안전관리에서 가장 중요한 것은 식품의 시간-온도 관리이다. 식품은 박테리아가 필요로 하는 영양소와 수분이 풍부하여 문제를 일으키기 쉬우므로 식품을 다루는데 있어서 위생관리가 필요하다. 시간-온도 관리와 함께 식품을 취급하는 사람의 위생상태, 주방기기와 저장 공간의 위생상태도 식중독 예방을 위해 중요하다.

- 식생활은 식생활관리자의 시간과 능률면을 충분히 고려하여 계획되어야 한다. 식생활관리에 소요되는 시간과 노력을 절약하기 위해서는 식생활관리 계획을 세우고, 계획표에 맞추어 효과적으로 실천하는 것을 생활화해야 한다. 식생활관리에 소요되는 시간과 노력을 절약하기 위해서는 돈, 지식, 기술 등을 활용할 방안을 강구해야 한다.

- 식생활은 지속가능성을 고려하여 계획·실천되어야 한다. 친환경 농산물 이용, 지역에서 생산된 농축산물 이용, 음식물 쓰레기 줄이기 등의 방법으로 친환경적이고 탄소 배출을 줄이는 식생활을 실천한다.

CHAPTER 4

식생활관리를
위한 기본지식

1. 식사계획의 기본원칙
2. 한국인 영양소 섭취기준
3. 식사구성안
4. 식생활지침

식생활관리를 위한 기본지식

가족 모두가 건강한 생활을 영위하기 위해서는 각 구성원에 맞는 적절한 영양 공급이 필요하다. 영양에 관한 올바른 지식을 기반으로 균형 잡힌 식사를 할 때 활기차고 보람된 생활을 할 수 있다. 건강한 식생활을 위한 식사계획의 기본은 우리에게 필요한 모든 영양소가 알맞은 양으로 적절히 배합된 균형식을 매일 먹도록 하는 것이다. 이를 위해서는 균형성, 다양성, 적절성의 원칙이 지켜져야 한다.

학습목표

1. 건강한 식생활을 위한 3가지 기본원칙을 설명할 수 있다.
2. 한국인 영양소 섭취기준의 종류와 내용을 이해하고 설명할 수 있다.
3. 식사구성안을 이해하고 이에 따라 식단을 작성하거나 평가할 수 있다.
4. 한국과 다른 나라의 식사지침을 이해하고 설명할 수 있다.

1 식사계획의 기본원칙

건강한 식생활을 유지하기 위해서는 식단을 계획할 때 다양한 식품을 양적으로 알맞게 섭취하여 영양적으로 균형된 식사가 되도록 해야 한다.

1) 균형성(Balance)

식생활에서 균형이란 섭취하는 식품이나 영양소 측면에서 어느 특정한 것에 치우침이 없는 것을 의미한다. 즉, 균형 있는 식사는 필요한 모든 영양소가 적당한 양으로 포함되어 있는 식사를 말한다.

균형 잡힌 식사를 하려면 필요한 모든 영양소를 개인의 필요량에 만족되도록 섭취해야 하는데, 실제로 사람들이 섭취하는 식품의 종류는 매우 다양하고, 또 식품마다 함유하고 있는 영양소의 종류와 양이 달라 섭취량을 매일 계산하기는 어렵다. 이에 일반인들이 이해하기 쉽도록 영양소의 조성이 비슷한 식품들을 묶어 기초식품군으로 제시하고 있다. 각 나라마다 기초식품군을 4~7개의 식품군으로 구분하였으며, 우리나라에서는 식품의 영양소 함량, 특정 식품이 영양소 섭취에 기여하는 정도, 식사패턴 등을 고려하여 6개의 식품군으로 분류하였다.

• 곡류	• 채소류	• 우유 · 유제품류
• 고기 · 생선 · 달걀 · 콩류	• 과일류	• 유지 · 당류

6가지 식품군이 차지하는 중요성과 양을 일반인이 이해하고 실제 식생활에서 쉽게 사용할 수 있도록 그림으로 표시한 것이 '식품구성자전거'이다 **그림 4-1**. 식품구성자전거는 이러한 6가지 식품군 중 과잉섭취를 주의해야 하는 유지·당류를 제외한 5가지 식품군을 매일 골고루 필요한 만큼 먹어 균형 잡힌 식사를 해야 한다는 의미를 전달하고 있다. 식품구성자전거의 뒷바퀴를 보면 균형 잡

그림 4-1 식품구성자전거
자료: 보건복지부·한국영양학회,
2020 한국인 영양소 섭취기준 활용연구, 2021

힌 식사 구성을 나타내도록 권장식사패턴의 섭취횟수와 분량에 비례하여 면적이 배분되었다. 주식으로 가장 많이 섭취해야 할 곡류는 매일 2~4회로 가장 넓은 면적을 차지하고, 고기·생선·달걀·콩류는 매일 3~4회, 채소류는 매 끼니 2가지 이상, 과일류는 매일 1~2개, 우유·유제품은 매일 1~2잔을 섭취하는 것을 표현하고 있다. 여기에 앞바퀴에 물잔의 이미지를 넣어 매일 충분한 양의 물을 섭취해야 하는 것을 표현하고 있으며, 자전거에 앉아있는 사람의 모습은 매일 충분한 양의 신체활동을 통해서 적절한 영양소 섭취와 함께 건강을 유지하고 비만을 예방할 수 있음을 의미한다.

각 식품군의 식품들을 골고루 섭취하면 대체로 필요한 영양소를 얻을 수 있는데, 이때 같은 식품군에 속한 식품들일지라도 그 종류에 따라서 실제 영양소 함량에 차이가 있기 때문에 일상 식생활에서는 같은 식품군 내에 있는 여러 가지 식품들을 번갈아 골고루 섭취해야 한다. 영양적으로 균형 잡힌 식단을 위해서는 매 끼니 곡류에 해당하는 식품을 주식으로 하고, 채소류 반찬 2~3가지, 단백질 반찬 1~2가지를 갖추어 먹는 것이 좋다. 음식을 조리할 때 유지 및 당류는 가급적 적게 이용하며, 간식으로 우유와 과일류를 1일 1회 이상 섭취하도록 한다.

2) 다양성(Variety)

우리 신체에 필요한 영양소의 종류는 40여 종 이상으로 매우 많아 한두 가지 식품으로 모든 영양소의 필요량을 충족시킬 수 없다. 같은 식품군에 속하는 식품이라 하더라도 모든 식품들은 각각 고유한 구성성분을 가지고 있으므로 각 식품들의 영양소 종류나 함량은 어느 정도 다를 수 있다. 또한 어느 한

⋯ 더보기 식사의 색과 영양균형

식사를 구성하는 색이 다양할수록 영양적으로 균형이 잡힌다. 1991년부터 미국 국립
암연구소에서는 '하루에 5가지 채소와 과일을 섭취하자'는 캠페인을 하고 있으며 식사
에 빨강, 주황, 노랑, 파랑, 보라색을 포함할 것을 권하고 있다. 미국 워싱턴 포스트지
의 식생활 관련 기사에도 '건강을 유지하기 위해서는 무지개 색으로 구성된 식사를 하
는 것이 도움이 된다'는 내용이 실려 있다.

다양한 색의 채소와 과일을 섭취해야 하는 이유는 이들이 비타민과 무기질 함
량이 풍부할 뿐만 아니라 다양한 식물성 생리활성물질인 피토케미컬
(phytochemical)을 가지고 있기 때문이다. 피토케미컬은 채소와
과일 등의 식물성 식품에서 발견되는 비영양소 화합물로
서 식품에 맛과 색, 향기를 주고 체내에서 항산화 작
용, 면역기능 강화 및 질병발생을 억제하는 생리
적 활성을 지닌 물질이며, 암을 포함한 여러
만성질환을 예방한다고 알려져 있다. 그러
므로 식사를 구성할 때 6가지 식품군을 골
고루 이용하고, 채소류와 과일류에서도
다양한 색을 선택하면 영양적으로도 균
형이 잡히고 건강에도 좋다.

가지 식품이 모든 영양소를 골고루 함유하고 있는 것이 아니다. 예를 들어 같
은 육류라 하더라도 쇠고기, 돼지고기, 닭고기의 단백질, 무기질, 비타민 함량
은 조금씩 차이가 나며, 완전식품이라고 알려져 있는 달걀의 경우에도 비타민
C가 전혀 없고 칼슘도 거의 함유하고 있지 않다. 따라서 여러 가지 다른 식품
을 선택하여 골고루 섭취해야 한 식품에서 부족한 영양소를 다른 식품으로부
터 얻어 상호 보완효과를 볼 수 있다. 일본에서는 하루에 30가지 이상의 다양
한 식품을 섭취하도록 권장하고 있다.

3) 적정성(Moderation)

최근 증가하고 있는 당뇨병, 고지혈증 등 생활 습관병의 예방과 관리를 위

표 4-1 **나의 하루 식사의 균형성은 몇 점이나 될까? (　요일)**

영양소	식품류	식품	배점		득점					
					아침		점심		저녁	
			균형식	식품	균형식	식품	균형식	식품	균형식	식품
단백질	고기류, 생선류	닭고기, 돼지고기, 쇠고기, 토끼고기, 오리고기, 소시지, 햄, 생선, 굴, 조개, 어묵	10	5						
	알류	달걀, 오리알, 메추리알		5						
	콩류	콩, 두부, 비지, 두류, 된장, 청국장		4						
칼슘	우유류	우유, 분유, 치즈, 요구르트	10	5						
	뼈째먹는 생선	멸치, 뱅어포, 잔새우, 미꾸라지, 양미리, 사골		4						
비타민 · 무기질	녹황색 채소류, 해조류	시금치, 당근, 깻잎, 고추, 갓, 미나리, 상추, 쑥갓, 무청, 아욱, 근대, 열무, 미역, 김, 다시마, 파래	10	5						
	담색 채소류, 버섯류	무, 배추, 양배추, 오이, 호박, 파, 양파, 우엉, 콩나물, 가지, 고구마줄기, 도라지, 버섯		2						
	과일류	사과, 감, 배, 복숭아, 귤, 포도, 살구, 자두, 토마토, 참외, 수박, 딸기, 대추		4						
당질	쌀	쌀, 찹쌀	10	3						
	잡곡류	보리, 밀가루, 옥수수, 조, 수수, 국수, 빵, 떡		3						
	감자류	감자, 고구마, 당면, 토란, 도토리		3						
지방	기름류	참기름, 들기름, 콩기름, 채종유, 마요네즈, 마가린, 버터	10	4						
	종실류	참깨, 들깨, 호두, 잣, 땅콩		3						
소계			50	50						
합계			100							

평가기준

▶ 75점 이상: 훌륭　　　　▶ 74~50점: 개선할 필요　　　　▶ 49점 이하: 반드시 개선

진단방법

1. 배점 원리를 보면 식품점수는 해당 식품군별로 식품이 하나 이상 있을 때 해당점수를 득점하고, 균형식 점수는 영양소별로 배점된 식품이 하나 이상 있을 때 10점씩 득점한다.
2. 각 끼니별로 득점란의 식품, 균형식 점수란에 해당되는 식품이 있을 때 각각 ○표를 하고 소계를 구한다.
3. 합계란에는 균형식 점수와 식품 점수 소계를 합하여 기록한 후, 이를 평가기준과 비교한다.

해서 식품을 적절한 양으로 섭취할 것을 강조하고 있다. 적절한 양의 섭취는 모든 영양소를 너무 많거나 적지 않게 필요한 양만큼 골고루 섭취하는 것을 말한다. 하루 중 어느 한 끼니에 특정 영양소가 함유된 식품을 많이 섭취할 경우, 다른 끼니에는 그 영양소 함량이 적은 식품을 섭취하여 그 영양소의 하루 필요량이 적절히 유지되도록 해야 한다.

2 한국인 영양소 섭취기준

1) 한국인 영양소 섭취기준

건강한 생활을 위해서는 영양소를 균형 있게 섭취해야 하며 그 영양소의 필요량은 종류에 따라 다르므로, 매일 어떤 영양소를 얼마만큼 먹어야 적절한 영양 섭취를 할 수 있는지 그 기준이 필요하다. 한국인 영양소 섭취기준은 한국인의 건강을 최적의 상태로 유지할 수 있는 영양소 섭취수준을 제시한 것이다.

예전의 영양권장량은 영양소의 부족을 예방하기 위해 대다수 건강한 사람들의 필요량을 충족하는 하나의 수치로 제시하였다. 그러나 최근 식생활과 질병 양상의 변화에 따라 영양소 과다섭취가 문제가 되므로, 영양소 필요량을 충족시키면서 과잉섭취로 인한 만성질환 예방 등까지도 고려하여 새로운 개념을 도입한 영양섭취기준을 새로 설정하게 되었다.

2005년에 미국이나 캐나다에서 사용하는 영양섭취기준 체계를 적용하여 한국인 영양소 섭취기준을 제정하였으며 과거의 영양권장량 개념인 권장섭취량(RI, recommended intake) 외에도 평균필요량(EAR, estimated average requirement), 충분섭취량(AI, adequate intake), 상한섭취량(UL, tolerable upper intake level)의 개념이 도입되었다. 각 개념은 표 4-2, 그림 4-2에 나타난 바와 같다. 한 영양소에 대해 영양소 섭취기준의 2~3가지 수치가 있으며, 식생활의 내용을 세밀하게 평가하고 식사에 적용할 수 있도록 되어 있다. 2020년에

표 4-2 **영양소 섭취기준의 개념**

평균필요량	대상 집단을 구성하는 건강한 사람들의 절반에 해당하는 사람들의 일일 필요량을 충족시키는 값 대상 집단의 필요량 분포치 중앙값으로부터 산출한 수치
권장섭취량	평균필요량에 표준편차의 2배를 더하여 정한 수치 통계적으로 집단의 97~98%의 영양소 필요량을 충족시켜주는 값
충분섭취량	영양소 필요량에 대한 정확한 자료가 부족하거나, 필요량의 중앙값과 표준편차를 구하기 어려운 영양소의 경우 건강한 인구집단의 섭취량 중앙값을 기준으로 설정
상한섭취량	인체 건강에 유해영향이 나타나지 않는 최대 영양소 섭취수준으로, 과량 섭취 시 건강에 악영향의 위험이 있다는 자료가 있는 경우에 설정 가능
만성질환 위험감소 섭취량	건강한 인구집단에서 만성질환의 위험을 감소시킬 수 있는 최저 수준의 영양소 섭취량
에너지 적정비율	각 영양소를 통해 섭취하는 에너지양이 전체 에너지 섭취량에서 차지하는 비율의 적정범위 제시

자료: 보건복지부 · 한국영양학회, 2020 한국인 영양소 섭취기준 활용연구, 2021

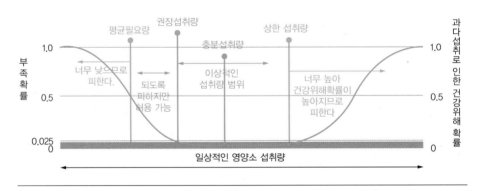

그림 4-2 **영양소 섭취기준**
자료: 보건복지부 · 한국영양학회, 2020 한국인 영양소 섭취기준 활용연구, 2021

개정된 한국인 영양소 섭취기준에서는 안전하고 충분한 영양을 확보하는 기준치(평균필요량, 권장섭취량, 충분섭취량, 상한섭취량)와 식사와 관련된 만성질환 위험감소를 고려한 기준치(에너지 적정비율, 만성질환 위험감소 섭취량)를 제시하였다.

2) 식사계획을 위한 영양소 섭취기준의 활용

영양소 섭취기준은 개인과 집단의 식사섭취평가 및 식사계획에 활용이 가능하다. 영양소 섭취기준은 에너지와 영양소 섭취량에 대한 기준을 나타내기 위한 것이지만 활용 시에 언제나 모든 영양소를 고려하여야 하는 것은 아니다. 평균필요량, 권장섭취량, 충분섭취량에 대해서는 생명 건강의 유지와 완전한 성장에 불가피한 영양소를 우선적으로 고려하여야 하며, 만성질환 예방차원에서 영양소 섭취기준이 책정된 영양소는 대상자 개인에 대해 별도로 고려해야 할 필요가 있는 경우에 적절한 섭취가 되도록 배려하여야 한다.

식사를 계획할 때에는 가족 개개인의 연령, 노동 강도, 건강 상태를 고려한 영양소 섭취기준을 알고 이에 적합한 식사를 준비하기 위해 어떠한 식품을 얼마나 섭취해야 할지를 택해야 한다. 개인을 대상으로 하는 식사계획의 목표는 각 영양소가 부족할 확률을 낮게 하고 상한섭취량을 넘지 않도록 한다. 즉, 개인을 대상으로 하는 경우에는 권장섭취량이나 충분섭취량에 가까운 섭취를 하도록 해야 한다. 평균필요량은 개인의 식사계획에서 목표로 사용되지 않는데, 이는 평균필요량에 맞게 계획된 식사는 개인의 요구량을 충족시키지 못할 확률이 50%에 달하기 때문이다. 집단을 대상으로 하는 경우에는 평상시 섭취의 분포가 부족하거나 과잉의 위험이 적도록 하기 위해서 평균필요량이나 상한섭취량을 이용해서 계획을 세우도록 한다 **표 4-3**.

표 4-3 **식사계획을 위한 영양소 섭취기준 활용**

구분	개인	집단
평균필요량	개인의 영양섭취 목표로 사용하지 않음	평소 섭취량이 평균필요량 미만인 사람의 비율을 최소화하는 것을 목표로 함
권장섭취량	섕소 섭취량이 평균필요량 이하인 사람은 권장섭취량을 목표로 함	집단의 식사계획 목표로 사용하지 않음
충분섭취량	평소 섭취량을 충분섭취량에 가깝게 하는 것을 목표로 함	집단에서 섭취량의 중앙값이 충분섭취량이 되도록 하는 것을 목표로 함
상한섭취량	평소 섭취량을 상한섭취량 미만으로 함	평소 섭취량이 상한섭취량 이상인 사람의 비율을 최소화하는 것을 목표로 함

자료: 보건복지부 · 한국영양학회, 2020 한국인 영양소 섭취기준 활용연구, 2021

3 식사구성안

1) 식사구성안의 개요

식사구성안은 일반인들이 적절한 식사구성을 손쉽게 할 수 있도록 고안된 것이다. 영양소 섭취기준은 대다수의 사람들이 건강을 최적의 상태로 유지하고 질병을 예방하는 데 도움이 되도록 섭취해야 할 영양소의 양을 정한 것으로, 식사계획이나 영양평가를 할 때 기준이 된다. 그러나 사람들은 영양소의 형태가 아닌 식품을 섭취하는데, 식품에는 여러 종류의 영양소가 함께 함유되어 있고 식품마다 다양한 영양소가 다른 비율로 함유되어 있어, 일반인들이 실제 식사에서 영양소 섭취기준을 이용하여 어떤 식품을 얼마나 먹어야 할지 알기 어렵다. 따라서 일반인들이 실생활에서 손쉽게 식사를 계획하고 구성할 수 있도록 제안된 것이 식사구성안이다. 이는 양적으로는 영양섭취기준을, 질적으로는 한국인 식생활지침의 내용을 충족시키면서 매일의 식사에서 어떤 식품을 얼마나, 어떻게 먹어야 할지를 보여준다. 식사구성안은 건강한 사람의 건강 증진을 위한 것으로 식사 조절이 필요하지 않은 경우에 사용되며, 당뇨병 환자나 비만인 등 에너지나 영양소 조절이 필요한 경우 이용하는 식품교환표와는 구분된다.

식사구성안을 통해 섭취할 수 있는 영양적 목표는 한국인 영양소 섭취기준을 바탕으로 하였다. 식사구성안의 영양목표는 **표 4-4**와 같다. 에너지, 비타민, 무기질, 식이섬유는 섭취 필요량의 100%를 충족하며, 탄수화물, 단백질, 지방의 에너지 비율은 각각 55~65%, 7~20%, 15~30% 정도를 유지하고, 설탕이나 물엿과 같은 첨가당 및 소금은 되도록 적게 섭취하도록 구성되었다.

2) 식사구성안의 내용

식사구성안은 다음의 3가지 요소로 구성되어 있다.

표 4-4 **식사구성안 영양목표와 일반적 개념의 목표**

섭취 허용			섭취 주의	
에너지	100% 에너지필요추정량	지방	1~2세 총에너지의 20~35%	
단백질	총에너지의 약 7~20%		3세 이상 총에너지의 15~30%	
비타민 무기질	100% 권장섭취량 또는 충분섭취량, 상한섭취량 미만	당류	설탕, 물엿 등의 첨가당 최소한으로 섭취	
식이섬유	100% 충분섭취량			
일반적 개념의 목표				

1. 건강인의 건강증진을 위한 것이다.
2. 과학적인 근거를 기반으로 식사구성안을 개발해야 하며 그러기 위해서는 최신 연구의 결과와 국민건강영양조사의 최신 조사 결과를 반영해야 한다.
3. 식사구성안은 한국인의 식생활지침에도 부합되도록 전반적인 식생활을 포함하는 내용으로 권장한다.
4. 식사구성안은 일반인들이 사용하기 쉽고 간편해야 한다.
5. 식사구성안은 영양소 섭취기준의 목표가 실제 식생활에 적용이 가능해야 한다.
6. 식사구성안은 사용자의 개인 선호 식품에 따라 동일한 식품군 내에서는 식품의 변화를 주고자 할 때 식품의 대체가 용이하며, 변경한 식품은 식품 간의 영양소가 충족되어야 한다.

자료: 보건복지부 · 한국영양학회, 2020 한국인 영양소 섭취기준 활용연구, 2021

- 식품군: 식품에 함유된 영양소의 특성에 따라 6가지 식품군으로 구분
- 1인 1회 분량: 각 식품군에 속하는 식품들에 대하여 일상적으로 한 번에 섭취하는 분량
- 권장식사패턴: 각 식품군에 속한 식품들로부터 하루에 섭취해야 할 횟수

(1) 식품군 분류

앞에서 제시한 바와 같이 식품이 함유한 영양소의 특성에 따라 곡류, 고기·생선·달걀·콩류, 채소류, 과일류, 우유·유제품, 유지·당류의 6가지 기초식품군으로 분류하였다.

(2) 1인 1회 분량

분류된 식품군별로 대표식품을 선정하고, 각 식품에 대하여 1인 1회 분량

을 설정하였다. 대표식품은 각 식품군별로 영양소에 대한 기여도가 높은 식품, 주로 이용하는 식품, 섭취량이 상대적으로 높은 식품 등을 고려하여 선정하였다. 각 식품군별 대표식품의 1인 1회 분량은 한 번에 섭취해야 하는 양이 아니고 우리나라 사람들이 통상적으로 한 번에 섭취한다고 생각되는 양으로 산출한 것이다.

표 4-5는 식품군의 대표식품과 1인 1회 분량을 나타낸 것이다. 같은 식품군 내에서 대표식품의 1인 1회 분량의 에너지 함량은 유사하도록 하였는데 곡류의 경우 300kcal(시리얼, 감자류, 묵류의 경우 1회 분량이 밥 1/2공기에 해당하므로 1회 분량으로 제시하되 식단 작성에서는 섭취횟수를 0.5회로 함), 고기·생선·달걀·콩류는 100kcal, 채소류 15kcal, 우유·유제품류 125kcal, 유지·당류는 45kcal 정도가 되도록 하였다. 각 식품군별로 대표식품이 주어졌으나 식품군 내에서 식품을 대체해서 변화를 주더라도 전체 영양소 섭취에 가능한 한 큰 변화가 없도록 하였다.

개인에게 필요한 에너지와 영양소의 양은 연령, 성별 등에 따라 차이가 있으므로 식사도 이에 따라 다르게 구성되어야 하는데, 이는 모든 사람이 같은 식사구성을 1인 1회 분량의 섭취횟수를 다르게 함으로써 대처할 수 있도록 하였다.

(3) 권장식사패턴

개인마다 성별, 연령별로 영양소의 필요량이 다르므로 식사를 계획할 때 이러한 차이가 반영되어야 한다. 권장식사패턴이란 성별, 연령별 대표 열량을 제시하고, 대표 열량에 대해 식품군별 섭취횟수를 제시하여 자신에게 적절한 식품을 선택하여 식단을 작성할 수 있도록 안내하는 식사 형태이다. 권장식사패턴에서는 성별, 연령별 영양소 섭취기준의 차이를 고려하여 하루 에너지 섭취를 1,400~2,600kcal까지 구분하고, 각 식품군의 식품을 1인 1회 분량으로 할 때 하루에 얼마나 자주 먹어야 하는지 제시되어 있다. 권장식사패턴은 이런 정도의 식사구성을 하면 영양소 섭취기준을 만족할 수 있다는 예를 보여 준다.

표 4-5 각 식품군의 대표식품 및 1인 1회 분량

식품군	1인 1회 분량					
곡류	쌀밥 (210g)	백미 (90g)	국수 (말린 것) (90g)	냉면국수 (말린 것) (90g)	가래떡 (150g)	식빵 1쪽* (35g)
고기·생선·달걀·콩류	쇠고기 (생 60g)	닭고기 (생 60g)	고등어 (생 70g)	대두 (20g)	두부 (80g)	달걀 (60g)
채소류	콩나물 (생 70g)	시금치 (생 70g)	배추김치 (생 40g)	오이소박이 (생 40g)	느타리버섯 (생 30g)	미역(마른 것) (10g)
과일류	사과 (100g)	귤 (100g)	참외 (150g)	포도 (100g)	수박 (150g)	대추(말린 것) (15g)
우유·유제품류	우유 (200mL)	치즈 1장† (20g)	호상요구르트 (100g)	액상요구르트 (150g)	아이스크림/셔벗 (100g)	
유지·당류	콩기름 1작은술 (5g)	버터 1작은술 (5g)	마요네즈 1작은술 (5g)	커피믹스 1회 (12g)	설탕 1큰술 (10g)	꿀 1큰술 (10g)

*표시는 0.3회, †표시는 0.5회
자료: 보건복지부·한국영양학회, 2020 한국인 영양소 섭취기준 활용연구, 2021

따라서 이를 기초로 개인의 기호도 등을 고려하여 식품군별 1일 섭취횟수를 조정하여 다양하게 사용할 수 있다. 또한 권장식사패턴은 각 에너지 수준별로 소아·청소년(패턴 A)과 성인(패턴 B) 2개의 패턴으로 나누어 소아·청소년의 경우 우유 2컵, 성인의 경우 우유 1컵을 기준으로 구성하였다.

4 식생활지침

식생활에서 영양소 섭취기준을 만족시키면 영양결핍을 예방할 수는 있으나, 포괄적인 건강증진과 질병예방을 위해서는 개별 영양소의 양뿐만 아니라 전반적인 식사의 질이 중요하다. 특히 요즘 우리나라에서도 급격히 증가하고 있는 만성퇴행성 질환의 예방을 위해서 질적인 지침이 필요하며, 많은 나라에서 자기 국민 고유의 식습관과 건강문제를 감안하여 다양한 식생활지침을 개발, 보급하고 있다.

식생활지침은 그 나라 국민, 인구 집단의 질병 위험을 줄이고 건강증진을 위해 필요한 식생활의 내용을 제시하는 것이다. 최근에는 실생활에서의 이용도와 이해도를 높이기 위해 영양소 중심이 아니라 식품 중심의 식생활지침(food based dietary guidelines)을 개발하고 있다. 세계보건기구에서 제시한 식품 중심의 식생활지침에 대한 가이드는 대상 집단의 식생활 유형을 반영하고 실용적이어야 하며, 대부분의 사람이 쉽게 이해할 수 있고, 문화적·지역적 특성을 반영해야 함을 포함한다. 식사의 계획이나 평가에서 영양소 섭취기준은 양적인 기준을 제공하는 반면, 식생활지침은 질적인 기준으로 활용된다.

1) 한국인을 위한 식생활지침

한국인을 위한 식생활지침은 우리나라 사람들의 식생활에서 나타나는 공통적인 문제점을 해소하여 균형 잡힌 식습관으로 이끌고, 식생활 관련 질병 발생을 예방하는 것을 목표로 하고 있다. 우리나라에서는 1986년 한국영양학회에서 한국인을 위한 식사지침을, 1990년 보건사회부에서 국민식생활지침을 발표하였다. 이후 2002년 보건복지부에서 한국인을 위한 식생활목표, 식생활지침을 발표하였고, 생애주기에 따른 차이점을 고려하여 영유아, 어린이, 청소년, 성인, 임신·수유부, 노인 등 대상별 식생활 실천지침을 제정·보급해 왔다.

보건복지부에서 식생활지침을 5년 주기로 제·개정하여 발표 및 보급하도록 규정하고 있던 것을 2015년에 보건복지부·농림축산식품부·식품의약품안전처 공동으로 우리 국민의 건강·영양문제, 식생활안전 및 한국형 식생활 등을 고려한 체계적이고 일관된 '국민공통 식생활지침'을 발표하였다. 본 식생활지침에서는 최적의 영양, 식생활환경, 식품안전 등을 고려하여 건강증진 및 삶의 질을 향상하는 것을 목표로 하고 있으며, 일반인들이 쉽게 실천할 수 있도록 영양소가 아닌 식품을 기본으로 내용을 제시하였다. 이후 국민 공통 식생활지침을 기본으로 최근 국민 식생활에서의 문제점을 고려하여 건강한 식생활을 위해 강조해야 힐 사항들을 실생활에 직용할 수 있도록 하는 내용들을 반영하여 보건복지부와 한국영양학회에서 2021년에 '한국인을 위한 식생활지침'을 개정하였다.

⋯ 더보기 **한국인을 위한 식생활지침(2021)**

1. 매일 신선한 채소, 과일과 함께 곡류, 고기·생선·달걀·콩류, 우유·유제품을 균형있게 먹자.
2. 덜 짜게, 덜 달게, 덜 기름지게 먹자.
3. 물을 충분히 마시자.
4. 과식을 피하고, 활동량을 늘려서 건강체중을 유지하자.
5. 아침식사를 꼭 하자.
6. 음식은 위생적으로, 필요한 만큼만 마련하자.
7. 음식을 먹을 땐 각자 덜어 먹기를 실천하자.
8. 술은 절제하자.
9. 우리 지역 식재료와 환경을 생각하는 식생활을 즐기자.

자료: 보건복지부·한국영양학회, 2020 한국인 영양소 섭취기준 활용연구, 2021

2) 생애주기별 식생활지침

한국인을 위한 식생활지침 외에 별도로 영유아, 임신·수유부, 어린이, 청소년, 성인, 어르신 등 생애주기별로 식생활목표와 식생활지침, 실천지침을 설정·발표하였으며 그 내용은 다음과 같다.

(1) 임신 · 수유부를 위한 식생활지침

임신기에는 태아의 발육을 위해, 모체의 조직합성과 임신유지, 출산 후 수유준비를 위해 영양소의 필요량이 증가한다. 수유기에는 모유의 생성, 육아나 일상생활에 소요되는 에너지 등을 고려하여 영양소의 요구량이 높다. 따라서

표 4-6 **임신 · 수유부를 위한 식생활지침**

식생활지침	식생활 실천지침
우유 제품을 매일 3회 이상 먹자	• 우유를 매일 3컵 이상 마십니다. • 요구르트, 치즈, 뼈째 먹는 생선 등을 자주 먹습니다.
고기나 생선, 채소, 과일을 매일 먹자	• 다양한 채소와 과일을 매일 먹습니다. • 생선, 살코기, 콩제품, 달걀 등 단백질 식품을 매일 1회 이상 먹습니다.
청결한 음식을 알맞은 양으로 먹자	• 끼니를 거르지 않고 식사를 규칙적으로 합니다. • 음식을 만들 때는 식품을 위생적으로 다루고, 먹을 만큼만 준비합니다. • 살코기, 생선 등은 충분히 익혀 먹습니다. • 보관했던 음식은 충분히 가열한 후 먹습니다. • 식품을 구매하거나 외식할 때 청결한 것을 선택합니다.
짠 음식을 피하고, 싱겁게 먹자	• 음식을 만들거나 먹을 때는 소금, 간장, 된장 등의 양념을 보다 적게 사용합니다. • 나트륨 섭취량을 줄이기 위해 국물은 싱겁게 만들어 적게 먹습니다. • 김치는 싱겁게 만들어 먹습니다.
술은 절대로 마시지 말자	• 술은 절대로 마시지 않습니다. • 커피, 콜라, 녹차, 홍차, 초콜릿 등 카페인 함유식품을 적게 먹습니다. • 물을 충분히 마십니다.
활발한 신체활동을 유지하자	• 임산부는 적절한 체중증가를 위해 알맞게 먹고, 활발한 신체활동을 규칙적으로 합니다. • 산후 체중조절을 위해 가벼운 운동으로 시작하여 점차 운동량을 늘려 갑니다. • 모유수유는 산후 체중조절에도 도움이 됩니다.

자료: 보건복지부, 2009

양질의 모유를 분비하기 위해 영양적으로 균형된 식생활을 실천해야 한다. 이 시기의 적절한 영양공급 및 영양문제를 개선하기 위하여 식생활지침이 개발되었다표 4-6.

(2) 영유아를 위한 식생활지침

영이기에는 모유나 조제유와 같이 유즙만으로 영양을 공급받지만, 지속적인 발달과정에서 반고형식의 이유 보충식을 거쳐 성인과 유사한 섭식 행동과 식품 기호를 형성하게 된다. 영유아기의 성장 발달에 초점을 맞추어 식생활 및 영양적 특성에 중점을 둔 식생활 실천지침이 제시되었다표 4-7.

(3) 어린이를 위한 식생활지침

아동기는 성장이 비교적 완만하기는 하나 꾸준히 증가하면서 식품 섭취량

표 4-7 **영유아를 위한 식생활지침**

식생활지침	식생활 실천지침
생후 6개월까지는 반드시 모유를 먹이자	• 초유는 꼭 먹이도록 합니다. • 생후 2년까지 모유를 먹이면 더욱 좋습니다. • 모유를 먹일 수 없는 경우에만 조제유를 먹입니다. • 조제유는 정해진 양대로 물에 타서 먹입니다. • 수유 시에는 아기를 안고 먹이며, 수유 후에는 꼭 트림을 시킵니다. • 자는 동안에는 젖병을 물리지 않습니다.
이유 보충식은 성장단계에 맞추어 먹이자	• 이유 보충식은 생후 만 4개월 이후 6개월 사이에 시작합니다. • 이유 보충식은 여러 식품을 섞지 말고, 한 가지씩 시작합니다. • 이유 보충식은 신선한 재료를 사용하여, 간을 하지 않고 조리해서 먹입니다. • 이유 보충식은 숟가락으로 떠먹입니다. • 과일주스를 먹일 때는 컵에 담아 먹입니다.
유아의 성장과 식욕에 따라 알맞게 먹이자	• 일정한 장소에서 먹입니다. • 쫓아다니면서 억지로 먹이지 않습니다. • 한꺼번에 많이 먹이지 않습니다.
곡류, 과일, 채소, 생선, 고기, 유제품 등 다양한 식품을 먹이자	• 과일, 채소, 우유 및 유제품 등의 간식을 매일 2~3회 규칙적으로 먹입니다. • 유아 음식은 싱겁고 담백하게 조리합니다. • 유아 음식은 씹을 수 있는 크기와 형태로 조리합니다.

자료: 보건복지부, 2009

표 4-8 **어린이를 위한 식생활지침**

식생활지침	식생활 실천지침
음식은 다양하게 골고루	• 편식하지 않고 골고루 먹습니다. • 끼니마다 다양한 채소 반찬을 먹습니다. • 생선, 살코기, 콩제품, 달걀 등 단백질 식품을 매일 1회 이상 먹습니다. • 우유를 매일 2컵 정도 마십니다.
많이 움직이고, 먹는 양은 알맞게	• 매일 1시간 이상 신체활동을 적극적으로 합니다. • 나이에 맞는 키와 몸무게를 알아서, 표준체형을 유지합니다. • TV시청이나 컴퓨터게임 등을 모두 합해서 하루에 2시간 이내로 제한합니다. • 식사와 간식은 적당한 양을 규칙적으로 먹습니다.
식사는 제때에, 싱겁게	• 아침식사는 꼭 먹습니다. • 음식은 천천히 꼭꼭 씹어 먹습니다. • 짠 음식, 단 음식, 기름진 음식을 적게 먹습니다.
간식은 안전하고, 슬기롭게	• 간식으로 신선한 과일과 우유 등을 먹습니다. • 과자나 탄산음료, 패스트푸드를 자주 먹지 않습니다. • 불량식품을 구별할 줄 알고, 먹지 않으려고 노력합니다. • 식품의 영양표시와 유통기한을 확인하고 선택합니다.
식사는 가족과 함께 예의바르게	• 가족과 함께 식사하도록 노력합니다. • 음식을 먹기 전에 반드시 손을 씻습니다. • 음식은 바른 자세로 앉아서 감사한 마음으로 먹습니다. • 음식은 먹을 만큼 담아서 먹고, 남기지 않습니다.

자료: 보건복지부, 2009

도 증가하고, 동시에 식습관이 형성되어 가는 시기이다. 이 시기의 식생활지침에서는 한국인을 위한 식생활 목표 및 지침을 근간으로 하여 영양섭취의 불균형 개선, 영양적이고 위생적인 간식 섭취와 특히 유제품 및 철 함유식품의 섭취가 강조되고 있다 **표 4-8**.

(4) 청소년을 위한 식생활지침

청소년기는 성장이 급격히 일어나는 시기이므로 영양소 필요량이 가장 높다. 신체적 변화와 활동이 왕성하므로 충분한 열량과 양질의 단백질, 칼슘의 충분한 섭취가 요구되고 청량음료 섭취 등으로 인한 단순당 섭취 감소가 필요하다. 청소년을 위한 식생활지침은 한국인을 위한 식생활 목표와 지침을 근간

표 4-9 **청소년을 위한 식생활지침**

식생활지침	식생활 실천지침
각 식품군을 매일 골고루 먹자	• 밥과 다양한 채소, 생선, 육류를 포함하는 반찬을 골고루 매일 먹습니다. • 간식으로는 신선한 과일을 주로 먹습니다. • 흰 우유를 매일 2컵 이상 마십니다.
짠 음식과 기름진 음식을 적게 먹자	• 짠 음식, 짠 국물을 적게 먹습니다. • 인스턴트 음식을 적게 먹습니다. • 튀긴 음식과 패스트푸드를 적게 먹습니다.
건강체중을 바로 알고, 알맞게 먹자	• 내 키에 따른 건강체중을 알아봅니다. • 매일 1시간 이상의 신체활동을 적극적으로 합니다. • 무리한 다이어트를 하지 않습니다. • TV시청과 컴퓨터게임 등을 모두 합해서 하루 2시간 이내로 제한합니다.
물이 아닌 음료를 적게 마시자	• 물을 자주, 충분히 마십니다. • 탄산음료, 가당 음료를 적게 마십니다. • 술을 절대 마시지 않습니다.
식사를 거르거나 과식하지 말자	• 아침식사를 거르지 않습니다. • 식사는 제 시간에 천천히 먹습니다. • 배가 고프더라도 한꺼번에 많이 먹지 않습니다.
위생적인 음식을 선택하자	• 불량식품을 먹지 않습니다. • 식품의 영양표시와 유통기한을 확인하고 선택합니다.

자료: 보건복지부, 2009

으로 하고, 우리나라 청소년의 건강, 영양문제 및 식생활 특성을 감안하여 설정되었다표 4-9.

(5) 성인을 위한 식생활지침

성인기는 정신적, 육체적으로 사회활동을 가장 왕성하게 하는 시기로 최적의 건강상태를 유지하는 것이 중요하다. 이 시기에는 균형된 식사, 올바른 식습관으로 만성 질병을 예방하고 발병을 늦춰야 한다. 성인을 위한 식생활지침은 최근 영양문제에 근거하여 3가지를 권장하고(골고루 먹기, 건강체중 유지, 청결한 음식을 알맞게 먹기), 3가지를 제한하는 것(짠 음식, 지방, 술 제한)으로 구성되었다표 4-10.

표 4-10 **성인을 위한 식생활지침**

식생활지침	식생활 실천지침
각 식품군을 매일 골고루 먹자	• 곡류는 다양하게 먹고 전곡을 많이 먹습니다. • 여러 가지 색깔의 채소를 매일 먹습니다. • 다양한 제철 과일을 매일 먹습니다. • 간식으로 우유, 요구르트, 치즈와 같은 유제품을 먹습니다. • 가임기 여성은 기름기 적은 붉은 살코기를 적절히 먹습니다.
활동량을 늘리고 건강체중을 유지하자	• 일상생활에서 많이 움직입니다. • 매일 30분 이상 운동을 합니다. • 건강체중을 유지합니다. • 활동량에 맞추어 에너지 섭취량을 조절합니다.
청결한 음식을 알맞게 먹자	• 식품을 구매하거나 외식을 할 때 청결한 것으로 선택합니다. • 음식은 먹을 만큼만 만들고, 먹을 만큼만 주문합니다. • 음식을 만들 때는 식품을 위생적으로 다룹니다. • 매일 세 끼 식사를 규칙적으로 합니다. • 밥과 다양한 반찬으로 균형 잡힌 식생활을 합니다.
짠 음식을 피하고 싱겁게 먹자	• 음식을 만들 때는 소금, 간장 등을 보다 적게 사용합니다. • 국물을 짜지 않게 만들고, 적게 먹습니다. • 음식을 먹을 때 소금, 간장을 더 넣지 않습니다. • 김치는 덜 짜게 만들어 먹습니다.
지방이 많은 고기나 튀긴 음식을 적게 먹자	• 고기는 기름을 떼어내고 먹습니다. • 튀긴 음식을 적게 먹습니다. • 음식을 만들 때 기름을 적게 사용합니다.
술을 마실 때는 그 양을 제한하자	• 남자는 하루 2잔, 여자는 1잔 이상 마시지 않습니다. • 임신부는 절대로 술을 마시지 않습니다.

자료: 보건복지부, 2009

(6) 노인을 위한 식생활지침

우리나라 노인들의 식생활은 에너지뿐 아니라 칼슘, 철, 비타민 A, 비타민 C 등 여러 영양소의 섭취가 부적절한 것으로 보고되고 있으며, 노인의 대부분은 고혈압이나 당뇨병, 심장병, 암, 골다공증 등 만성질환을 앓고 있다. 이러한 노인의 건강·영양상태와 식생활 실태를 근거로 하여 노인의 식생활지침이 개발되었다표 4-11.

표 4-11 **어르신을 위한 식생활지침**

식생활지침	식생활 실천지침
각 식품군을 매일 골고루 먹자	• 고기, 생선, 달걀, 콩 등의 반찬을 매일 먹습니다. • 다양한 채소 반찬을 매끼 먹습니다. • 다양한 우유제품이나 두유를 매일 먹습니다. • 신선한 제철 과일을 매일 먹습니다.
짠음식을 피하고, 싱겁게 먹자	• 음식을 싱겁게 먹습니다. • 국과 찌개의 국물을 적게 먹습니다. • 식사할 때 소금이나 간장을 더 넣지 않습니다.
식사는 규칙적이고 안전하게 하자	• 세끼 식사를 꼭 합니다. • 외식할 때는 영양과 위생을 고려하여 선택합니다. • 오래된 음식은 먹지 않고, 신선하고 청결한 음식을 먹습니다. • 식사로 건강을 지키고 식이보충제가 필요한 경우는 신중히 선택합니다.
물은 많이 마시고 술은 적게 마시자	• 목이 마르지 않더라도 물을 자주 충분히 마십니다. • 술은 하루 1잔을 넘기지 않습니다. • 술을 마실 때에는 반드시 다른 음식과 같이 먹습니다.
활동량을 늘리고 건강한 체중을 갖자	• 앉아있는 시간을 줄이고 가능한 한 많이 움직입니다. • 나를 위한 건강체중을 알고, 이를 갖도록 노력합니다. • 매일 최소 30분 이상 숨이 찰 정도로 유산소 운동을 합니다. • 일주일에 최소 2회, 20분 이상 힘이 들 정도로 근육 운동을 합니다.

자료: 보건복지부, 2015

3) 나라별 기초식품군과 식생활지침

건강한 식생활과 질병예방 차원에서 전 세계적으로 대부분의 나라들이 자국의 특성에 맞는 식생활지침을 설정하여 사용하고 있다. 이들 식생활지침의 공통적인 사항으로는 다양한 식품 섭취, 복합탄수화물 및 식이섬유 함량이 높은 식품의 섭취, 활동량과 섭취열량의 균형에 의한 체중 유지, 콜레스테롤 섭취량 제한, 소금 섭취 제한 및 절제된 음주 등이 있다.

(1) 미국

미국은 농림부(USDA)와 보건복지부(USDHHS)는 1980년에 식생활지침을 제정하였고 매 5년마다 개정하고 있으며, 2세 이상의 일반인 식생활을 위한 가이드로 활용하고 있다. 2020년에 개정·발표된 식생활지침은 다음과 같으며, 과체중과 비만이 급격하게 증가함에 따라 적정한 체중유지와 균형식에 중점을 두고 있다.

더보기

미국인을 위한 식생활지침: 주요 권장사항(2020)

- 생애주기별 건강한 식사형태(healthy dietary pattern)를 선택하여 건강체중을 유지하고 만성질환 위험을 줄이자.
- 기호도, 전통문화, 예산이 반영된 영양밀도가 높은 음식과 음료를 즐기자.
- 칼로리 한도 내에서 영양밀도가 높은 식품과 음료[다양한 종류의 채소, 과일, 전곡류, 저지방 또는 무지방 유제품, 단백질식품(육류, 달걀, 두류, 견과류), 식물성유 등]을 섭취하자.
- 포화지방, 트랜스지방, 첨가당, 나트륨 함량이 높은 식품과 음료, 알코올 음료 등을 제한하자.

자료: USDA, 2020

(2) 일본

일본에서는 1985년에 처음으로 일반국민을 대상으로 식생활지침이 제정되었고, 이를 토대로 1990년에 생애주기별 대상 특성별 식생활지침을 제정하였다. 이후 2000년에 문부과학성, 후생노동성, 농림수산성이 공동으로 일반국민을 대상으로 한 10개 항목의 식생활지침을 제정하였고 2016년에 일부 개정하여 제시하였다.

⋯ 더보기 일본인을 위한 식생활지침(2016)

- 식사를 즐기자.
- 규칙적인 식사를 통해 건강한 생활리듬을 갖자.
- 적당한 운동과 균형 잡힌 식사로 건강체중을 유지하자.
- 주식, 주찬, 부찬으로 구성된 균형 잡힌 식사를 하자.
- 쌀 등 곡류를 충분히 먹자.
- 채소, 과일, 우유 · 유제품, 콩류, 생선 등을 골고루 먹자.
- 식염은 적게, 지방은 질과 양을 고려해서 먹자.
- 일본의 식문화와 지역산물의 장점을 살리고 향토의 맛을 계승하자.
- 식료자원을 소중히 여기고 음식물 쓰레기가 적게 나오는 식생활을 하자.
- '식'에 대해 깊이 이해하고 식생활을 되돌아 보자.

자료: 문부과학성, 후생노동성, 농림수산성, 2016

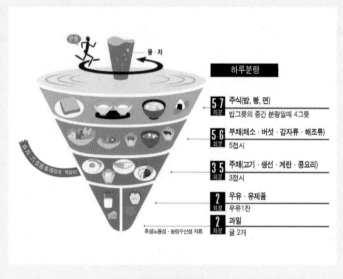

일본의 식사구성
자료: 일본영양사협회

(3) 중국

1989년에 중국영양학회에서 식생활지침을 처음 제정하였으며, 식품 중심의 식생활지침에 대한 요구가 높아지면서 1997년에 이를 개정하고 식품구성탑을 제시하였다. 2016년에 개정된 중국의 식생활지침은 다음과 같다.

더보기 중국인을 위한 식생활지침(2016)

- 곡류를 주식으로 하여 다양한 식품을 섭취하자.
- 식사와 신체활동의 평형을 유지해서 건강체중을 유지하자.
- 채소·과일, 우유류 및 콩제품을 많이 먹자.
- 적당량의 생선, 가금류, 달걀, 육류를 먹자.
- 소금과 유지류는 적게 먹고, 당류 섭취량도 조절하며 술은 제한하자.
- 음식물의 낭비를 줄이고 식문화를 개선하자.

중국의 식품구성탑

자료: 중국영양학회, 2016

(4) 호주

호주의 생애주기별 식생활지침은 1992년에 건강한 성인을 대상으로 제정되었고, 그 후 어린이와 청소년, 노인 등 대상별 식생활지침을 제정·발표하였다. 2003년에는 어린이, 청소년을 위한 식생활 지침과 성인을 위한 식생활지침을 함께 포함한 '호주인을 위한 식생활지침'이 제정되었으며, 2013년에 개정되었다.

더보기 호주인을 위한 식생활지침(2013)

- 건강한 체중에 도달하고 유지하기 위해, 활동적으로 움직이고, 자신의 에너지 요구량에 맞추어 영양가 있는 식품과 음료를 선택하자.
- 매일 다음과 같은 5가지 식품군에서 영양가 높은 다양한 식품을 즐기자.
  - 다른 종류와 색상을 포함하고 있는 다양한 채소류
  - 과일류
  - 곡물류
  - 살코기와 닭고기, 생선, 달걀, 두부, 견과류, 씨앗, 콩과 식물, 콩류
  - 우유, 요구르트, 치즈류 및 대체품(저지방 우유는 2세 미만의 어린이에게 부적합)
- 포화지방, 소금, 당을 첨가한 음식의 섭취를 제한하고 술을 적게 마시자.
  - 비스킷, 케이크, 페스트리, 파이, 가공육류, 햄버거, 피자, 튀긴 식품, 감자칩, 바삭하고 짠 스낵 등과 같이 포화지방 함량이 높은 식품의 섭취를 제한하자.
  - 소금이 첨가된 식품과 음료의 섭취를 제한하자.
  - 과자, 가당청량음료, 과일음료, 비타민워터, 에너지·스포츠음료와 같은 첨가당이 함유된 식품이나 음료의 섭취를 제한하자.
  - 술을 마시는 경우 섭취를 제한하자. 임산부나 임신을 계획 또는 모유수유를 하는 경우에는 음주하지 않는 것이 가장 안전하다.

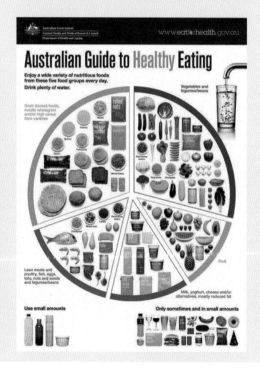

호주의 주요 식품군

자료: Australian government National Health and Medical Research Council, 2013

요약

- 건강한 식생활을 위한 식사계획의 기본은 우리에게 필요한 모든 영양소가 알맞은 양으로 적절히 배합된 균형식을 매일 먹도록 하는 것이다. 이를 위해서는 균형성, 다양성, 적정성의 원칙이 지켜져야 한다.

- 한국인 영양소 섭취기준은 영양소를 균형 있게 적절한 양을 섭취하여 최적의 영양상태를 유지할 수 있도록 제정된 실천기준으로, 안전하고 충분한 영양을 확보하는 기준치(평균필요량, 권장섭취량, 충분섭취량, 상한섭취량)와 식사와 관련된 만성질환 위험감소를 고려한 기준치(에너지 적정비율, 만성질환 위험감소 섭취량)가 제시되고 있다.

- 식사구성안은 일반인들이 영양소 섭취기준을 만족시키면서 쉽고 올바르게 실천할 수 있도록 식사계획의 지침을 제안한 것이다. 식사구성안에서는 식품에 함유된 영양소의 특성에 따라 6가지 기초식품군으로 나누고, 각 식품군에 속하는 식품들에 대하여 일상적으로 한 번에 섭취하는 1인 1회 분량을 정한 후, 각 식품군에 속한 식품들로부터 하루에 섭취해야 할 횟수를 제시하였다.

- 식생활에서 영양섭취기준을 만족시키면 영양결핍을 예방할 수는 있으나, 포괄적인 건강증진과 질병예방을 위해서는 개별 영양소의 양뿐만 아니라 전반적인 식사의 질이 문제가 된다. 이에 따라 우리나라에서는 균형 잡힌 식습관을 유도하고 식생활 관련 질병 발생을 예방하는 것을 목표로 한국인을 위한 식생활지침을 만들어서 보급하고 있다. 많은 나라에서도 각기 국민 고유의 식습관과 건강문제를 감안하여 다양한 식생활지침을 개발·보급하고 있다.

CHAPTER 5

식단의 계획 및 평가

1. 식단 작성의 기본
2. 식단 작성
3. 식단 작성 프로그램의 활용
4. 식단 평가

식단의 계획 및 평가

합리적인 식사계획을 위해 식단을 작성한다. 식단 작성은 가족 구성원의 영양필요량 충족을 위한 음식과 식품의 종류와 분량을 결정하는 과정이며, 식단계획 시 식품의 구매와 관리, 음식 조리와 제공 방법 등이 포함된다. 일반인들이 균형 잡힌 식사를 계획하려면 식사구성안, 식품교환표, 식단 작성 프로그램 등을 활용한다. 식단 작성 프로그램은 다양한 데이터베이스로 구성되어 있어 자동으로 음식 레시피 및 식품의 영양소 함량 정보를 입력할 수 있으며, 작성한 식단을 영양소 섭취기준과 비교할 수도 있다. 작성한 식단은 영양, 경제, 기호, 위생, 능률, 지속가능성 면에서 적절한지 검토하여 식단을 평가하고, 이를 수정 및 보완한다.

학습목표

1. 식단 작성 시 고려할 요인과 작성 과정을 설명할 수 있다.
2. 식사구성안이나 식품교환표를 활용하여 식단을 작성할 수 있다.
3. 식단 작성 프로그램을 구성하는 데이터베이스에 대해 파악하고, 식단 작성에 활용되는 원리를 설명할 수 있다.
4. 식단 작성 시 활용 가능한 컴퓨터 프로그램 또는 애플리케이션의 종류와 그 사용법을 이해할 수 있다.
5. 영양, 경제, 기호, 위생, 능률, 지속가능성 면에서 다양한 기준을 적용하여 식단을 평가할 수 있다.

1 식단 작성의 기본

가족 구성원의 영양필요량을 효율적으로 충족시키기 위해 식단을 작성하고 이용한다. 식단 작성은 가족의 건강 유지를 위해 가장 필수적인 식생활 요소로서 식품의 수급과 선택, 조리, 상차림, 음식물 쓰레기 관리 등 식사관리 단계별로 광범위한 지식과 경험이 필요하다. 합리적인 식생활을 위해서는 가족의 건강상태와 기호를 고려한 적절한 영양공급, 경제적인 식사, 노동력과 시간 등 여러 조건들을 함께 만족시키도록 계획되어야 한다 **그림 5-1**.

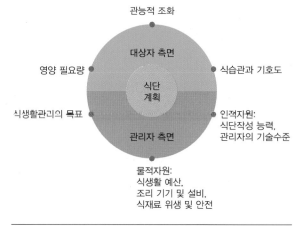

그림 5-1 **가족의 식단 계획 시 고려 요인**

1) 적절한 영양 공급

가정 내 식생활관리자는 가족의 건강관리를 담당하고 있는 책임자로 가족 구성원의 성별, 연령, 생애주기 등을 감안하여 영양소 필요량을 파악해야 한다. 또한 어린이, 청소년, 성인, 노인 등 생애주기별로 주요한 영양소, 부족하기 쉬운 영양소가 무엇인지 관심을 갖고 이를 식단에 반영한다. 영양필요량은 한국인 영양소 섭취기준에 제시된 기준을 활용할 수 있다. 가족 전체의 영양필요량이 결정되면 식사구성안이나 식품교환표와 같은 식단 작성 도구를 이용하여 6가지 식품군이 골고루 포함된 영양적으로 균형 잡힌 건강한 식단을 작성할 수 있다.

2) 경제적 식생활 비용

식생활 관련 비용 지출은 가계생활비 규모 내에서 운용 가능한 범주로 이루어져야 하며, 식단 작성을 통해 한정된 예산에서 더 나은 식사를 계획할 수 있다. 식품 가격과 영양적 가치가 항상 일치하는 것은 아니며, 식생활관리자의 식단 운영에 따라 동일한 예산으로 식사의 질은 크게 달라질 수 있다. 식단 작성을 통해 계절식품·우수식품·대체식품의 이용, 물가변동, 식품의 구입 장소 및 방법, 식품의 가식부율 등에 관한 충분한 정보를 확보하고 활용함으로써 식품 구매비용을 절감할 수 있다.

(1) 우수식품

우수식품은 값이 싸고 영양소 함량이 풍부하며 거주하는 지역에서 구하기 쉽고 기호에 맞는 식품을 말하며, 계절에 따라 품목이 달라질 수 있다.

(2) 대체식품

대체식품은 영양소 함량 조성이 비슷하여 대체할 수 있는 식품으로, 계획한 식단의 식품비용이 예산의 범위를 넘을 경우 활용할 수 있다. 예를 들면, 수급량에 따라 계절적 가격 변동이 있는 경우 생선의 종류를 달리하거나, 양질의 단백질 급원식품으로 알려진 닭고기, 두부, 된장 등의 식품은 서로 대체하여 식단을 작성할 수 있다.

우리나라에서는 상용 생식품의 물가변동 폭이 큰 편이므로 대체식품을 적절하게 활용하면 식생활비를 절감하는 데 도움이 된다. 대체식품은 계절식품과 밀접한 관련이 있으며, 식품이 많이 생산되는 시기에 가격이 쌀 뿐 아니라 영양소 함량도 높으므로 계절식품을 이용하는 것이 좋다. 채소류의 경우 시금치 대신 미나리나 쑥갓 등을 사용할 수 있다. 식품군별로 활용 가능한 대체식품은 **표 5-1**에 제시하였다.

표 5-1 **식단 작성 시 적용 가능한 대체식품의 유형**

식품군		대체식품
곡류 및 제품	원제품	백미, 찹쌀, 보리, 밀, 옥수수, 수수, 조, 현미
	가공제품	빵, 떡, 국수, 시리얼, 칼국수, 마카로니, 밀가루, 라면
감자 및 전분류	원제품	감자, 고구마, 토란
	가공제품	녹말가루, 묵, 말린 고구마, 당면
두류 및 제품	원제품	대두, 팥, 검정콩, 녹두, 완두, 강낭콩, 땅콩, 동부콩
	가공제품	두부, 두유, 유부, 콩조림, 된장, 고추장, 간장, 청국장, 콩비지
채소 및 해조류	일반채소	시금치, 배추, 상추, 당근, 가지, 무, 콩나물, 양파, 연근, 호박
	버섯류	느타리버섯, 양송이버섯, 표고버섯
	건조채소	호박고지, 무말랭이, 고사리, 무청, 고춧잎
	김치류	배추김치, 깍두기, 열무김치, 동치미, 알타리김치, 무청김치, 단무지
	과일류	사과, 배, 감, 귤, 딸기, 수박, 포도, 파인애플, 오렌지, 바나나, 복숭아
	해조류	김, 미역, 다시마, 파래
어류	신선어류	가자미, 고등어, 꽁치, 명태, 조기, 갈치, 오징어, 대구, 새우
	가공어류	자반고등어, 북어, 굴비, 건멸치, 어묵, 통조림제품
	젓갈류	오징어젓, 새우젓, 굴젓, 명란젓, 꼴뚜기젓
육류 및 제품	육류	쇠고기, 돼지고기, 햄, 소시지
	가금류	닭고기, 오리고기, 칠면조고기
	난류	달걀, 메추리알, 오리알
	우유류	우유, 요구르트, 치즈, 분유, 연유, 농축유, 발효유
유지류	액상유지	참기름, 콩기름, 옥수수유, 올리브유, 포도씨유, 면실유
	고형유지	버터, 마가린, 쇼트닝, 라드
조미료류	조미향신료	식염, 간장, 설탕, 분말조미료, 물엿, 맛술, 마요네즈, 고춧가루, 생강, 자, 후추, 카레, 계피
음료 및 주류	당류	사탕, 캐러멜, 초콜릿
	기타	커피, 녹차, 식혜, 탄산음료, 주류(맥주, 소주, 과실주, 위스키)

(3) 가식부율

가식부율은 식품에서 실제적으로 먹을 수 있는 식품의 비율을 말하며, 가격이 저렴해도 폐기량이 많고 가식부율이 낮은 식품을 선택하는 것은 비합리적이다. 우리 국민이 많이 섭취하는 주요 상용 식품의 폐기율 자료는 **표 5-2**와 같다. 폐기율은 구입량에서 버려지는 폐기량의 비율로 산정되며, 폐기량은 조리되기 전에 다듬거나 껍질, 뿌리, 뼈나 가시 등으로 제거되는 무게이다. 어패류의 폐기량은 머리, 꼬리, 지느러미, 내장, 등뼈 등 먹지 못하고 버려지는 분량이 많아서 다른 식품군에 비해 폐기율이 높은 편이다. 동일 품종의 식품이어도 식품의 크기, 숙성 정도, 산지에서 전처리 정도, 유통과정에서 처리 정도 등에 따라 식품의 폐기율이 달라질 수 있다.

3) 기호와 올바른 식습관 형성

식생활관리자는 식단 작성을 통해 가족의 식습관 형성과 변화에 영향을 미칠 수 있으며, 특히 편식이 심한 어린이에게는 좋은 식습관을 갖도록 유도하는 장치로 활용할 수 있다. 잘 계획된 식단 작성을 통해 음식을 준비할 때 다양한 식품을 이용하고, 음식의 맛, 색, 질감 등이 잘 조화된 조리법을 선택하여 변화를 줄 수 있다. 음식에 대한 기호는 생활환경, 연령, 성별, 습관, 체질 등 여러 요인들의 영향을 받는다. 기호에 맞는 음식을 먹을 때 정신적인 만족도가 높아질 수 있으나, 영양적인 측면을 무시하고 기호만을 생각하는 경우 편식의 우려가 높다. 좋아하지 않는 식품에 즐겨 먹는 조리법을 시도하는 것과 같이 식품 구성이나 조리법을 변화시키는 식단 작성을 통해 가족의 기호를 반영시킬 수 있다.

식사에 포함된 메뉴의 맛, 질감, 색깔, 외관, 향은 조화로워야 한다. 식사 계획 시 맛, 질감, 색, 형태, 조리법, 소스, 곁들여지는 음식이 서로 균형을 이루고, 음식의 온도와 농도가 맞아야 한다. 또한 단맛, 짠맛, 신맛, 쓴맛 등 4가지 맛 감각의 조화를 이루는 것이 필요하다. 단맛이 나는 음식과 신맛이 나는 음식을 함께 제공하면 식욕을 촉진시킬 수 있다. 다양한 음식 질감을 위해 부드러

표 5-2 **주요 상용식품의 평균 폐기율**

식품군	식품명	폐기율(%)	식품군	식품명	폐기율(%)
감자류	감자	11.0	육류 및 난류	돼지갈비	13.0
	고구마	14.0		달걀	14.0
채소류	부추	0.0		소갈비	17.0
	근대	0.0		닭고기	35.0
	냉이	0.0	어류	낙지	13.0
	오이	0.0		참치	29.0
	양파	2.0		오징어	31.0
	당근	3.0		갈치	33.0
	가지	4.0		고등어	41.0
	무	5.0		조기	42.0
	시금치	6.0		꽁치	44.0
	풋고추	7.0		전어	48.0
	양배추	11.0		명태	61.0
	미나리	12.0		아귀	61.0
	파	13.0		꽃게	76.0
	브로콜리	18.0		멍게	79.0
	생강	21.0	과실류	블루베리	0.0
	마늘	34.0		포도	15.0
패류	해삼	21.0		배	17.0
	새우	63.0		사과	18.0
	바지락	68.0		귤	18.0
	굴	72.0		참외	22.0
	꼬막	74.0		수박	28.0
	홍합	76.0		바나나	60.0

자료: 농촌진흥청 국립농업과학원, 국가표준식품성분표, 제9개정판, 2016((소갈비, 참치: 2011년 데이터 이용)

표 5-3 **색감의 조화를 위한 식단 메뉴 구성 예**

음식의 색	음식의 색깔별 메뉴 구성
흰색	도라지볶음, 버섯볶음, 연두부, 숙주무침, 무조림, 감자조림, 청포묵무침, 닭죽, 바나나
빨간색	김치, 김치볶음, 무생채, 파프리카 샐러드, 단팥죽, 토마토소스 스파게티, 새우케첩볶음, 토마토, 자두, 수박, 딸기
주황색	단호박조림, 단호박전, 단호박죽, 파프리카 샐러드, 오렌지, 귤, 금귤
노란색	계란말이, 계란찜, 단무지, 콩나물무침, 파프리카 샐러드, 카레, 천도복숭아, 골드키위
초록색	달래무침, 오이무침, 취나물, 부추무침, 시금치나물, 호박나물, 미나리무침, 다시마쌈, 마늘쫑무침, 깻잎찜, 파래무침, 키위
보라색	가지나물, 가지볶음, 적채샐러드, 포도
검은색	흑미밥, 김구이, 콩자반, 다시마튀각, 미역국, 미역초무침, 자장덮밥

자료: 중앙어린이급식관리지원센터

운 음식과 딱딱한 음식을 적절하게 조합하는 것이 필요하다. 여러 종류의 채소를 함께 사용하면 질감과 색감이 단조롭지 않아 음식 만족도가 높은 식사계획이 가능하다. 색감이 조화를 이루는 식단 작성에 도움이 되는 색깔별 메뉴 구성의 예를 **표 5-3**에 제시하였다.

식습관은 연령, 성별, 지역 등에 따라 달라질 수 있다. 예를 들면, 일품메뉴의 경우 젊은 층에서는 기호도가 높지만 중장년층에서는 기호도가 낮은 경향이 있다. 음식에 대한 기호는 어렸을 때의 식습관에 의해서 많이 좌우되며 한번 형성된 식습관은 좀처럼 바꾸기 어려우므로 유아기부터 다양한 음식을 경험하게 하여 건강에 좋은 식습관을 형성하는 것이 중요하다.

4) 안전한 식사관리

영양적 기준, 경제적 비용, 기호와 올바른 식습관 형성 등의 관리 요소와 함께 안전하고 위생적인 식재료의 구매와 관리는 식사계획의 중요한 요소이다. 국내에서 발생한 위생안전사고로부터 잠재적 위험식품으로 알려진 식재료에 대

표 5-4 **시기별 식품 위생안전사고 위험 식재료 구분**

기간	종류	식재료 종류
3~10월	패류	조개, 소라, 꼬막, 굴, 홍합 등
	젓갈류	명란젓, 어리굴젓, 창란젓 등
4~9월	회류 및 알류	참치회, 멍게, 해삼, 연어알, 성게알 등
6~9월	콩 가공품류	콩국, 콩비지 등
연중 주의	· 가열공정 없이 제공되는 농/축/수산물(가열 후에는 사용 가능함) · 생굴류 · 포장되지 않은 가공식품 · 조리공정이 복잡하거나 수작업이 많은 메뉴 · 미량 독소에 의한 장염 유발 가능 식재료가 포함된 메뉴 (머윗대, 원추리, 두릅 등)	
연중 금지	· 선지, 순대, 간 등과 같은 육내장류 · 삭히는 공정이 있는 메뉴 · 제조공정의 위생 상태를 확인하기 어려운 완제품 메뉴	

자료: 식품의약품안전처, 2015

해서는 가급적 사용을 줄이거나 각별한 주의를 기울여야 한다. 과거에는 식중독 사고가 여름철에 많이 발생했으나, 요즘은 난방 조건이 개선되면서 계절 구분 없이 발생하므로 꾸준한 관리가 필요하다. 식품 위생안전사고 예방을 위해 시기별로 식재료 구입 시 주의해야 할 내용을 **표 5-4**에 제시하였다.

5) 시간과 노력의 배분

여성의 경제 활동 참여율이 증가하는 현대 사회에서 식생활관리에 투입되는 시간을 효율적으로 관리하는 일은 중요하며, 이를 위해서는 시간 배분에 대한 분석이 선행되어야 한다. 바쁜 생활환경에서 효율적인 식사 관리는 식생활 관리자에게 매우 중요하다. 시간과 비용이 제한적인 여건에서 관리 효율성을 높이려면 식단메뉴와 식재료 관리, 조리기기의 자동화, 조리과정의 단순화 등의 요인을 고려할 수 있다.

표 5-5 조리작업의 능률화를 위한 조건

조건	내용
단순화	비슷한 작업을 간추려서 하는 것으로, 같은 과정을 되풀이 하지 않음
기계화	기계나 기구를 사용하는 것으로, 사람의 힘과 시간을 절약하며 조리의 정확성을 꾀할 수 있음
표준화	일정한 절차에 따라 작업하는 것으로, 작업 표준화로 능률 향상을 꾀함
자동화	기계를 이용하여 일정한 시간에 자동적으로 작업이 이루어지는 것임
전문화	일정한 조리 시간으로 일정한 크기, 농도, 질감 등이 나타나도록 작업을 전문화하는 것임

합리적인 식생활관리는 시간과 노력의 소모가 적절하게 조화된 식사 관리를 의미하며, 식단 계획, 식품 구매, 식사 준비, 뒤처리 등 각 단계마다 효율성 검토가 필요하다. 식사 준비에 소요되는 시간은 가족의 수, 식사 형태, 식품 구매 예산, 가족의 음식 기호, 부엌 작업 동선, 조리기구의 활용, 식생활관리자의 지식, 기술, 능력 등의 다양한 변수들의 영향을 받게 된다. 식사 관리와 관련된 소요 시간을 단축하고 효율성을 높이기 위한 기본 원리를 **표 5-5**에 제시하였으며, 이와 함께 다음 사항을 고려해 볼 수 있다.

- 주기적인 식단 작성을 통해 식품 구매를 주 단위와 일 단위로 구분하여 체계적으로 함으로써 시간을 절약할 수 있다.
- 활동량이 많고 바쁜 주중에는 반찬 수를 줄인 간편 음식을 활용하는 경우 효율성을 높일 수 있다.
- 식품구매, 조리법, 작업순서 등 식단계획에 관한 지식과 경험이 많으면 식사 준비에 소요되는 시간을 단축할 수 있다 이 외에도 부엌설비와 주방기기 등이 적절하게 구비되었을 때 작업의 효율성이 높아진다.
- 가공식품이나 반조리식품 혹은 완전 조리식품을 이용하는 경우 시간을 절감할 수 있다. 그러나 생식품에 비해 비용 부담이 증가되고 가족들의 수용도가 낮아질 수 있음을 고려한다.
- 식사 준비에 투입될 수 있는 가족원이 많을 때는 각자의 특성을 고려하

여 역할을 분담하거나, 온 가족이 함께 식사를 하면 음식 준비와 뒤처리에 소요되는 시간을 절약할 수 있다.

식생활관리자의 숙련도에 따라 식단 메뉴의 다양성과 조리법 난이도가 달라질 수 있다. 식품산업의 발달과 함께 다양한 편의식품 개발이 이루어지고 있다. 전처리된 채소는 물론 다양한 양념류, 소스류, 국류, 탕류, 반찬류, 냉장·냉동제품이 개발되어 단순 가열이나 해동만으로 식사에 활용할 수 있다. 이는 시간과 조리기술이 부족한 식생활관리자에게 일정 수준의 음식 맛 확보와 함께 식재료의 처리와 조리 시간을 단축시키는 효과를 기대할 수 있다.

조리기구의 자동화를 통해서도 시간과 노력을 줄일 수 있다. 식재료의 전처리와 썰기, 다지기, 반죽하기, 혼합하기, 거르기, 온도관리 등의 과정은 조리 기구를 적절하게 활용함으로써 시간과 노력, 비용을 크게 낮출 수 있다. 조리과정의 단순화란 반복적인 작업은 한꺼번에 모아서 처리하고, 불필요한 작업요소는 제거하고, 작업시간을 설정하고, 단순하게 표준화하는 것이다. 즉, 조리과정, 조리기기, 작업동선 등을 분석해 효율적인 작업방법을 찾아야 한다. 작업 개선과정에서 고려하는 요소로는 불필요한 작업이나 요소를 없애는 제거(elimination), 동일한 작업은 함께 하는 결합(combination), 작업순서를 재배치하거나 개선하는 재배열(rearrange), 시간, 동작, 노력을 절감하는 단순화(simplification) 등이 있다.

6) 지속가능성

식생활관리자는 지속가능한 식생활이 될 수 있도록 식품을 선택·구매하고 식사 계획에 반영한다. 식품 구매나 식사 계획에서 친환경적 기법으로 생산된 농산물이나 축산물 등을 이용하고, 제철식품이나 그 지역에서 생산된 농수산물과 축산물을 소비하도록 계획한다. 식품 구매와 식단 작성에서 단백질의 급원으로 육류의 소비를 가급적 줄이고 콩이나 두부 등 식물성 식품을 활용한다. 또한 푸드 마일리지를 고려하여 수입식품의 소비를 줄일 수 있도록 식품 구매와 식사 계획을 한다.

2 식단 작성

식단 작성 시에는 가족 구성원의 특성을 고려하여 영양소 필요량을 산출하고, 영양소 필요량에 적합한 식품구성과 식사형태에 따른 주식과 부식을 결정하여 작성하게 된다. 가정에서 식단 작성 시 활용 가능한 도구로는 식사구성안과 식품교환법이 있다. 식사구성안은 에너지 필요량을 중심으로 식단을 계획하는 반면에, 식품교환법은 에너지, 단백질, 지방 3가지 영양소 필요량을 함께 고려한다는 점에서 차이가 있으나 기본적인 식단 작성 절차는 비슷하다.

1) 식사구성안을 활용한 식단 작성

식사구성안은 일반인들이 식사구성을 쉽게 할 수 있도록 식품군과 식품군별 대표 상용식품들의 1회 분량(serving size)을 정하고, 연령별로 각 식품군에서 섭취해야 하는 권장 횟수가 제시되어 있다. 식사구성안은 건강한 사람들을 위해 고안된 것으로, 질환이 있거나 식사조절이 필요한 질환자에 대해서는 적용하기 어려운 제약이 있다. 동일한 식품군으로 분류된 식품들간에도 영양소 함량에 다소 차이가 있으므로, 다양한 식품을 번갈아 섭취할 수 있도록 식단을 구성하는 것이 좋다.

식사구성안을 적용한 식단 작성의 구체적인 단계는 다음과 같다 **그림 5-2**.

- 가족 구성원의 1일 에너지 필요량을 정한다.
- 에너지 필요량에 따른 식품군별 1일 권장섭취횟수를 결정한다.
- 권장섭취횟수를 세끼 식사와 간식으로 배분한다.
- 식품군별 1인 1회 분량을 고려하여 음식명, 조리법, 식품재료 등을 정한다.

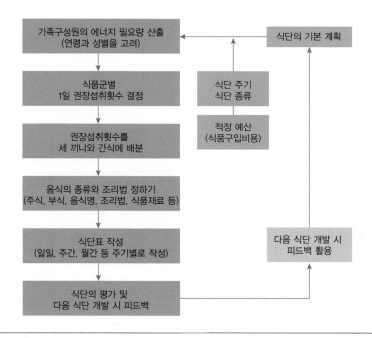

그림 5-2 **식단 작성의 과정**

- 일일 식단표를 작성한다.
- 일일 단위 식단을 기초로 주간 혹은 월간 단위의 식단을 계획한다.
- 작성된 식단표에 대한 평가를 실시하고, 다음 식단 작성 시 반영한다.

(1) 가족 구성원의 에너지 필요량 결정

한국인 영양소 섭취기준에 제시된 체위기준 및 에너지 섭취기준은 **표 5-6**과 같으며, 권장식사패턴에 적용할 성별·연령별 기준 에너지는 **표 5-7**과 같다. 영양소 섭취기준에서는 동일한 성별이나 연령군에 속하더라도 신체조건, 활동량, 생활패턴에 따라 실질적인 에너지 필요량이 다른 값으로 계산될 수 있도록 고안되었으며, 이러한 경우 연령별 에너지필요추정량 계산식을 적용하여 개인별로 필요량을 직접 산출할 수 있다.

표 5-6 2020 한국인 영양소 섭취기준의 체위기준 및 에너지 섭취기준

구분	연령(세)	신장(cm)	체중(kg)	필요추정량(kcal)
영아	0~5개월	58.3	5.5	500
	6~11개월	70.3	8.4	600
유아	1~2	85.8	11.7	900
	3~5	105.4	17.6	1,400
남자	6~8	124.6	25.6	1,700
	9~11	141.7	37.4	2,000
	12~14	161.2	52.7	2,500
	15~18	172.4	64.5	2,700
	19~29	174.6	68.9	2,600
	30~49	173.2	67.8	2,500
	50~64	168.9	64.5	2,200
	65~74	166.2	62.4	2,000
	75 이상	163.1	60.1	1,900
여자	6~8	123.5	25.0	1,500
	9~11	142.1	36.6	1,800
	12~14	156.6	48.7	2,000
	15~18	160.3	53.8	2,000
	19~29	161.4	55.9	2,000
	30~49	159.8	54.7	1,900
	50~64	156.6	52.5	1,700
	65~74	152.9	50.0	1,600
	75 이상	146.7	46.1	1,500

자료: 보건복지부 · 한국영양학회, 2020 한국인 영양소 섭취기준, 2020

표 5-7 **권장식사패턴에 적용할 성별 연령별 기준 에너지**

연령(세)	에너지필요추정량		기준 에너지	
	남자	여자	남자	여자
1~2	900	900	900A	900A
3~5	1,400	1,400	1,400A	1,400A
6~8	1,700	1,500	1,900A	1,700A
9~11	2,000	1,800		
12~14	2,500	2,000	2,600A	2,000A
15~18	2,700	2,000		
19~29	2,600	2,000	2,400B	1,900B
30~49	2,500	1,900		
50~64	2,200	1,700		
65~74	2,000	1,600	2,000B	1,600B
75 이상	1,900	1,500	1,900B	1,500B

자료: 보건복지부·한국영양학회, 2020 한국인 영양소 섭취기준 활용연구, 2021

(2) 식품군별 권장섭취횟수의 결정

영양적으로 균형 잡힌 식단을 위해서는 곡류를 주식으로 하고, 단백질 반찬 1~2가지, 채소 반찬 2~3가지를 갖추어 먹는 것이 좋으며, 음식을 조리할 때 유지·당류를 소량 사용한다. 간식으로 우유·유제품류와 과일류의 식품을 생애주기별 권장섭취패턴에 따라 1일 1회 이상 섭취하도록 구성한다.

에너지 섭취기준에 따른 생애주기별 권장식사패턴은 **표 5-8**과 **표 5-9**와 같다. **표 5-8**의 식사패턴 A는 소아와 청소년의 권장식사패턴으로 우유 2컵을 기준으로 식품군의 섭취횟수를 배분하였으며, 일상적인 소아와 청소년의 식사양상이 반영되어 있다. **표 5-9**의 식사패턴 B는 성인의 권장식사패턴으로 우유 1컵을 기준으로 식품군의 섭취횟수를 배분하였으며, 일상적인 성인의 식사양상이 반영되었다. 이와 같이 우유·유제품류의 식품 섭취횟수의 차이를 기준으로 2가지

식사패턴(권장식사패턴 A, 권장식사패턴 B)으로 구분하여 적용한다.

생애주기별 기준 에너지를 적용한 권장식사패턴은 1~2세, 3~5세, 6~11세 (남아, 여아), 12~18세(남자, 여자), 19~64세(남자, 여자), 65~74세(남자, 여자),

표 5-8 **생애주기별 권장식사패턴 A(우유 · 유제품류 2회 권장)**

A타입						
열량(kcal)	곡류	고기 · 생선 · 달걀 · 콩류	채소류	과일류	우유 · 유제품류	유지 · 당류
900	1	1.5	4	1	2	2
1,000	1	1.5	4	1	2	3
1,100	1.5	1.5	4	1	2	3
1,200	1.5	2	5	1	2	3
1,300	1.5	2	6	1	2	4
1,400	2	2	6	1	2	4
1,500	2	2.5	6	1	2	5
1,600	2.5	2.5	6	1	2	5
1,700	2.5	3	6	1	2	5
1,800	3	3	6	1	2	5
1,900	3	3.5	7	1	2	5
2,000	3	3.5	7	2	2	6
2,100	3	4	8	2	2	6
2,200	3.5	4	8	2	2	6
2,300	3.5	5	8	2	2	6
2,400	3.5	5	8	3	2	6
2,500	3.5	5.5	8	3	2	7
2,600	3.5	5.5	8	4	2	8
2,700	4	5.5	8	4	2	8
2,800	4	6	8	4	2	8

자료: 보건복지부 · 한국영양학회, 2020 한국인 영양소 섭취기준 활용연구, 2021

75세 이상(남자, 여자)로 총 12개 권장식사패턴으로 제시되어 있으며 생애주기별 식단 작성 시 활용한다표 5-10.

칼슘, 철, 식이섬유는 우리나라 식단에서 부족되기 쉬운 영양소이다. 매일 우유·유제품류의 식품을 포함시키는 것이 좋으며, 우유의 소화에 문제가 있다면 요구르트 같은 발효유를 선택하도록 권장한다. 비만이나 심혈관질환 위험이

표 5-9 **생애주기별 권장식사패턴 B(우유 · 유제품류 1회 권장)**

열량(kcal)	B타입						
	곡류	고기 · 생선 · 달걀 · 콩류	채소류	과일류	우유 · 유제품류	유지 · 당류
1,000	1.5	1.5	5	1	1	2
1,100	1.5	2	5	1	1	3
1,200	2	2	5	1	1	3
1,300	2	2	6	1	1	4
1,400	2.5	2	6	1	1	4
1,500	2.5	2.5	6	1	1	4
1,600	3	2.5	6	1	1	4
1,700	3	3.5	6	1	1	4
1,800	3	3.5	7	2	1	4
1,900	3	4	8	2	1	4
2,000	3.5	4	8	2	1	4
2,100	3.5	4.5	8	2	1	5
2,200	3.5	5	8	2	1	6
2,300	4	5	8	2	1	6
2,400	4	5	8	3	1	6
2,500	4	5	8	4	1	7
2,600	4	6	9	4	1	7
2,700	4	6.5	9	4	1	8

자료: 보건복지부 · 한국영양학회, 2020 한국인 영양소 섭취기준 활용연구, 2021

있는 경우는 포화지방과 콜레스테롤 함량이 낮은 저지방우유를 섭취하는 것이 좋다. 철의 공급은 살코기, 고등어, 달걀 노른자, 당근, 시금치, 깻잎을 식재료로 활용할 수 있으며, 철의 흡수율 향상을 위해서는 동물성 식품을 선택하는 것이 적절하다. 식이섬유 섭취를 증가시키기 위해서는 식단에 잡곡밥, 채소반찬, 생과일을 포함시키고, 단순당과 동물성 지방의 과도한 섭취는 피하는 것이 좋다. 간식으로는 설탕이나 과당이 많은 빵이나 과자보다는 감자, 고구마, 과일을 선택하며, 가공우유보다는 흰 우유가 적절하다. 동물성 지방의 섭취를 줄이기 위해서는 기름기가 적은 살코기를 선택하고, 눈에 보이는 지방을 제거하고 육류를 섭취한다.

권장식사패턴에 맞게 식품군을 섭취하면 티아민, 리보플라빈, 니아신, 비타민 C, 칼슘, 철은 권장섭취량을, 식이섬유는 충분섭취량을 충족할 수 있다. 나트륨의 섭취를 줄이려면 김치, 장아찌, 가공식품의 이용을 줄이고, 조리 시 소금, 간장, 된장, 고추장의 사용량을 줄인다. 술과 탄산음료는 에너지만 있고 필수 영양소가 없는 식품이므로 제한하는 것이 좋다.

표 5-10 **연령대별 권장식사패턴(식품군별 1일 권장섭취횟수)**

	1~2세	3~5세	6~11세		12~18세		19~64세		65~74세		75세 이상	
			남자	여자	남자	여자	남자	여자	남자	여자	남자	여자
	900A	1,400A	1,900A	1,700A	2,600A	2,000A	2,400B	1,900B	2,000B	1,600B	1,900B	1,500B
곡류	1	2	3	2.5	3.5	3	4	3	3.5	3	3	2.5
고기 · 생선 · 달걀 · 콩류	1.5	2	3.5	3	5.5	3.5	5	4	4	2.5	4	2.5
채소류	4	6	7	6	8	7	8	8	8	6	8	6
과일류	1	1	1	1	4	2	3	2	2	1	2	1
우유 · 유제품류	2	2	2	2	2	2	1	1	1	1	1	1
유지 · 당류	2	4	5	5	8	6	6	4	4	4	4	4

자료: 보건복지부 · 한국영양학회, 2020 한국인 영양소 섭취기준 활용연구, 2021

(3) 식품군별 권장섭취횟수를 세끼 식사와 간식으로 배분

연령에 따른 에너지 필요량과 식사패턴이 결정되면 식품군별 권장섭취횟수를 하루 세끼 식사와 간식으로 적정하게 배분한다. 일반적인 가족 구성은 부모와 자녀 등 연령과 성별이 다른 특성을 지니고 있으므로 개인별로 각자 에너지 섭취기준을 확인하고**표 5-7**, 결정된 에너지 섭취기준을 기준으로 식품군별 권장섭취횟수**표 5-8, 표 5-9**를 결정하고 난 후 전체 가족 구성원의 끼니별 단위 배분이 가능해진다. 참고로 가족의 식단구성을 위한 성인과 어린이의 에너지 섭취기준에 따른 식품군별 1일 제공횟수는 **표 5-11**과 같다.

권장섭취횟수를 배분할 때는 개인의 활동양상이나 식습관 등을 고려한다. 일반적으로 세끼 식사의 배분은 아침 : 점심 : 저녁 = 1 : 1 : 1의 비율을 적용하나, 직업의 종류, 노동 강도 및 시간 등 개인의 특수성을 고려하여 점심 혹은 저녁 식사를 강조하거나, 간식의 비중을 다르게 조정하여 배분할 수 있다. 식품군별 권장섭취횟수를 곡류, 고기·생선·달걀·콩류, 채소류 3가지 식품군에 대해 세끼 식사로 나누어 각기 배분하고 과일류와 우유·유제품류의 식품은 간식으로 둔다.

국민건강영양조사 결과에 나타난 우리나라 국민의 아침 결식률 자료에 따르

표 5-11 에너지 필요량에 따른 식품군별 1일 제공횟수의 예

	6~11세		19~64세	
	남자	여자	남자	여자
에너지필요추정량(kcal)	1,700~2,000	1,500~1,800	2,200~2,600	1,700~2,000
기준 에너지 적용 패턴	1,900A	1,700A	2,400B	1,900B
곡류	3	2.5	4	3
고기 · 생선 · 달걀 · 콩류	3.5	3	5	4
채소류	7	6	8	8
과일류	1	1	3	2
우유 · 유제품류	2	2	1	1
유지 · 당류	5	5	6	4

면, 만 19~29세 성인, 10대 청소년, 30~49세 성인 순으로 아침 결식률이 높게 나타났다. 이들 연령군에 대해서는 아침식사의 중요성에 대한 영양교육이 선행되어야 하며 아침에 부족한 식사량을 점심, 간식, 저녁 등 다른 끼니에 적정 배분하여 저녁 식사에 과도한 양을 한꺼번에 섭취하지 않도록 한다. 65세 이상 노인에서는 세끼 식사에 대한 결식률은 낮아 바람직하지만, 칼슘, 비타민 A와 리보플라빈 등 영양소의 섭취량이 영양소 섭취기준 대비 낮게 나타나 우유나 유제품을 간식으로 추가하는 경우 노인 영양섭취 불균형 문제를 완화시킬 수 있다.

(4) 음식명, 조리법 및 식품재료 정하기

식품군별 권장섭취횟수를 곡류, 고기·생선·달걀·콩류, 채소류 3가지 식품군에 대해 세끼 식사에 각각 배분하고 과일류와 우유·유제품류의 식품을 간식으로 정한다. 가족 1인당 식품재료량은 식품군별 1인 1회 분량 자료**표 5-12~표 5-17**를 참고하여 가족구성원 전체를 위한 식품재료량을 산출하고, 음식의 종류와 조리법을 정한다. 각 식품군의 대표식품의 1인 1회 분량은 **표 4-5**를 참조한다. 식단을 작성하거나 식품을 구매할 때 1인 1회 분량을 알아두면 편리하게 이용할 수 있다.

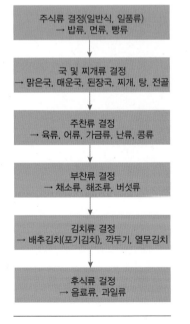

그림 5-3 **식단의 메뉴 결정 과정**

- 주식류 결정: 곡류에 해당되는 부분으로 매끼 한 가지 주식은 포함되며, 밥 중심의 식단에 국수나 빵으로 변화를 줄 수 있다. 주중, 주말, 공휴일, 가정 내 행사 등에 따라 주식의 종류가 달라질 수 있으며, 주식의 형태에 따라 부식의 구성이 결정된다.
- 부식(반찬)류 결정: 주식이 밥류인 경우 국을 함께 제공하며, 국, 찌개, 전골 등으로 재료와 조리법을 달리하여 정할 수 있다. 반찬을 정할 때에는 고기·생선·달걀·콩류에서 단백질 급원이 되는 반찬(주찬)을 1~2가지, 채소류, 버섯류, 해조류(부찬)에서 2~3가지 정도 선택한다. 특히 녹황색 채

표 5-12 **곡류의 주요 식품, 1인 1회 분량 및 1회 분량에 해당되는 횟수**

	품목	식품명	1회 분량(g)	횟수[1]
곡류 (300 kcal)	곡류	백미, 보리, 찹쌀, 현미, 조, 수수, 기장, 팥, 귀리, 율무	90	1회
		옥수수	70	0.3회
		쌀밥	210	1회
	면류	국수/메밀국수/냉면국수(말린 것)	90	1회
		우동/칼국수(생면)	200	1회
		당면	30	0.3회
		라면사리	120	1회
	떡류	가래떡/백설기	150	1회
	빵류	식빵	35	0.3회
	시리얼류	시리얼	30	0.3회
	감자류	감자	140	0.3회
		고구마	70	0.3회
	기타	묵	200	0.3회
		밤	60	0.3회
		밀가루, 전분, 빵가루, 부침가루, 튀김가루(혼합)	30	0.3회
	과자류	과자(비스킷, 쿠키)	30	0.3회
		과자(스낵)	30	0.3회

1) 곡류 300kcal에 해당하는 분량을 1회라고 간주하였을 때, 1회 분량에 해당하는 횟수
자료: 보건복지부·한국영양학회, 2020 한국인 영양소 섭취기준 활용연구, 2021

소는 1일 2~3회 이상 들어가는 것이 좋으며, 생채, 숙채, 샐러드, 냉채 등으로 조정한다.

• 음식명, 식품재료와 분량 결정: 주식, 국, 반찬 등의 구체적인 음식명, 식품재료와 조리법을 정하고, 오전과 오후 간식에는 과일류와 우유·유제품을 적절하게 배분한다. 식품재료와 필요량을 결정할 때는 식품의 폐기율, 조리에 수반된 중량 및 영양소 변화 등을 미리 파악하고 있어야 하며, 식품 분량에 대한 개략적인 눈대중량을 익혀두면 식단을 더 효율적으로 작성할 수 있다.

이 과정을 정리하면 **그림 5-3**과 같다. 식단표를 작성한 후에도 영양소 제공

표 5-13 **고기 · 생선 · 달걀 · 콩류의 주요 식품, 1인 1회 분량 및 1회 분량에 해당되는 횟수**

품목		식품명	1회 분량(g)	횟수[1]
고기 · 생선 · 달걀 · 콩류 (100kcal)	육류	쇠고기	60	1회
		돼지고기	60	1회
		닭고기	60	1회
		오리고기	60	1회
		돼지고기 가공품(햄, 소시지, 베이컨)	30	1회
	어패류	고등어, 명태/동태, 조기, 꽁치, 갈치, 다랑 어(참치), 대구, 가자미, 넙치/광어, 연어	70	1회
		바지락, 게, 굴, 홍합, 전복, 소라	80	1회
		오징어, 새우, 낙지, 문어, 쭈꾸미	80	1회
		멸치자건품, 오징어(말린 것), 새우자건품, 뱅어포(말린 것), 명태(말린 것)	15	1회
		다랑어(참치통조림)	60	1회
		어묵, 게맛살	30	1회
		어류젓	40	1회
	난 류	달걀, 메추리알	60	1회
	콩류	대두, 녹두, 완두콩, 강낭콩, 렌틸콩	20	1회
		두부	80	1회
		두유	200	1회
	견과류	땅콩, 아몬드, 호두, 잣, 해바라기씨, 호박씨, 은행, 캐슈넛	10	0.3회

1) 고기 · 생선 · 달걀 · 콩류 100kcal에 해당하는 분량을 1회라고 간주하였을 때, 1회 분량에 해당하는 횟수
자료: 보건복지부 · 한국영양학회, 2020 한국인 영양소 섭취기준 활용연구, 2021

표 5-14 **채소류의 주요 식품, 1인 1회 분량 및 1회 분량에 해당되는 횟수**

품목		식품명	1회 분량(g)	횟수[1]
채소류 (15kcal)	채소류	파, 양파, 당근, 무, 애호박, 오이, 콩나물, 시금치, 상추, 배추, 양배추, 깻잎, 피망, 부추, 토마토, 쑥갓, 무청, 붉은고추, 숙주나물, 고사리, 미나리, 파프리카, 양상추, 치커리, 샐러리, 브로콜리, 가지, 아욱, 취나물, 고춧잎, 단호박, 늙은호박, 고구마줄기, 풋마늘, 마늘종	70	1회
		배추김치, 깍두기, 단무지, 열무김치, 총각김치, 오이소박이	40	1회
		우엉, 연근, 도라지, 토란대	40	1회
		마늘, 생강	10	1회
	해조류	미역(마른 것), 다시마(마른 것)	10	1회
		김	2	1회
	버섯류	느타리버섯, 표고버섯, 양송이버섯, 팽이버섯, 새송이버섯	30	1회

1) 채소류 15kcal에 해당하는 분량을 1회라고 간주하였을 때, 1회 분량에 해당하는 횟수
자료: 보건복지부 · 한국영양학회, 2020 한국인 영양소 섭취기준 활용연구, 2021

표 5-15 **과일류의 주요 식품, 1인 1회 분량 및 1회 분량에 해당되는 횟수**

	품목	식품명	1회 분량(g)	횟수[1]
과일류 (50kcal)	과일류	수박, 참외, 딸기	150	1회
		사과, 귤, 배, 바나나, 감, 포도, 복숭아, 오렌지, 키위, 파인애플, 블루베리, 자두	100	1회
		대추(말린 것)	15	1회

1) 과일류 50kcal에 해당하는 분량을 1회라고 간주하였을 때, 1회 분량에 해당하는 횟수
자료: 보건복지부 · 한국영양학회, 2020 한국인 영양소 섭취기준 활용연구, 2021

표 5-16 **우유 · 유제품류의 주요 식품, 1인 1회 분량 및 1회 분량에 해당되는 횟수**

	품목	식품명	1회 분량(g)	횟수[1]
우유 · 유제품류 (125kcal)	우유	우유	200	1회
	유제품	치즈	20	0.5회
		요구르트(호상)	100	1회
		요구르트(액상)	150	1회
		아이스크림, 셔벗	100	1회

1) 우유 · 유제품류 125kcal에 해당하는 분량을 1회라고 간주하였을 때, 1회 분량에 해당하는 횟수
자료: 보건복지부 · 한국영양학회, 2020 한국인 영양소 섭취기준 활용연구, 2021

표 5-17 **유지 · 당류의 주요 식품, 1인 1회 분량 및 1회 분량에 해당되는 횟수**

	품목	식품명	1회 분량(g)	횟수[1]
유지 · 당류 (45kcal)	유지류	참기름, 콩기름, 들기름, 유채씨기름, 옥수수기름, 올리브유, 해바라기유, 포도씨유, 미강유, 버터, 마가린, 들깨, 흰깨, 깨, 커피크림	5	1회
		커피믹스	12	1회
	당류	설탕, 물엿, 꿀	10	1회

1) 유지 · 당류 45kcal에 해당하는 분량을 1회라고 간주하였을 때, 1회 분량에 해당하는 횟수
자료: 보건복지부 · 한국영양학회, 2020 한국인 영양소 섭취기준 활용연구, 2021

량, 식재료비, 식품 및 조리법의 다양성, 식품 형태의 다양성, 질감의 조화, 조리자의 숙련도, 조리시설 조건, 위험 식재료의 사용, 계절식품의 활용 여부, 색과 맛의 조화, 조리시간의 적합성 등을 평가해 문제가 있으면 다음 식사계획 시 수정하도록 한다.

(5) 식단표 작성

음식명과 분량이 결정되면 식단표를 작성한다. 식단을 표기하는 방법에는 음식명만 적는 방법, 음식별로 식품재료의 분량을 적는 방법, 음식별로 재료와 분량, 에너지를 비롯한 영양소 함량까지 상세하게 적는 방법 등이 있다. 이상의 과정을 거쳐 식단표가 완성되면 가족의 상황에 따라 주간 또는 월간 식단표를 작성하여 적용해보고, 문제점이나 개선사항이 있는 경우 다음 식단작성 시 반영한다. 권장식사패턴을 활용하여 작성된 기준 에너지 패턴이 2,400B인 19~64세 성인 남자의 식단 예를 **표 5-18**에 제시하였다.

⋯ 더보기

식단 메뉴 대체 방법

대체하고 싶은 음식이 있을 경우, 즉 식품 조달이나 조리가 어려운 경우 다음의 원칙에 따라 메뉴를 조정할 수 있다. 동일한 식품군 내의 식품을 주원료로 하는 메뉴로 대체한다. 예를 들어, 제육볶음 대신에 돼지갈비, 불고기, 닭볶음탕 등으로 변경할 수 있다. 돼지고기와 마찬가지로 쇠고기, 닭고기, 생선 등은 양질의 단백질을 함유하고 있으므로 대체가 가능하다. 그러나 제육볶음을 시금치나물과 같은 채소류로 변경하지 않으며, 가지나물은 시금치나물이나 콩나물로 대체가 가능하다.

- 메뉴 대체가 적절한 예: 소갈비구이 → 제육볶음 (동일한 식품군인 고기 · 생선 · 달걀 · 콩류의 음식으로 대체)
- 메뉴 대체가 적절하지 않은 예: 계란말이 → 시금치나물 (고기 · 생선 · 달걀 · 콩류의 음식을 다른 식품군인 채소류 음식으로 대체)

표 5-18 **19~64세 성인남자 식단구성의 예(2,400kcal, B타입)**

	곡류	고기 · 생선 · 달걀 · 콩류	채소류	과일류	우유 · 유제품류	유지 · 당류
권장식사패턴	4회	5회	8회	3회	1회	6회
아침 쌀밥 아욱된장국 조기구이 도토리묵& 양념장 풋마늘무침 배추김치	쌀밥 210g(1) 도토리묵 70g (0.1)	조기 60g(1)	아욱 35g(0.5) 풋마늘 35g(0.5) 배추김치 40g(1)			조리 시 가급적 적게 사용할 것을 권장함
점심 바지락칼국수 미니주먹밥 감자채소전 깍두기 사과	칼국수 210g(1) 쌀밥 147g(0.7) 감자 93g(0.2)	바지락 80g(1)	당근 28g(0.4) 애호박 28g(0.4) 부추 28g(0.4) 김 2g(1) 양파 35g(0.5) 깍두기 40g(1)	사과 100g(1)		
저녁 잡곡밥 육개장 달걀말이 도라지나물 배추김치	잡곡밥 210g(1)	쇠고기 60g(1) 달걀 60g(1)	무 7g(0.1) 고사리 7g(0.1) 숙주나물 7g(0.1) 도라지 70g(1) 배추김치 40g(1)			
간식 파인애플 키위 두유 호상요구르트		두유 200mL(1)		파인애플 100g(1) 키위 100g(1)	요구르트(호상) 100g(1)	

자료: 보건복지부 · 한국영양학회, 2020 한국인 영양소 섭취기준 활용연구, 2021

구분	식단	식단사진	
		식사	간식
아침	쌀밥 아욱된장국 조기구이 도토리묵&양념장 풋마늘무침 배추김치		파인애플 키위 두유 호상요구르트
점심	바지락칼국수 미니주먹밥 감자채소전 깍두기 사과		
저녁	잡곡밥 육개장 달걀말이 도라지나물 배추김치		

식단 구성 방법

하루 식단을 작성할 때는 아침, 점심, 저녁의 각 끼니에 골고루 식사가 배분되도록 하는 것이 원칙이나 개인의 기호나 생활습관에 따라 식품의 양을 가감하여 배분한다.

- 아침식사: 밥, 죽, 빵 등 개인의 식습관에 적합하도록 구성하되 간단한 조리를 통해 시간을 절약할 수 있도록 한다.
- 점심식사: 잡곡밥, 일품요리, 면 등을 이용하여 다양한 변화를 줄 수 있다. 외식의 경우 점심식단을 계획하지 않지만 아침과 저녁의 식단을 고려하여 식사를 선택한다.
- 저녁식사: 가족이 함께 모여 시간적인 여유 있는 식사를 하는 것이 좋다. 잡곡밥, 국이나 찌개, 육류나 어류를 이용한 반찬과 다양한 채소를 이용하여 식단을 구성한다.

음식	식단 구성 방법	음식의 예
밥	• 여러 곡류 이용 및 잡곡밥 섭취 • 채소나 해물을 이용한 다양한 별미밥도 선택할 수 있음	보리밥, 차조밥, 완두콩밥, 흑미밥, 차수수밥, 팥밥, 콩밥, 찹쌀현미밥, 콩나물밥, 감자밥, 고구마밥, 밤밥, 단호박밥, 홍합밥, 굴밥, 날치알밥 등
죽	• 곡류뿐 아니라 육류, 해물, 채소, 견과류 등과 함께 조리 • 아침식사, 영아, 노인식에 이용 가능	흑임자죽, 잣죽, 팥죽, 녹두죽, 호박죽, 전복죽, 해물죽, 닭죽, 새우죽, 굴버섯죽, 참치야채죽, 쇠고기미역죽, 북어죽, 쇠고기장국죽 등
국과 찌개	• 국이나 찌개 중 한 가지 선택 • 지방, 염분이 적은 조리법 선택	미역국, 완자탕, 아욱국, 냉잇국, 쇠고기무국, 두부된장국, 콩나물맑은국, 콩나물김치국, 육개장, 청국장찌개, 콩비지찌개, 순두부찌개, 참치김치찌개, 버섯찌개, 생태찌개 등
단백질 반찬	• 육류나 어패류, 달걀, 두부와 콩제품을 이용한 반찬 선택	불고기, 돼지고기고추장구이, 장조림, 닭조림, 닭강정, 동태전, 꽁치구이, 황태구이, 북어찜, 삼치무조림, 고등어조림, 낙지볶음, 오징어볶음, 계란찜, 두부조림 등
채소 반찬	• 신선한 제철식품 이용 • 무침, 조림, 볶음 등 조리방법으로 채소반찬 준비	가지나물, 미나리무침, 콩나물무침, 달래묵무침, 시금치나물, 고사리볶음, 버섯볶음, 미역줄기볶음, 브로콜리볶음, 무조림, 감자조림 등
김치 또는 생채	• 반찬과 어울리는 김치나 생채 선택	배추김치, 오이소박이, 깍두기, 나박김치, 열무김치, 부추김치, 무생채, 도라지생채 등
간식	• 우유 · 유제품류의 식품 제공 • 제철 과일 선택	우유, 두유, 요구르트 등 토마토, 사과, 참외, 딸기, 바나나, 수박 등

예: 식사구성안을 활용한 식단 작성의 단계별 적용

만 19~64세 성인 남자를 위한 식단 작성 과정을 통해 식사구성안을 활용한 식단 작성의 단계별 작업그림 5-2을 연습한다.

단계 1. 에너지 필요량 결정

식단을 제공할 대상은 성인 남자 1인으로, 만 19~64세 성인 남자의 1일 에너지필요추정량은 2,200kcal~2,600kcal까지 연령대별로 다르지만, 식단 작성 시 적용하는 기준 에너지는 2,400B 패턴을 적용한다.

단계 2. 식품군별 권장섭취횟수 결정 및 세끼 식사와 간식으로 배분

기준 에너지량이 2,400B인 성인 남자의 식품군별 1일 권장섭취횟수는 **표 5-10**에 제시된 바와 같이 곡류는 4회, 고기·생선·달걀·콩류는 5회, 채소류는 8회, 과일류는 3회, 우유·유제품류는 1회, 유지·당류는 6회이며, 이는 식품군별 1일 필요 횟수가 된다. 곡류, 고기·생선·달걀·콩류, 채소류의 횟수는 세끼 식사에 적절하게, 과일류와 우유·유제품류의 횟수는 간식으로 배분한다. 다만, 유지·당류는 음식을 조리할 때 사용되는 분량으로 충분하다고 여겨지며, 별도의 권장 횟수를 배정하지 않아도 된다.

식품군별 권장섭취횟수의 예

식품군	1일 권장섭취횟수				
	전체	아침	점심	저녁	간식
곡류	4	1	1	1	1
고기·생선·달걀·콩류	5	1.5	1.5	2	
채소류	8	2	3.5	2.5	
과일류	3				3
우유·유제품류	1				1
유지·당류	6				

단계 3. 음식명, 조리법, 식품재료 정하기

곡류는 주식으로 제공되는 밥류, 면류, 빵류, 시리얼 등이며, 앞서 식단 예시 **표 5-18**에서는 아침에 쌀밥과 도토리묵, 점심에 칼국수와 주먹밥의 밥, 저녁에 잡곡밥으로 각각 1회~1.9회 배정하였다. 주식이 밥인 경우 부식으로 국이 함께 제공되는 형태가 바람직하므로 아침식사에 아욱된장국, 저녁식사에 육개장으로 하였다. 점심은 주식이 면류인 칼국수이므로 별도의 국은 필요하지 않다. 채소류는 끼니별로 제공된 국에서 0.3~0.5회 정도 섭취가 가능하며, 나머지 횟수는 칼국수와 채소전의 채소, 육개장의 채소, 도라지나물, 김치, 깍두기 등 다양한 채소 반찬으로 구성한다. 고기·생선·달걀·콩류의 제공 횟수는 생선(조기), 칼국수의 바지락, 육개장 소고기, 달걀 등 끼니별로 1~2회 구성한다. 식품군별 재료량은 앞서 제시된 **표 5-12**부터 **표 5-17**에 제시된 1인 1회 분량을 참고하여 재료량을 정한다.

단계 4. 식단표 작성

음식명과 분량이 결정되면 아침, 점심, 저녁, 간식으로 구분된 음식명과 섭취횟수를 **표 5-18**의 형식과 같이 정리하면 1일 식단표가 완성된다.

(6) 주간 또는 월간 단위의 식단 계획

1일 단위의 식단을 작성한 후 주간 또는 월간 단위의 식단을 계획한다. 가정에서 1주 단위의 식단을 작성해 두면 식단을 한 눈에 볼 수 있어서 가족 구성원의 영양필요량을 고려할 때 영양적으로 균형이 되어있는지 가늠해 볼 수 있다. 또한 매일 무엇을 어떻게 해서 식사를 준비할까 고민하는 시간과 노력이 줄어들며 식비 측면에서도 과잉 지출되는 부분이 없는지 미리 파악할 수 있다.

(7) 식단 평가

작성된 식단에 대한 평가를 실시하고 다음 식단을 작성할 때 반영한다. 식단 평가는 영양, 경제, 기호, 위생과 안전, 효율적인 시간과 노력 사용, 환경과 지속가능성 측면에서 평가한다. 구체적인 방법은 이 장의 4. 식단 평가 부분을 참고한다.

2) 식품교환표를 활용한 식단 작성

(1) 식품교환표의 변화 과정

식품교환표는 당뇨환자의 식단 작성을 위해 1950년대 미국 영양사협회가 처음 고안한 것으로, 식품성분 데이터베이스를 이용하지 않고 에너지, 당질, 단백질, 지방의 필요량을 쉽고 간단하게 계산할 수 있다. 우리나라에서는 1988년 대한영양사협회, 한국영양학회, 대한당뇨병학회에서 한국인의 식습관을 고려하여 우리 실정에 맞는 식품교환표를 제정·발표하였으며, 1995년에 2차 개정되었다. 이후 식생활 변화를 반영한 식품교환표 개정 필요성이 증가하면서 2008년 대한당뇨병학회 학술대회에서 식품교환표의 현재와 나아갈 방향에 대한 전문가 토의가 이루어졌다. 2009년 대한당뇨병학회를 중심으로 대한영양사협회, 대한당뇨교육영양사회, 한국영양학회, 대한지역사회영양학회가 공동으로 개정작업팀을 운영하였으며 2010년에 3차 개정이 이루어졌다. 개정안에서 기존 6가지 식품군은 그대로 유지했으나, 식품목록 수를 대폭 추가하고 임상영양관리에 필요한 당질계산법과 혈당지수 등의 내용을 보강하였다.

(2) 식품교환표와 교환단위

식품교환표는 식품들을 영양소 조성이 비슷한 것끼리 곡류군, 어육류군, 채소군, 지방군, 과일군, 우유군의 6개 식품군으로 분류하고, 동일한 식품군 내에서는 자유롭게 식품을 교환하여 선택할 수 있게 한 것이다. '식품교환(food exchange)'이란 식품을 서로 바꿔 먹는다는 의미로, 같은 식품군에서 식품을 바꿔 먹을 때 영양소 함량이 동일한 기준단위량이 설정되어 있는데, 이를 1교환단위(1 exchange)라고 한다. 각 식품군별 식품의 1교환단위 예는 표 5-19와 같다. 각 식품군 내에서는 같은 교환단위량끼리 서로 바꿔 먹을 수 있다. 예를 들어, 같은 곡류군에 속하는 밥과 식빵의 경우 밥 70g(1/3공기)과 식빵 35g(1쪽)은 1교환단위량으로 열량 및 당질, 단백질, 지방 함량이 비슷하여 바꿔 먹을 수 있다는 의미이다.

밥 1/3공기 = 식빵 1쪽

밥 1/3공기 ≠ 고기 40g

밥 1/3공기 ≠ 식빵 2쪽

식품교환표를 이용해 식품을 교환할 경우
- 같은 군끼리만 바꿔 먹는다.
- 같은 교환단위량으로 바꿔 먹는다.

그림 5-4 **식품교환의 원칙**

표 5-19 **식품군별 영양소 함량 및 교환단위의 예**

식품군		교환단위의 예	영양소			
			열량 (kcal)	당질 (g)	단백질 (g)	지방 (g)
곡류군		쌀밥/보리밥/현미밥 70g(1/3공기), 쌀죽 140g(2/3공기), 백미/팥 30g(3큰술), 밀가루/녹말가루/미숫가루 30g(5큰술), 냉면/당면/메밀국수(건조) 30g, 마른국수 30g, 삶은국수 90g(1/2공기), 감자 140g(中 1개), 고구마 70g(中 1/2개), 찰옥수수(생것) 70g(1/2개), 떡류 50g, 식빵/모닝빵/바게트빵 35g, 묵류 200g(1/2모), 밤 60g(大 3개), 크래커 20g(5개), 콘플레이크 30g(3/4컵)	100	23	2	−
어육류군	저지방군	기름기를 제외한 닭고기/돼지고기/쇠고기 40g(로스용 1장), 생선(가자미, 대구, 동태, 미꾸라지, 병어, 조기, 참도미, 한치) 50g(小 1토막), 건어물류(굴비, 멸치, 북어, 건오징어채, 뱅어포, 쥐치포) 15g, 젓갈 40g, 낙지 100g(1/2컵), 굴 70g(1/3컵), 새우(중하) 50g(3마리), 홍합 70g(1/3컵)	50	−	8	2
	중지방군	쇠고기(등심, 안심, 양지)/돼지고기(안심) 40g, 햄(로스) 40g(2장), 고등어/꽁치/갈치/삼치/임연수어 50g(小 1토막), 어묵(튀긴 것) 50g(1장), 달걀 55g(中 1개), 메추리알 40g(5개), 검정콩 20g(2큰술), 두부 80g(1/5모), 순두부 200g(1/2봉), 연두부/콩비지 150g(1/2봉), 낫또 40g	75	−	8	5
	고지방군	닭다리 40g(1개), 삼겹살 40g, 소갈비/소꼬리 40g(小 1토막), 비엔나소시지 40g(5개), 베이컨 40g, 통조림(고등어/꽁치/참치) 50g(1/3컵), 치즈 30g(1.5장), 유부 30g(5장), 뱀장어 50g(小 1토막)	100	−	8	8
채소군		당근 70g(대 1/3개), 콩나물/시금치 70g(익혀서 1/3컵), 애호박/오이/양파/상추/양배추 70g, 연근/도라지 40g, 단호박 40g(1/10개), 표고/양송이/느타리버섯 50g, 배추김치/총각김치/깍두기 50g, 나박김치 70g, 당근주스 50g(1/4컵)	20	3	2	−
지방군		땅콩 8g(8개), 잣 8g(1큰스푼), 아몬드 8g(7개), 호두 8g(중 1.5개), 버터/마가린 5g(1작은스푼), 마요네즈 5g(1작은스푼), 드레싱류 10g(2작은스푼), 식물성기름 5g(1작은스푼)	45	−	−	5
우유군	일반	우유 200g(1컵), 두유(무가당) 200g(1컵)	125	10	6	7
	저지방	저지방우유 200g(1컵)	80	10	6	2
과일군		귤 120g, 오렌지 100g(大 1/2개), 배 110g(大 1/4개), 사과(후지) 80g(中 1/3개), 포도 80g(小 19알), 키위 80g(中 1개), 바나나(생것) 50g(中 1/2개), 단감 50g(中 1/3개), 대추(생것) 50g, 딸기 150g(中 7개), 수박 150g(中 1쪽), 토마토 350g(小 2개)	50	12	−	−

자료: 대한영양사협회, 식사계획을 위한 식품교환표 개정판, 2010

(3) 식품교환표를 이용한 식사계획

식품교환표도 식사구성안처럼 일반인들이 간편하게 활용할 수 있도록 에너지 필요량을 기준으로 각 식품군별로 권장 교환단위 수를 제시하고 있다. **표 5-20**에 하루 열량별 식품군 교환단위 수 배분에 관한 자료가 있다.

① 일일 에너지 필요량 계산

일일 에너지 필요량은 체중과 활동정도에 따라 달라진다. 예를 들면, 운동

표 5-20 **열량에 따른 식품군별 교환단위 수(일반우유 기준, 저지방/중지방 구분)**

열량(kcal)	곡류군	어육류군		채소군	지방군	우유군	과일군
		저지방	중지방				
1,200	5	1	3	6	3	1	1
1,300	6	1	3	6	3	1	1
1,400	7	1	3	6	3	1	1
1,500	7	2	3	7	4	1	1
1,600	8	2	3	7	4	1	1
1,700	8	2	3	7	4	1	2
1,800	8	2	3	7	4	2	2
1,900	9	2	3	7	4	2	2
2,000	10	2	3	7	4	2	2
2,100	10	2	4	7	4	2	2
2,200	11	2	4	7	4	2	2
2,300	11	3	4	8	5	2	2
2,400	12	3	4	8	5	2	2
2,500	13	3	4	8	5	2	2
2,600	13	3	5	8	5	2	2
2,700	13	3	5	9	6	2	3
2,800	14	3	5	9	6	2	3

자료: 대한영양사협회, 식사계획을 위한 식품교환표 개정판, 2010

선수나 심한 노동일을 하는 경우라면 하루 종일 의자에 앉아 사무를 보는 사람에 비해 에너지 필요량이 높다. 성인의 일일 에너지 필요량은 다음 단계와 같이 산출한다. 성인이 아닌 어린이나 청소년의 경우에는 **표 5-21**을 참조하여 일일 에너지 필요량을 계산한다.

1단계. 표준체중 구하기: 성별과 신장에 따라 표준체중을 계산한다.

> – 남자의 표준체중(kg) = 신장(m)^2 × 22
> – 여자의 표준체중(kg) = 신장(m)^2 × 21

2단계. 자신의 평소 활동정도를 구분한다.

> – 육체활동이 거의 없는 경우   : 표준체중 × 25~30(kcal/일)
> – 보통 수준의 활동을 하는 경우: 표준체중 × 30~35(kcal/일)
> – 심한 육체 활동을 하는 경우   : 표준체중 × 35~40(kcal/일)

3단계. 표준체중과 활동정도를 고려하여 1일 에너지 필요량 계산한다.

> 1일 에너지 필요량(kcal) = 표준체중(kg) × 체중 1kg당 에너지 필요량

표 5-21 어린이와 청소년의 에너지 필요량 산출

구분		필요량
생후 1년까지		1,000kcal
2~10세		1,000kcal + 100kcal/년
남자	11~15세	2,000kcal + 200kcal/년
	15세 이상	– 매우 활동적인 경우: 50kcal/체중kg – 보통 활동하는 경우: 40kcal/체중kg – 주로 앉아있는 경우: 30~35kcal/체중kg
여자	11~15세	2,000kcal + 50~100kcal/년
	15세 이상	성인과 동일하게 계산

자료: 대한당뇨병학회, 당뇨병 식품교환표 활용지침 제3판, 2010

② 에너지 필요량별 식품군별 교환단위 수 배분

필요한 에너지 섭취량을 충족시키면서 6가지 식품군이 고루 배분될 수 있도록 식사를 계획하는 것이 중요하다. 1일 에너지 필요량이 산출되면 **표 5-20**을 참조하여 식품군별 교환단위 수를 확인한 후 세끼 식사와 간식으로 나누어 배분한다. 참고로 1일 에너지 필요량이 1,800kcal인 성인의 끼니별 교환단위 수를 배분한 예를 **표 5-22**에 제시하였다. 식품군별 교환단위 수가 반영된 식단을 구성하면 에너지뿐 아니라 단백질을 비롯한 다른 영양소 필요량도 함께 충족시킬 수 있다. 곡류군은 주식으로, 어육류군과 채소군은 부식으로, 지방군은 조리 시 사용하는 기름으로, 우유군과 과일군은 간식으로 식단을 계획한다.

식품교환표는 당뇨병 환자의 혈당관리를 위해 고안된 식사계획이므로 식사시간, 식사량, 탄수화물의 섭취를 일정하게 유지하는 것이 중요하다. 따라서 1일 에너지 필요량을 조금씩 자주 나누어 배분하는 것이 혈당조절에 용이하며, 식사횟수와 간식은 평소 생활패턴을 고려하여 계획하는 것이 좋다. 이와 같은 식품교환표의 특성은 만성질환의 발생 위험이 증가하는 중장년기 식사계획 시 고려할 만한 사항이다.

표 5-22 **1일 에너지 필요량 1,800kcal 끼니별 교환단위 수 배분의 예**

식품군		교환	아침	간식	점심	간식	저녁	간식
곡류군		8	2		3		3	
어육류	저지방	2			1		1	
	중지방	3	1		1		1	
채소군		7	2		3		2	
지방군		4	1		1.5		1.5	
우유군		2		1				1
과일군		2				1		1

③ 메뉴 선택 및 식단 작성

끼니별과 간식으로 배분한 교환단위 수에 맞게 식품교환표 내에서 식품을 선택하고 식단을 작성한다.

평소 식사량을 평가하고 에너지 필요량을 계산한다 → 치료목적에 맞는 1일 식사량을 계획한다 → 각 식품군별 교환단위 수를 정한다 → 세 끼니와 간식으로 교환단위 수를 배분한다 → 식품교환표를 이용하여 식품을 선택한다 → 실제 섭취할 식품의 양을 계산한다 → 해당 식품을 주재료 또는 부재료로 하는 메뉴와 조리법을 정한다 → 식단을 작성한다

④ 식품교환표를 적용한 식단 작성의 실제

식품교환표에 따라 1일 에너지 필요량이 1,800kcal인 제2형 당뇨병이 있는 성인을 위한 식단의 예는 **표 5-23**에 제시하였다.

표 5-23 **1일 에너지 필요량 1,800kcal 식단의 예**

	곡류군	어육류군[1]	채소군	지방군	우유군	과일군
교환 단위수	8	5	7	4	2	2
아침	잡곡밥 2/3공기 140g (2)	연두부 150g (1)	콩나물국(콩나물 70g) (1) 미역줄기볶음(미역 35g) (0.5) 나박김치 35g (0.5)	식용유 5g (1)		
간식					우유 1컵 200g (1)	사과 80g (1)
점심	조밥 1공기 210g (3)	스테이크볶음 (쇠고기 40g) (1) 오징어초무침 (오징어 50g) (1)	채소 70g(들깨팽이버섯 탕/스테이크볶음/오징어초 무침의 채소) (1) 연근조림 40g (1) 청경채나물 70g (1)	들깨가루 4g (0.5) 식용유 5g (1)		
간식						딸기 150g (1)
저녁	흑미밥 1공기 210g (3)	돈육고추잡채 (돼지고기 40g) (1) 동태전 (동태살 50g) (1)	근대된장국(근대 70g) (1) 마늘쫑볶음 (마늘쫑 40g) (1)	식용유 7.5g (1.5)		
간식					두유 1컵 200g (1)	

1) 저지방 또는 중지방 이용
자료: 대한당뇨병학회, 당뇨병 식품교환표 활용지침 제3판, 2010

3 식단 작성 프로그램의 활용

1) 식단 작성 프로그램의 구성

식단 작성은 식생활관리자의 특성을 고려하여 여러 조건을 만족시켜야 하므로 시간과 노력이 많이 요구되는 작업이다. 최근 컴퓨터 및 휴대용 전자기기 사용이 일상화되면서 영양지식을 갖고 있지 않은 일반인들도 손쉽게 식단을 작성할 수 있도록 다양한 응용 프로그램의 개발이 시도되고 있다. 현재 활용되고 있는 식단 작성과 관련된 응용 프로그램들은 전문 기관이나 단체 급식소에서 일상적으로 이루어지는 업무의 효율성을 높이고자 개발되었으며, 식품 발주 및 재무 관리, 영양 관리, 영양 교육 및 상담 등 영양 전문가의 업무 편이성을 높이는 것을 주요 목적으로 하고 있다. 프로그램을 활용함으로써 영양소 함량 추정, 단가 계산, 조리법의 응용, 계절적·지역적 특성을 고려한 식재료 구성 등의 작업을 간편하게 수행할 수 있다. 또한 화면을 통한 대화방식으로 식단을 작성하기 때문에 전문적 지식이 부족한 사람이라도 쉽게 접근하여 활용이 가능하며, 작성된 식단과 영양평가 자료들은 데이터베이스로 관리가 가능하다는 장점이 있다.

식단 작성 프로그램의 기본적인 구성은 식품영양성분 데이터베이스, 음식레시피 데이터베이스, 식단 작성 기준 데이터베이스 등의 기본적인 데이터베이스와 이들을 상호 연결하고 운용해주는 시스템 설계파일로 되어 있다. 각 데이터베이스의 특성에 대해 간략하게 살펴보면 다음과 같다.

(1) 식품영양성분 데이터베이스

식품영양성분 데이터베이스에는 국내외 식품성분표가 주로 활용된다. 국내에서는 농촌진흥청에서 발간하는 국가표준식품성분표, 식품의약품안전처에서 구축한 식품영양성분 데이터베이스, 한국영양학회의 식품영양소함량 데이터베이스 등이 활용되며, 이 밖에 연구기관, 식품 및 외식 업체에서도 식품영양성분

자료를 구축하여 관리하고 있다. 식단 작성 프로그램 개발자의 필요에 따라 국내외 여러 식품영양성분 데이터베이스를 활용할 수 있다. 데이터베이스의 개별 식품은 고유한 코드를 지니며, 음식레시피 데이터베이스나 식단 데이터베이스를 연결하는 중심 코드가 된다.

최근 식사와 만성질환 사이의 관련성에 대한 많은 연구가 이루어지면서 식품 내 어떤 성분이 얼만큼 들어 있는지 정보에 대한 요구도가 증가하였으며 이에 따라 현재와 같은 형태의 식품성분표가 구축되었다. 식품성분표는 국가 간 무역에서도 활용되고 있으며, 국가에서 생산하는 가공식품에 대한 영양표시 정보를 제공하기 위해서도 필요하다. 식품성분표는 초기에는 인쇄물로 발간되었지만 이용의 편리성, 접근성, 실시간 정보 등을 반영할 수 있도록 이후에는 전산화된 데이터베이스 형태로 제공되고 있다. 일반적으로 식품영양성분 데이터베이스는 국가별로 관리되어 왔으나, 국가 간 식품의 수출입 증가 및 식품성분에 대한 관심의 증가로 인해 개별 국가의 데이터베이스를 국제적으로 호환하고 활용하는 연구가 계속되고 있다.

우리나라는 공공데이터 통합제공시스템(공공데이터포털)을 구축하여 공공기관이 생성하고 관리하는 공공데이터를 쉽고 편리하게 검색하고 활용할 수 있도록 하며, 이 시스템은 다양한 식품영양성분 데이터베이스를 제공하고 있다. 식품영양성분 데이터베이스에 구축된 성분 자료들은 다음의 조건을 갖추어야 한다.

- 식품 특성에 대한 비교 가능한 설명이 필요하다. 식품 분류, 식품명, 식품원료 등과 같은 특성 관련 정보, 생산과 저장 상태, 보존과 조리 방법, 식품첨가물 등이 포함된 식품 설명 체계를 갖추어야 한다.
- 분석 방법에 대한 설명이 필요하다. 분석값을 얻기 위해 적용된 방법 및 방법의 정확성과 수치를 나타내는 데 쓰이는 단위에 대한 정보가 기술되어야 한다.
- 데이터값에 대한 설명이 필요하다. 분석치의 예상되는 변화를 기록하고 분석적 측정의 통계적 분포와 검출한계 미만에 있는 수치 표기에 관한

자료를 확인할 수 있어야 한다.

- 분석치의 자료 출처에 대한 확인이 필요하다.

식품영양성분 데이터베이스 자료의 형태는 식품 100g당 영양소 함량으로 제시되며, 에너지, 수분, 단백질, 지방, 탄수화물, 식이섬유, 회분, 칼슘, 인, 철, 비타민 A, 티아민, 리보플라빈, 니아신, 비타민 C 등 기본 영양소의 함량과 필요에 따라서는 미량 비타민과 무기질, 아미노산, 지방산, 식이섬유소 등의 함량이 포함되어 있는 경우도 있다.

① 농촌진흥청 국립농업과학원 국가표준식품성분표

농촌진흥청은 식품산업진흥법 제19조와 동법 시행령 제25조에 의거하여 『국가표준식품성분표』를 발간하고 있다. 농촌진흥청은 1970년에 처음으로 식품성분표를 발간한 뒤, 이후 1977년 제1개정판, 1981년 제2개정판에 이어 5년마다 개정판이 발간되었으며, 2016년 제9개정판, 2021년 제10개정판이 발간되었다. 농촌진흥청은 신속한 정보 제공을 위해 2019년부터 데이터 공개 주기를 기존 5년에서 1년으로 변경하고, 매년 개정되는 데이터베이스를 구별하기 위해 각 버전의 데이터베이스를 소수점 자리의 표시로 구분하였다. 국가표준식품성분표 제10개정판은 국가표준식품성분 DB 10.0을 기반으로 하여 우리나라 국민들이 실생활에서 자주 접하는 식품과 성분의 실제 활용을 고려해 식품 1,228종, 영양성분 42종을 포함한다. 국가표준식품성분 DB 10.0은 식품 3,272점, 영양성분 130종 등 약 25만 건의 식품영양성분 정보를 수록하고 있다. 식품의 영양성분 함량은 가식부 100g을 기준으로 제시하며, 폐기율은 식품의 구입상태를 기준으로 섭취하지 않는 부위인 껍질, 뼈, 씨앗 등을 분리하여 측정한 무게(100g 기준)로 제시한다그림 5-5. 또한 농촌진흥청 국립농업과학원은 국가표준식품성분표를 검색할 수 있는 웹사이트를 구축하여 제공하고 있다그림 5-6.

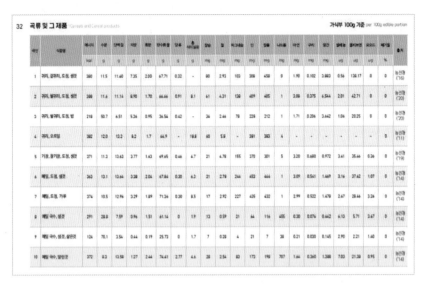

그림 5-5 농촌진흥청 국립농업과학원 국가표준식품성분표

자료: 농촌진흥청 국립농업과학원, 국가표준식품성분표, 제10개정판, 2021

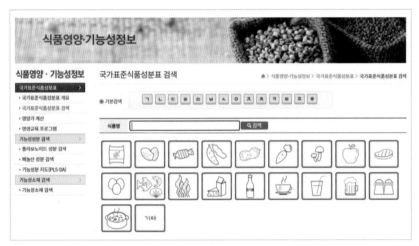

그림 5-6 농촌진흥청 국립농업과학원 국가표준식품성분표 검색 화면

자료: 농촌진흥청 국립농업과학원, 국가표준식품성분표

② 식품의약품안전처 식품영양성분 데이터베이스

식품의약품안전처의 식품영양성분 데이터베이스는 다양한 기관에서 제공하고 있는 영양성분 데이터를 체계적으로 조직화하여 하나의 통합된 데이터베이스 형태로, 농축수산물뿐만 아니라 다수의 가공식품이나 음식의 식품영양성분 데이터베이스도 포함한다. 농촌진흥청 국가표준식품성분표의 식품영양성분 정보와 함께 식품의약품안전처에서 수집한 외식영양성분, 가공식품영양성분, 수입식품영양성분 등의 정보를 바탕으로 2022년 4월 기준 농축수산물 4,479건, 가공식품 77,797건, 음식 7,704건의 식품영양성분 데이터베이스를 제공하고 있다. 이러한 데이터베이스는 국민의 영양소 섭취량 측정, 식품 성분에 대한 질병지표연구, 식품에 기인하는 오염물질에 대한 노출량 평가와 안전성 확보, 식품의 국가교역 관련 통계자료 산출, 식품 생산 및 소비 관련 국제 비교 등을 위해 활용되고 있다. 국가표준식품성분표와 마찬가지로 식품의약품안전처 식품영양성분 데이터베이스를 검색할 수 있는 웹사이트가 구축되어 있다그림 5-7.

그림 5-7 **식품의약품안전처 식품영양성분 데이터베이스 검색 화면**
자료: 식품의약품안전처, 식품영양성분 데이터베이스

(2) 음식레시피 데이터베이스

음식레시피 데이터베이스에는 우리가 일상적으로 섭취하는 상용음식별 식재료 구성과 재료량, 영양소 함량 자료가 포함되어 있다. 상용음식은 주로 조리법에 따라 밥류, 죽류, 탕류, 찌개류, 무침류, 볶음류, 조림류, 찜류, 튀김류, 구이류, 전류, 김치류, 샐러드류, 과일류, 음료류 등으로 분류되며, 음식별로 음식코드가 부여된다. 음식의 레시피는 조리자, 지역, 계절, 경제적 요인 등 다양한 요인에 따라 달라질 수 있으므로 표준레시피나 대표레시피를 주로 사용한다. 표준레시피는 전문가들에 의해 개발된 음식별 레시피이며, 대표레시피는 우리나라 국민들을 대상으로 시행된 식사섭취조사 자료로부터 산정된 레시피를 의미한다.

표준레시피는 조리원의 숙련도나 조리도구 및 설비에 큰 영향을 받지 않고 누가 만들어도 동일한 품질의 음식이 만들어질 수 있도록 조리과정과 식재료 계량이 공식화된 레시피를 말한다. 레시피 표준화 과정은 기준에 맞는 음식의 질과 양이 충족되는지에 대한 여러 번의 검증과정을 거치게 된다. 표준레시피에는 메뉴 이름, 음식 산출량, 식재료명과 분량, 재료의 준비 과정, 조리 방법, 조리 시간, 적정 조리 온도, 1인 분량, 조리 및 배식 도구에 대한 사항이 포함된다. 일반적인 표준레시피 개발 과정은 '레시피 검증 → 음식 평가 → 음식 산출량 수정'의 단계를 거치며, 이상적인 레시피가 나올 때까지 반복된다. 레시피 검증 단계에서는 메뉴명, 식재료명과 분량, 조리과정, 조리 온도 및 시간, 음식 산출량, 조리기기 등을 검토한 후 반복 조리를 통해 음식 산출량을 확인하고, 개선이 필요한 과정을 수정·보완하게 된다. 이와 같은 개발 과정을 거친 표준레시피는 음식의 품질과 산출량을 균일하게 관리할 수 있다는 장점과 함께 작업효율과 만족도를 높일 수 있으며, 계획적인 식재료 구매 활동이 가능하다는 부가적인 장점이 있다.

대표레시피는 사람들의 식사섭취자료로부터 음식의 레시피에 대한 정보를 추출하여, 이를 바탕으로 레시피를 구축한다. 그 구축 과정은 수집된 식사섭취 자료로부터 음식별 레시피의 정보(음식명, 음식 총량, 식품재료명, 재료량, 음식이나 식품에 대한 상세 정보 등)를 추출한 뒤, 이러한 정보가 대표레시피를 구축하는데 사용할 수 있는 유효한 정보인지 검토하는 작업을 거친다. 예를 들어 음식의 주재료 및 필수 양념이 포함되어 있는지, 음식의 총량 대비 식품 재료량이 적절한지, 적절하지 않은 식재료가 포함되어 있지 않은지 등을 검토하여 자료를 정제한다. 이 자료로부터 음식별 1인 분량과 식재료량을 산출하여 대표레시피를 생성하며, 필요 시에는 실험조리를 통해 레시피의 수정 및 보완 작업을 실시한다.

음식레시피에 등장하는 식품 재료는 앞서 설명된 식품영양성분 데이터베이스의 식품코드와 일치시켜 사용하도록 설계되어 있다. 음식레시피 데이터베이스는 연구목적에 따라 여러 기관에서 별도로 관리되고 있다. 국민건강영양조사의 자료 수집 및 분석을 위한 음식레시피 데이터베이스는 각 음식에 대하여 산업체 급식, 초등학교 급식, 중·고등학교 급식, 음식업소 음식, 가정식 등 각 기관별로 제공되는 별도의 음식레시피 데이터베이스를 갖추고 있다. 한국영양학회에서 개발한 영양평가용 프로그램인 'Computer Aided Nutritional analysis program(CAN)'에도 음식레시피 데이터베이스가 내재되어 있어 이 프로그램에 기반한 식사섭취조사 및 영양평가에 활용되고 있다.

(3) 식단 작성 기준 데이터베이스

식단 작성 기준 데이터베이스는 식단 작성에 사용자의 특성을 반영하기 위해 필요한 데이터베이스로 사용자의 성별, 연령, 신체활동 수준, 신체조건(신장, 체중) 등을 포함한다. 이러한 사용자의 정보에 따라 영양소 섭취기준, 식품군별 섭취횟수, 끼니별 배분 기준, 다량 영양소 에너지 구성 비율 등의 식단 작성 기준이 결정된다. 또한 식단의 평가 과정에도 활용될 수 있다. 식품 가격 정보가 구축되어 있는 경우에는 식생활 비용을 고려한 식단 작성도 가능하다.

한국영양학회의 영양평가용 프로그램
(CAN, Computer Aided Nutritional analysis program)

한국영양학회의 CAN은 식품영양성분 데이터베이스와 음식레시피 데이터베이스를 바탕으로 식품과 영양소 섭취량을 평가한 뒤, 한국인 영양소 섭취기준에 따라 영양평가 및 교육, 상담이 가능하도록 만든 컴퓨터 응용 프로그램이다. 한국영양학회가 1998년 1.0 버전을 개발하여 보급한 이후, 2002년 2.0 버전, 2006년 3.0 버전, 2011년 4.0 버전이 출시되면서 점차 수록된 식품과 영양소의 수가 확장되었다. CAN은 전문가용과 일반용으

한국영양학회 영양평가용 프로그램(CAN)
자료: 한국영양학회, 영양평가용 프로그램(CAN), 2015

로 구분되며, 전문가용인 CAN-Pro는 영양 연구에서 개인이나 집단의 영양상태를 판정하고 그 결과들을 통계 처리하는 데 활용되며, 일반용은 일반인들의 건강 향상을 위한 개인 영양 관리 도구로서 활용된다. 2015년 9월에는 5.0 웹버전이 출시되면서 전문가들 뿐 아니라 일반인들도 더욱 손쉽게 프로그램을 사용할 수 있도록 편의성이 향상되었으며, 프로그램 내 데이터베이스의 수시 업데이트가 가능해졌다. 개인의 식사 내용을 프로그램에 입력하면 식품영양성분 데이터베이스와 음식레시피 데이터베이스를 바탕으로 영양소 섭취량을 산출하며, 이를 각 개인의 영양소 필요량과 비교하여 식사의 질과 양을 평가할 수 있으므로 전문가 및 일반인 모두 영양평가에 활용할 수 있다.

(4) 식단 작성 프로그램의 운영 방식

식단 작성 프로그램의 일반적인 운영 방식은 **그림 5-8**과 같다. 프로그램 사용자의 성별, 연령, 신체활동 수준, 신체조건(신장, 체중) 등의 기본 자료를 입력하면 1일 영양필요량이 산정되어 화면상에 출력되거나 별도 파일로 저장된다. 1일 영양필요량은 성별, 연령, 활동수준에 따라 한국인 영양소 섭취기준에 근거하여 영양소별 섭취 기준량이 산출된다. 1일 에너지 및 단백질 필요량을 세 끼니와 간식으로 배분한 후, 식단 구성을 선택한다. 일반적인 식단 구성은 밥식, 죽식, 면식, 빵식 등의 기본 식사 형태를 의미하며, 식사 형태가 결정되면 그에 맞는 음식명과 가짓수를 선택한다. 음식레시피를 검토하여 식재료 구성이나 분량을 수정하여 입력 저장하며, 이용자의 식습관, 기호나 선호도, 식비 등을 고려하여 조정이 가능하다. 기존 음식레시피를 수정하여 새로 작성된 레시피는 프로그램에 저장된다. 음식레시피 데이터베이스와 연결된 식품영양성분 데이터베이스를 통해 식단의 에너지 및 영양소 함량을 산출한다. 이와 같은 과정을 반복하여 끼니별, 1일, 1주 단위로 식단 작성을 완료할 수 있다. 사용자가

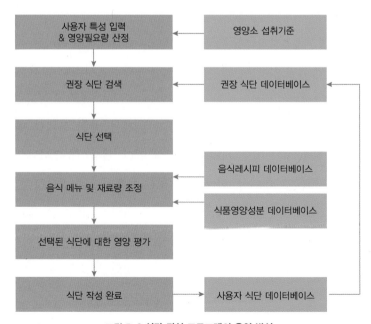

그림 5-8 **식단 작성 프로그램의 운영 방식**

작성한 식단표와 영양평가 자료는 사용자 식단 데이터베이스에 저장되고, 지속적인 관리가 가능하도록 되어 있다.

2) 식단 작성 프로그램의 실제

현재 운영되고 있는 컴퓨터를 활용한 식단 작성 프로그램들의 상당 부분은 단체급식을 지원하는 목적으로 개발된 경우가 많다. 즉, 대량 급식 관리에서 영양사의 업무를 경감시키고 효율성을 높이기 위해 고안된 형태로 메뉴 및 레시피 관리, 체계적인 식품 발주 및 검·인수 관리, 서류 관리를 포함한 사무자동화 기능을 탑재하고 있다. 그러나 개인이나 가족을 대상으로 한 식단 작성 프로그램은 많지 않은 실정이며, 영양 교육이나 상담에 필요한 영양 상태 평가를 위한 기초자료를 산출할 목적으로 개발된 몇몇 프로그램들이 운영되고 있다. 개인용 식단 작성 및 평가와 관련한 프로그램의 실제 사례로 공신력 있는 국가기관에서 운영하는 웹사이트를 중심으로 식생활관리 전반에 활용할 수 있는 프로그램들을 소개하면 다음과 같다.

(1) 농촌진흥청 국립농업과학원 농식품종합정보시스템(농식품 올바로) 메뉴젠

농촌진흥청 국립농업과학원에서는 농식품종합정보시스템(농식품 올바로) 내에 웹기반 식단 작성 프로그램인 건강식단관리(메뉴젠)를 운영하고 있다**그림 5-9**. 기본 구성은 식단 작성 및 평가, 음식 정보 검색, 제철 식재료 및 이를 활용한 음식, 상차림에 대한 정보 제공으로 되어 있다. 웹사이트에서 사용자가 직접 식단을 작성하면, 그 식단을 한국인 영양소 섭취기준과 비교하여 1일 영양소 섭취량을 평가할 수 있다. 음식 및 식재료의 영양소 함량 및 재료 중량 등의 정보를 수록하고 있으며, 음식별로 사용자가 섭취한 것에 맞게 식재료 추가, 삭제, 중량 변경이 가능하도록 되어 있다. 또한 작성한 식단을 저장하고, 편집하거나 다운로드할 수 있는 기능도 포함한다.

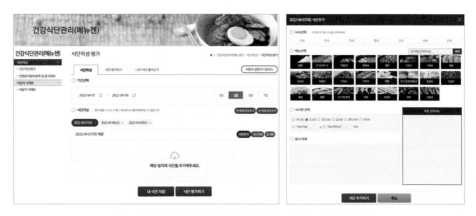

그림 5-9 농촌진흥청 국립농업과학원 농식품종합정보시스템 메뉴젠
자료: 농촌진흥청 국립농업과학원, 농식품종합정보시스템

(2) 식품의약품안전처 칼로리코디

식품의약품안전처의 칼로리코디는 개인맞춤형 영양관리 프로그램으로, 에너지 및 영양소 섭취량, 신체활동량을 바탕으로 개인의 종합적인 영양상태를 평가할 수 있다**그림 5-10**. 개인의 연령, 성별, 신장 및 체중, 신체활동 정도를 입

그림 5-10 식품의약품안전처 칼로리코디
자료: 식품의약품안전처, 칼로리코디

력하면 에너지 필요량 및 비만도를 계산하여 제공하고, 체중 조절 목표를 제시한다. 섭취한 음식을 기록하면 에너지 및 주요 영양소의 1일 섭취기준과 비교하여 영양평가 결과를 보여준다. 식품, 음식, 가공식품을 검색하여 섭취 끼니와 섭취량을 입력할 수 있도록 되어 있으며, 신체활동 종류별 활동 시간을 입력할 수 있다. 이러한 정보를 프로그램 내에 저장하여 영양소 섭취량, 신체활동량, 체중 변화의 추이를 확인할 수도 있다.

(3) 한국보건산업진흥원 식사구성가이드

한국보건산업진흥원의 식사구성가이드 웹사이트는 건강을 유지하고 비만을 예방하기 위해 무엇을, 얼마나, 어떻게 먹어야 하는지 쉽게 이해하고 실천하는 데 도움을 주기 위해 개발되었다 그림 5-11. 이 프로그램을 활용하여 사람들이 건강한 식사를 계획하고, 섭취한 식사를 평가할 수 있으며, 특히 '식사구성오뚝이' 도식을 통해 성별, 연령별 식품군별 섭취횟수의 기준과 충족 정도를 시각적으로 파악할 수 있다. 식사구성가이드는 음식구분표를 사용하고 있으며, 이 음식구분표는 우리나라 음식의 조리법, 레시피, 영양소 함량을 고려하여 특성이 비슷한 음식을

그림 5-11 한국보건산업진흥원 식사구성가이드 및 식사구성오뚝이
자료: 한국보건산업진흥원, 식사구성오뚝이

분류하고 각 음식군별 대표 에너지와 식품군 단위수를 나타낸 표이다. 음식구분
표는 개인이 섭취한 음식이 포함된 음식군을 선택함으로써 간단하게 식사의 균
형과 에너지 섭취량을 계산할 수 있도록 한다. 대략적인 식사 계획과 평가가 필
요한 경우에 간단하게 활용할 수 있다는 장점이 있다.

(4) 농림축산식품부 바른식생활정보114 식생활물레방아

농림축산식품부의 바른식생활정보114 웹사이트에서는 '식생활물레방아' 프
로그램을 운영하고 있다**그림 5-12**. 이 프로그램에서 개인의 성별, 연령, 신장, 체
중, 신체활동 정도를 입력하면 권장되는 에너지 섭취량 및 식품군별 섭취횟수

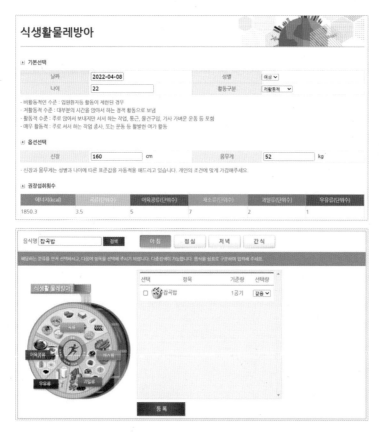

그림 5-12 **농림축산식품부 바른식생활정보114 식생활물레방아**
자료: 농림축산식품부, 바른식생활정보114

가 제시되며, 하루 섭취한 음식을 입력하면 각 식품군별 섭취에 대한 결과가 제시된다. 식품군별 섭취 기준을 중심으로 식단의 작성 및 평가에 활용할 수 있다.

더보기

교육행정정보시스템
(NEIS, National Education Information System)

NEIS는 교직원의 업무 경감, 교육행정의 효율성 및 투명성을 목적으로 개발된 행정 프로그램이다. NEIS에서 관리되고 있는 급식 프로그램은 초·중등학생들을 위한 단체 급식 프로그램이지만, 식단 작성의 기본 과정은 개인의 식단 작성 시 프로그램을 활용하는 과정과 유사하다.

식단 작성 순서
- 초, 중, 고등학교 학교급별로 영양소 기준량을 조회한다.
- 식단 작성 단계에서는 일자와 급식구분을 클릭한 후 메뉴를 선택한다.
- 메뉴 선택이 끝나면 식단의 영양소 함량에 대한 평가 단계로 영양소 기준량과 비교한다.
- 요리등록(내요리) 기능을 이용하여 나만의 음식 레시피를 운영할 수 있다.
- 1일 식단뿐 아니라 주간식단을 작성할 수 있으며, 식단을 완성하여 저장하면 식단을 조회하고 출력할 수 있다.

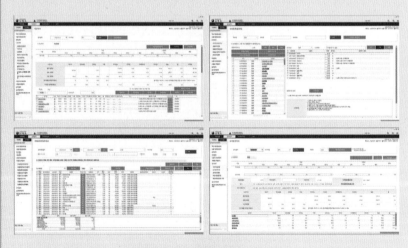

교육행정정보시스템을 활용한 식단 작성
자료: 교육부, 교육행정정보시스템

4 식단 평가

식단 평가는 식단 계획 일련의 과정에서 매우 중요한 단계이며, 평가 과정을 통해 수정 및 보완이 필요한 점을 파악하고 다음 식단 작성 시 반영해야 한다. 평가 시에는 영양적인 기준, 경제적인 측면에서의 기준, 관리 측면에서의 기준, 기호와 관능적 기준, 환경 보호를 위한 기준 등 여러 가지 요소들을 고려한다.

1) 영양면

(1) 다양한 식품 구성

세끼 식사와 간식으로 제공되는 음식을 곡류, 고기·생선·달걀·콩류, 채소류, 과일류, 우유·유제품류, 유지·당류 6가지 식품군별로 구분하여 섭취횟수와 섭취량을 대략적으로 파악한다. 이를 토대로 6가지 식품군이 식사에 모두 포함되면서 식품군별 권장섭취횟수 및 섭취량 기준과 비교하여 만족되면 영양 필요량이 충족되었다고 평가할 수 있다. 또한 음식의 가짓수나 식품의 가짓수를 측정하여 식품 구성의 다양성을 평가할 수 있으며, 다양성을 높이기 위해 동일 식재료가 여러 번 중복되어 사용되지 않았는지도 평가할 수 있다.

(2) 균형 잡힌 영양소 제공

식단으로 제공 가능한 영양소 함량을 산출한 후 영양소 섭취기준과 비교하여 과잉 또는 부족한 영양소가 있는지를 파악하여 식단에 대한 평가를 실시한다. 영양소 함량 산출은 이미 발표되어 활용되고 있는 식품영양성분 데이터베이스 자료를 활용하거나 영양소 계산을 용이하게 하도록 개발된 소프트웨어를 활용한다. 식단으로 제공되는 에너지 및 영양소의 양, 다량영양소의 에너지 섭취 비율 등을 산출하여 영양소 섭취기준과 비교할 수 있다. 끼니별로 특정 영양소의 과부족이 있더라도 다른 식사에서 이를 보완할 수 있도록 하여 전체 일일 섭취량을 적절한 수준으로 맞춘다.

2) 경제면

식단의 경제면을 평가하기 위해 예산 범위 내에서의 식비 지출, 식품의 구입 가격과 양, 구입 방법이나 구입 장소, 계절식품의 활용 등을 검토한다. 식품의 보관이나 저장이 적절히 이루어져야 식품을 폐기하지 않고 식비를 절약할 수 있으며, 식품 구입 전에 계획을 세운 후 구입한다면 식비를 절약할 수 있다. 가공식품이나 즉석식품은 시간이 없을 때 편리하게 사용할 수는 있으나, 가격이 비싼 편이고 가공 과정에서의 영양 손실이 있을 수 있으므로 적절히 이용해야 한다.

3) 기호면

제공된 식단을 모두 섭취하였을 때 영양필요량을 충족할 수 있으므로, 구성원의 기호도가 식단에 반영될 수 있도록 한다. 식단의 변화, 음식의 맛, 질감, 온도, 외관, 색의 배합 등을 검토하고, 식사 후 음식을 남긴 이유가 무엇인지 생각하여 다음 식단에 반영하도록 한다. 성별이나 연령, 지역 등에 따라 기호도에 차이가 있으므로 구성원의 특성을 고려하여 식단을 작성하거나, 음식 재료 및 조리법을 다양하게 함으로써 기호도를 반영할 수 있다.

4) 위생면

식단의 위생적인 측면은 건강 유지를 위해 매우 중요한 요소로, 위생적인 식단을 위해서는 식품재료의 신선도 및 안전성, 식품의 구매 시기와 유통기한 확인 및 준수, 조리 과정 중 단계별 위생 관리, 조리자의 개인 위생 준수, 조리 후 식품이나 음식의 적절한 보관 및 저장, 남은 음식의 처리 등을 평가할 수 있다. 가정에서는 위생에 대한 고려가 비교적 소홀하기 쉬우나 이는 가족의 건강과 직결되므로 엄격한 관리가 필요하며, 위생적인 측면을 고려하여 식단을 작성하고 운영하도록 한다.

5) 시간 · 노력면

시간이나 노력 등 능률면에서 조리 담당자 능력에 맞는 식단이었는지 검토한다. 음식의 가짓수와 조리에 소요되는 시간 및 노력, 조리 공간이나 기구, 주방 동선에 적절한 메뉴의 선정 등을 검토하고, 조리자의 노력과 시간 낭비가 없으면서 영양적으로는 균형 잡힌 식단인지 평가한다.

6) 지속가능성면

식품이 생산, 유통, 소비되는 과정에서 에너지 및 자원의 사용, 폐기물과 환경오염 물질의 발생을 최소화할 수 있도록 하는 노력이 필요하다. 이를 위해 식단을 평가할 때에도 환경을 보존하는 측면에서 지역 농산물의 이용, 친환경 식품의 선택, 계절식품의 활용, 음식물 쓰레기 및 포장재의 발생을 최소화할 수 있는 상품의 선택 등을 체크할 수 있다.

7) 식단 평가 항목의 예시

작성된 식단은 균형 잡힌 영양소 제공, 다양한 식품 구성, 다양한 조리법 적용, 계절식품 활용, 메뉴의 질감이나 색감의 조화, 식재료 및 조리기구의 위생관리 등의 측면에서 평가하며, 구체적인 평가 항목은 **표 5-24**와 같다.

(1) 균형 잡힌 영양소 제공

- 각 식품군(곡류, 고기·생선·달걀·콩류, 채소류, 과일류, 우유·유제품류)의 식품을 골고루 포함한다.
- 쌀밥보다는 잡곡밥을 제공한다.
- 고기·생선·달걀·콩류 음식을 최소 한 가지 이상 포함한다.
- 채소류 음식을 최소 한 가지 이상 포함한다.

표 5-24 **식단 평가 항목의 예시**

평가 항목		매우 그렇다	그렇다	보통 이다	그렇지 않다	매우 그렇지 않다
영양면	6가지 식품군을 골고루 포함한다.					
	식사 대상자의 영양필요량을 충족한다.					
	식재료가 중복되지 않는다.					
경제면	식재료의 구입에 필요한 비용이 예산을 초과하지 않는다.					
	계절식품, 혹은 가격이나 식품 구입면에서 효율적인 식품을 활용한다.					
기호면	음식별 모양, 색깔, 질감, 조리법, 온도 등이 조화롭다.					
	식사 대상자에게 적절한 식재료나 조리법을 활용한다.					
위생면	위생 및 안전면에서 피해야 할 식재료는 포함하지 않는다.					
	조리자는 개인 위생을 지키며 조리한다.					
시간·노력면	조리자의 작업 부담을 고려하여 메뉴를 구성한다.					
	조리 시간이 오래 소요되는 음식을 여러 개 포함하지 않는다.					
	동일한 조리 기구를 사용해야 하는 음식을 여러 개 포함하지 않는다.					
지속 가능성면	지역 농산물을 활용한다.					
	친환경 농산물을 활용한다.					
	포장재가 적게 사용된 상품을 활용한다.					

- 후식이나 간식으로 우유 및 과일을 제공한다.
- 소금, 간장, 설탕, 합성조미료의 사용을 줄인다.

(2) 다양한 식품 구성

- 식품을 다양하게 구성한다. 다양한 식품을 구성하면 음식에 대한 식상함을 없애고, 각 식품에서 부족하기 쉬운 영양소를 서로 보완할 수 있다.
- 같은 식품을 한 끼 식사에 중복하여 사용하는 것을 피한다.
  예) 콩나물국, 콩나물무침 → 콩나물국, 시금치무침

• 기호도가 높은 음식이라도 같은 음식을 자주 제공하지 않는다.

(3) 다양한 조리법 적용

• 같은 조리법을 반복해서 사용하지 않으며, 구이, 찜, 조림, 볶음, 무침 등
  의 다양한 조리법을 이용한다.
  예) 오이초무침, 미역초무침 → 오이초무침, 미역줄기볶음
• 색, 형태, 음식의 배열에 변화를 주어 다양한 식단이 되도록 한다.
• 우리 전통음식을 이용한다.
  예) 된장찌개, 호박죽, 약식, 식혜, 화채 등

(4) 계절식품 활용

• 신선하고 영양소가 풍부하며, 경제적인 계절식품을 활용한다.
• 입맛이 없는 더운 여름철에는 계절 채소와 과일을 이용해 입맛을 돋우
  고, 비타민과 무기질의 섭취를 늘려준다.
• 계절별로 위생·안전상 피해야 할 식품을 파악하여 되도록 사용하지 않
  도록 한다.

단체급식의 식단 평가 항목 예시 표 5-25 와 어린이급식관리지원센터의 식단
평가 체크리스트 표 5-26 도 식단 평가 시 참고할 수 있다.

표 5–25 **단체급식의 식단 평가 항목 예시**

구분	평가 항목	식단 평가의 예

식품 다양성	• 식재료가 중복되었는지 평가한다.
	• 식품군이 모두 포함되어 있는지 평가한다.
		• 잡곡밥+짬뽕국+오징어볶음+해물파전+배추김치
		  : 식재료(주재료 – 해산물: 오징어, 해물) 중복
		• 콩밥+육개장+찐만두+탕평채+배추김치
		  : 식재료(부재료 – 쇠고기, 숙주) 중복
		• 쌀밥+미역국+고등어무조림+김구이+깍두기
		  : 식재료(해조류: 미역, 김, 채소: 무) 중복

조리법 다양성	• 조리법(구이, 조림, 볶음, 무침 등)이 중복되었는지 평가한다.	• 쌀밥+황태달걀국+제육볶음+미역줄기볶음+깍두기 : 조리법(볶음) 중복
식품 형태 다양성	• 식품의 형태나 썰은 모양이 중복되었는지 평가한다.	• 쌀밥+된장찌개+감자햄볶음+마늘종무침+열무김치 : 식품 형태(길쭉한 모양: 감자채, 마늘종, 열무) 중복
메뉴 질감 조화	• 질감이 중복되었는지 평가한다.	• 쌀밥+토란국+소고기달걀장조림+도토리묵+채소무침+배추김치 : 질감(토란, 달걀, 도토리묵) 중복
조리 시설 조건	• 조리기구의 사용이 중복되었는지 평가한다.	• 자장볶음밥+달걀국+만두탕수튀김+가지볶음+깍두기 : 조리 기기(볶음 솥: 볶음밥, 가지볶음) 중복
색과 맛 조화	• 색상이나 맛이 중복되었는지 평가한다.	• 조밥+두부된장찌개+낙지볶음+무생채+배추김치 : 색상(붉은색: 낙지볶음, 무생채, 배추김치) 중복

자료: 윤지현 외, 이해하기 쉬운 단체급식관리, 파워북, 2022

표 5-26 **어린이급식관리지원센터에서 활용하는 식단 평가 체크리스트**

연번	구분	식단 체크사항	평가 (O/X)
1	대상	월령/연령별(이유식, 만 1~2세, 만 3~5세, 취학아동)로 구분하여 구성되었는가?	
2		급식 대상자의 기호도가 반영되었는가?	
3	영양	급식 대상별 영양섭취기준을 충족하는가?	
4		급식 대상자에 맞는 식재료, 조리방법 등으로 구성하였는가?	
5	식품	영양섭취의 균형을 위하여 다양한 식품군을 골고루 사용하였는가?	
6		계절에 맞는 식품을 이용하였는가?	
7		하루 또는 인접한 날에 동일한 식재료가 중복 사용되지는 않는가?	
8		최근의 식품 수급 관련 시급한 변동 사항을 고려하였는가?	
9		1일 메뉴 내에서 모양, 색, 조리법, 맛을 다양하고 조화롭게 구성하였는가?	
10		냉동제품, 완제품 등의 사용이 자주 반복되지는 않는가?	
11		위생 및 안전관리 측면에서 문제가 되는 메뉴(식재료)가 사용되지는 않았는가?	
12	조리	주찬으로 고기, 생선, 달걀, 콩류가 골고루 사용되고 다양한 조리법으로 구성하였는가?	
13		조리에 오랜 시간이 소요되는 음식이 2개 이상 동시에 포함되지 않도록 구성하였는가?	

자료: 중앙어린이급식관리지원센터, 2022년 어린이급식관리지원센터 식단 운영·관리 지침, 2022

요약

- 가족을 위한 식단 작성은 식사에 대한 계획으로, 구성원의 영양필요량을 충족시키고 기호를 만족시킬 수 있도록 음식의 종류와 분량을 계획하여 정하는 것이다. 식단을 작성할 때 고려할 중요한 요소는 영양소 필요량, 식생활과 관련된 비용, 가족구성원의 기호 고려 및 올바른 식습관 형성, 안전하고 위생적인 식품의 관리, 식사준비에 소요되는 시간과 노력, 지속가능성을 고려한 식단 작성 등이다. 균형 잡힌 영양소의 공급을 위해 매끼 또는 매일의 식사구성에 다양한 식품이 골고루 포함되어야 하며 이를 위해 식품구성자전거, 식사구성안, 식품교환표 등을 활용할 수 있다.

- 식사구성안을 적용한 식단 작성 절차는 다음과 같다.
  ① 가족 구성원의 1일 에너지 필요량을 정한다.
  ② 에너지 필요량에 따른 식품군별 1일 권장섭취횟수를 결정한다.
  ③ 권장섭취횟수를 세 끼니와 간식으로 배분한다.
  ④ 식품군별 1인 1회 분량을 고려하여 음식명, 조리법, 식품재료 등을 정한다.
  ⑤ 일일식단표를 작성한다.
  ⑥ 일일단위 식단을 기초로 주간 또는 월간단위의 식단을 계획한다.
  ⑦ 작성된 식단표에 대한 평가를 실시한다.
  이러한 과정을 통해 확인된 개선점이나 보완 사항은 다음 식단을 계획할 때 반영한다.

- 식품교환표를 적용한 식단 작성 절차는 다음과 같다.
  ① 평소 식사량을 평가하고 에너지 필요량을 계산한다.
  ② 목적에 맞는 1일 식사량을 계획한다.
  ③ 각 식품군별 교환단위 수를 정한다.
  ④ 세끼 식사와 간식으로 교환단위 수를 배분한다.
  ⑤ 식품교환표를 이용하여 식품을 선택한다.
  ⑥ 해당 식품을 주재료 또는 부재료로 하는 메뉴와 조리법을 정한다.
  ⑦ 식단을 작성한다.

- 개인이나 가정의 식단을 손쉽게 계획할 수 있도록 다양한 식단 작성 프로그램이 개발되어 활용되고 있다. 식단 작성 프로그램은 식품영양성분 데이터베이스, 음식레시피 데이터베이스, 식단 작성 기준 데이터베이스, 시스템 설계 파일 등으로 구성되어 있다.

- 작성된 식단은 영양, 경제, 기호, 위생, 능률, 지속가능성 측면에서 평가할 수 있으며, 평가 결과에 따라 식단을 수정·보완할 수 있다.

과제

1. 식단 작성 프로그램을 활용하여 개인의 하루 식단을 작성해보고, 작성한 식단의 영양소 및 식품 구성이 한국인 영양소 섭취기준과 비교해 적절한지 확인한다.
2. 내가 어제 하루 동안 섭취한 식단을 작성한 뒤(아래 식사기록지 활용), 이를 영양, 경제, 기호, 위생, 능률, 지속가능성 측면에서 각각 평가해 본다.

식사기록지 예시

식사섭취일: _____ (주중, 주말/공휴일)

식사 구분	식사 시간	식사 장소	음식명	식품 재료명	눈대중량	중량	제품명/제조회사
식전							
아침							
간식							
점심							
간식							
저녁							
간식							

실습: 식품군별 1인 1회 분량

1. 실습 목표
- 식사구성안에 제시된 여러 식품의 1인 1회 분량을 측정하여 분량을 익힌다.

2. 실습 내용
1) 조리대별로 1개 식품군의 식품을 배치한다.
2) 각 팀별로 조리대에 있는 1개 식품군 식품의 1인 1회 분량을 측정한다.
   - 기록용지에 있는 식품별로 1인 1회 분량이 어느 정도일지, 자신이 생각하는 양을 저울에 측정한 후 아래 용지(실측량(g) 란)에 기록한다.
   - 1인 1회 분량(한국영양학회 2020)에 맞추어 다시 측정한다.
   - 1인 1회 분량의 기준치(한국영양학회 2020)가 되려면 어느 정도여야 할지 아래 용지의 비고란에 서술한다.(예: 목측량, 자신이 쉽게 기억할 수 있는 표현으로 서술. 필요한 경우 일상생활용품(볼펜, 동전, 카드 등)과 비교하여 사진을 찍어 기록, 관찰할 수 있음.)
   - 아래 용지의 '1인 1회 분량'의 빈칸에 1인 1회 분량의 기준치에 맞는 목측량 또는 중량(g)을 기록한다.
3) 한 식품군의 측정이 끝난 후 다음 조리대로 이동하여 측정한다.
   - 위의 2) 과정을 반복
4) 각 조리대별 마지막 측정한 팀: 해당 식품군의 1인 1회 분량을 용기(1회 용기, 컵 등)에 담아 시식대 위에 배치한다(사진 촬영).
5) 조리실 정리

3. 팀별 보고서 제출
아래 용지에 작성한 내용(각 식품군별 식품의 실측량, 비고란에 서술한 내용)을 제출한다.

I. 곡류, 유지 · 당류

분류	식품명	1인1회분량		실측량(g)	비고
		목측량	중량(g)		
곡류	쌀		90		
	쌀밥	1공기	210		
	건면	1대접	90		삶은 후 숭량:
	당면		30*		삶은 후 중량:
	흰떡(떡국용)		150		
	식빵	1쪽	35*		
	감자		140*		
	고구마	중 1/2개	70*		
	밀가루		30*		
유지 · 당류 (조미료)	버터	1작은술	5		
	옥수수기름	1작은술	5		
	참기름	1작은술	5		
	설탕		10		

* 표시: 0.3회

II. 고기 · 생선 · 달걀 · 콩류

식품명	1인1회분량		실측량(g)	비고
	목측량	중량(g)		
쇠고기		60		
돼지고기		60		
햄		30		
꽁치	작은 한 토막	70		
고등어	작은 한 토막	70		
참치통조림		60		
오징어		80		
새우		80		
굴		80		
바지락		80		
건멸치		15		
건오징어		15		
달걀	중 1개	60		
콩		20		
두부		80		
땅콩		10*		

* 표시: 0.3회

III. 채소류

식품명	1인1회분량		실측량(g)	비고
	목측량	중량(g)		
콩나물	1접시	70		익힌 후 중량:
시금치	1접시	70		익힌 후 중량:
오이	1섭시	70		
양파	1접시	70		
당근	1접시	70		
깻잎	1접시	70		
토마토		70		
마늘		10		
배추김치		40		
깍두기		40		
미역(마른 것)		10		
다시마(마른 것)		10		
느타리버섯		30		
양송이버섯		30		

* 채소: 생채소의 양, 삶거나 데친 후 채소의 양을 관찰, 기록

IV. 과일류, 우유 · 유제품류

분류	식품명	1인1회분량		실측량(g)	비고
		목측량	중량(G)		
과일류	감		100		
	바나나		100		
	배		100		
	사과	중 1/2개	100		
	귤	중 1.5개	100		
우유 · 유제품류	우유	1컵	200		
	치즈	1장	20*		
	요구르트 (호상)	1/2컵	100		
	요구르트 (액상)	3/4컵	150		
	아이스크림	1/2컵	100		

* 표시: 0.5회

식단 작성의 실제

1. 생애주기별 식단

2. 가족 식단

3. 특수성을 고려한 식단

식단 작성의 실제

식사 준비에 앞서 미리 식단을 작성하는 것은 계획성 있는 식생활관리를 위해 매우 중요한 단계이다. 식단을 미리 계획하고 식품을 구입하면 가족의 영양필요량을 고려한 균형 잡힌 식단을 마련할 수 있을 뿐 아니라 경제적으로도 낭비를 줄일 수 있다. 우리나라의 전통적인 한식 식단은 주식인 밥과 함께 국이나 찌개 중 한 가지, 구이나 조림, 볶음 등의 단백질 반찬 한 가지, 나물류의 채소 반찬 한 가지, 김치나 생채 중 한 가지를 정하면 주식과 반찬이 자연스럽게 어우러지면서 다양한 식품의 섭취를 통해 영양적 균형을 이루게 되므로 건강 지향적인 식단을 어렵지 않게 계획할 수 있다. 생애주기별 신체적, 생리적, 영양적 특성을 고려하여 식단을 제공함으로써 바람직한 성장발달과 건강증진에 기여할 수 있으며, 가족 구성원의 다양한 특성과 기호를 반영하여 가족 단위의 식단을 계획할 수 있다. 또한 특수성(채식, 알레르기 예방, 체중조절)을 고려한 식단을 계획하여 제공할 수 있다.

학습목표

1. 생애주기별 영양적 특성과 에너지 및 영양소 필요량을 고려하여 식단을 작성할 수 있다.
2. 가족 구성원의 다양한 특성과 기호를 반영하여 가족 식단을 계획할 수 있다.
3. 특수성(채식, 알레르기 예방, 체중조절)을 고려한 식단을 계획할 수 있다.

식단의 계획 및 평가(5장)에서 살펴본 바와 같이 식단 작성 시, 적절한 영양 공급을 위해 한국인 영양소 섭취기준을 근거로 영양필요량을 설정하며, 식사구성안이나 식품교환표를 활용하여 식품군별 섭취횟수와 양을 정하고, 이에 맞는 음식 메뉴를 구성하게 된다. 본 장에서는 생애주기별 식단 및 가족 식단, 특수성을 고려한 식단을 작성하기 위해 식사구성안을 활용하여 식단을 작성하는 과정을 이해하고자 한다.

1 생애주기별 식단

생애주기별 신체적, 생리적인 특성을 충분히 이해하고, 영양의 주안점과 기호도를 고려하여 적절한 영양 공급이 이루어질 수 있도록 식단을 작성한다. 이전 장에서 설명된 식사구성안을 이용한 식단 작성 절차에 따라 생애주기별(임신·수유부, 유아, 아동, 청소년, 성인, 노인) 식단을 작성해 본다그림 6-1. 또한 한

① 에너지 필요량 및 권장식사패턴 확인	
• 1일 에너지 필요량 확인 • 에너지 필요량에 적절한 권장식사패턴 선택	- 에너지 필요량 계산 또는 성별·연령별 기준에너지 파악 - 제시된 권장식사패턴 중 에너지 필요량에 가장 가까운 식사패턴을 선택하여 각 식품군별 권장섭취횟수 확인

② 각 식품군별 권장섭취횟수를 세 끼니 및 간식에 배분	
• 각 식품군별 권장섭취횟수를 아침, 점심, 저녁 및 간식으로 배분	- 끼니별로 각 식품군의 제공 횟수를 가능한 균등하게 배분 - 곡류는 각 끼니의 주식, 고기·생선·달걀·콩류는 단백질 반찬, 채소류는 채소 반찬으로 배분 - 우유·유제품류 및 과일류는 간식으로 배분

③ 음식의 종류와 조리법을 정하여 식단 작성	
• 음식의 종류와 조리법 선택 • 전체적인 식단 구성 검토	- 기호도, 신체적·생리적 특징, 건강 및 질병 상태 등을 고려하여 음식의 종류와 조리법 선택 - 메뉴의 다양성 및 조화, 계절식품의 활용 등 고려

그림 6-1 **식사구성안을 활용한 식단 작성 과정**

국인 영양소 섭취기준에서 제시한 생애주기별 권장식단을 참고하여 식단의 구성과 대표 메뉴들을 익힌다(부록 3).

1) 임신·수유부 식단

(1) 임신·수유부 식단 작성 시 고려사항

① 임신부

임신 중에는 모체의 신체 유지와 아울러 태아의 성장과 출산 후 수유를 위한 영양소 공급이 필요하다. 임신 중에 일어나는 혈액량과 체액의 증가 역시 단백질과 무기질의 공급을 필요로 한다. 임신 기간 중에 먹는 음식물은 태아의 발육에 매우 중요한 역할을 하며, 임신 중의 건강과 산후의 회복에도 영향을 미치게 된다. 그러므로 균형 잡힌 식생활로 아기와 모체의 건강을 지키도록 해야 한다. 임신부의 식단 작성 시 고려해야 할 내용은 다음과 같다.

- 적절한 에너지와 단백질을 섭취한다.

  임신기에는 기초대사량이 증가하고, 태아와 모체 관련 조직의 증대 등으로 인하여 에너지와 단백질의 필요량이 증가한다. 임신 기간 중의 적절한 에너지 섭취는 태아의 발육과 성장에 매우 중요하나, 임신 중의 과식은 불필요한 체중 증가를 초래하며 이로 인하여 임신성 고혈압이나 당뇨의 발병률을 높인다. 임신 중 적절한 체중 증가는 10~12kg 정도이며, 임신 전의 체중이 표준체중의 20% 이상으로 비만했던 임신부는 임신 기간 중 체중이 7kg 정도만 증가하도록 주의하되 임신 기간 중 무리한 체중 조절을 시도하는 것은 위험하다.

  심한 에너지 제한식으로 모체와 태아에게 필요한 에너지를 섭취하지 못하면 모체의 지방이 분해되어 에너지로 사용되면서 산성 물질(케톤체)을 만들어 태아의 발달과 뇌에 손상을 줄 수 있다. 또한 태아의 정상적인 발육과 산모의 건강 유지를 위하여 단백질이 필요하므로 생선, 두부, 고기 등을 매일 적당량 섭취하도록 한다.

- 칼슘의 충분한 섭취를 위해 우유를 하루 2컵 이상 마신다.

임신기에는 태아의 골격과 치아 형성을 위하여 칼슘 필요량이 증가한다. 우유나 치즈, 요구르트 등의 유제품은 칼슘 함량이 높을 뿐 아니라, 칼슘 흡수를 촉진시키는 유당을 함유하고 있으므로 칼슘의 좋은 급원식품이다. 뼈째 먹는 생선, 굴 및 해조류도 칼슘의 좋은 급원식품이며, 두부도 칼슘 함량이 비교적 높은 식품이다. 푸른잎 채소류도 칼슘을 함유하고 있으나 이들 식품의 칼슘 흡수율은 동물성 급원식품에 비해 훨씬 낮다.

- 철과 엽산을 충분히 섭취하도록 한다.

임신기에는 모체의 혈액량이 증가하면서 태아의 혈액이 만들어지고, 태아의 간에 출생 후 수개월간 사용하기 위한 철이 저장되므로 다량의 철이 요구된다. 엽산은 우리 몸의 대사 활동에 필요한 필수영양소로, 부족하면 빈혈이 발생하기 쉽고 유산, 태반박리, 저체중아 출산, 신경관 손상에 의한 태아 기형을 초래할 수 있다. 임신기에는 이러한 영양소의 필요량을 식품으로부터만 섭취하기 어려우므로 엽산과 철 보충제를 복용하도록 한다. 비타민 C가 많은 채소나 과일과 함께 먹으면 철의 흡수율을 높일 수 있다 표 6-1, 표 6-2.

한국인 식사에서 철 영양상태 개선법

- 매끼 식사에 고기, 생선 등이 적은 양이라도 포함되도록 한다.
- 두부, 콩으로 만든 반찬을 매일 먹는다.
- 녹황색 채소를 하루에 3회 이상 섭취한다.
- 식사 직후에 커피, 홍차 등 카페인 음료를 가급적 피한다.
- 철 흡수를 돕는 비타민 C를 매 끼니마다 충분히 섭취한다.

- 카페인 섭취를 제한한다.

커피, 홍차, 녹차, 콜라, 코코아, 초콜릿 등에는 카페인이 함유되어 있어 이를 섭취할 경우 태아에게 쉽게 전달되며, 칼슘, 철과 같은 영양소 이용을 방해하므로 많은 양의 섭취를 피해야 한다 표 6-3.

표 6-1 **철의 주요 급원식품 및 함량**

순위	급원식품(1회분량)	1회분량당 함량(mg)	100g당 함량(mg)
1	돼지 부산물(간)(45g)	8.06	17.92
2	순대(100g)	7.10	7.10
3	굴(80g)	6.98	8.72
4	시리얼(30g)	3.59	11.95
5	만두(100g)	3.10	3.10
6	소 부산물(간)(45g)	2.94	6.54
7	보리(90g)	2.16	2.40
8	찹쌀(90g)	1.98	2.20
9	시금치(70g)	1.91	2.73
10	멸치(15g)	1.80	12.00
11	샌드위치/햄버거/피자(150g)	1.64	1.09
12	대두(20g)	1.54	7.68
13	당면(30g)	1.41	4.69
14	쇠고기(살코기)(60g)	1.27	2.12
15	두부(80g)	1.23	1.54

자료: 보건복지부 · 한국영양학회, 2020 한국인 영양소 섭취기준, 2020

② 수유부

수유기의 영양 공급은 산모의 영양 상태뿐 아니라 모유의 질과 양, 유아의 성장과 발달에 상당한 영향을 미치게 된다. 산모의 영양 상태가 나빠지면 모유의 양이 줄고 영양 조성이 변하며, 산모의 체조직이 소모되어 건강이 악화될 수 있다. 따라서 에너지와 필수영양소가 골고루 포함된 균형 잡힌 식사를 해야 한다. 수유 기간 중 에너지 필요량은 평상시보다 20~30% 정도 늘어나며 충분한 수분 섭취가 필요하다. 수유부의 식단 작성 시 고려해야 할 내용은 다음과 같다.

- 충분한 에너지와 균형 있는 영양소 섭취를 한다.

  수유부는 모유를 만들기 위해 340kcal의 에너지를 추가로 섭취해야 한다. 또한 단백질, 비타민, 무기질 등의 영양소 필요량이 증가하게 된다. 수유부

표 6-2 **엽산의 주요 급원식품 및 함량**

순위	급원식품(1회분량)	1회분량당 함량(μg DFE)	100g당 함량(μg DFE)
1	오이소박이(60g)	350	584
2	시금치(70g)	190	272
3	파김치(40g)	180	449
4	대두(20g)	151	755
5	소 부산물(간)(45g)	114	253
6	들깻잎(70g)	105	150
7	총각김치(40g)	103	257
8	딸기(150g)	81	54
9	돼지 부산물(간)(45g)	73	163
10	옥수수(70g)	62	88
11	상추(70g)	59	84
12	달걀(60g)	49	81
13	현미(90g)	44	49
14	빵(100g)	35	35
15	고구마(70g)	30	43

자료: 보건복지부 · 한국영양학회, 2020 한국인 영양소 섭취기준, 2020

표 6-3 **여러 식품의 카페인 함량**

식품	기준	카페인 함량(mg)
커피음료	250mL	103
전문점 커피	400mL	132
커피믹스	한 봉지 12g	56
커피우유	200mL	47
콜라	250mL	27
에너지음료	250mL	80
녹차	티백 1개	22
초콜릿	100g	18

자료: 식품의약품안전처, 『성인 하루 커피 4잔, 청소년 에너지음료 2캔 이내로 섭취하세요』 보도자료, 2020.03.18

가 섭취한 영양소는 모유의 성분에도 영향을 미치므로 균형 있는 영양소 섭취가 필요하다. 고기, 생선, 달걀, 콩류를 매일 먹어 에너지와 몸의 구성 성분인 단백질을 충분하게 섭취할 수 있도록 하며, 다양한 채소와 과일은 비타민과 무기질을 다량 포함하고 있으므로 골고루 섭취하는 것이 좋다.

- 수분을 충분히 섭취한다.

  모체 내 수분균형을 정상적으로 유지하기 위하여 하루 2L 이상의 수분을 섭취한다.

- 변비를 예방하기 위해 식이섬유가 풍부한 식품을 섭취한다.

- 지나치게 맵거나 자극적인 음식, 카페인이 함유된 음식은 피한다.

- 위생적이고, 안전한 식품을 선택한다.

  아직 발달이 미숙한 태아나 아기에게는 오염된 식품의 섭취가 건강에 치명적인 위험요인이 될 수 있으므로 위생적인 식품의 섭취가 매우 중요하다. 또한 농약이나 중금속, 기타 환경오염물질 등의 위험에도 주의해야 한다.

(2) 임신 · 수유부 식단의 작성

① 에너지 필요량 및 권장식사패턴 확인

2020 한국인 영양소 섭취기준의 성인 여자(30~49세)에 해당하는 에너지 필요량 1,900kcal에 임신 2분기(또는 수유부)의 에너지 추가량인 340kcal를 더한 2,200kcal를 기준으로 식단을 작성해 본다 표 6-4, 표 6-5.

② 각 식품군별 권장섭취횟수를 세 끼니 및 간식에 배분

각 식품군별 권장섭취횟수를 끼니별(간식 포함)로 나누어 배분표를 작성한다 표 6-6.

③ 음식의 종류와 조리법을 정하여 식단표 작성

임신·수유부 식단 작성의 주안점을 고려하여 음식의 종류와 조리법을 정해 작성한 식단표의 예시는 표 6-7과 같다.

표 6-4 **임신 · 수유부의 1일 에너지 필요량**

성인 여자의 에너지 필요량		임신 · 수유부의 에너지 필요량			
		임신 초기 (1분기)	임신 중기 (2분기)	임신 후기 (3분기)	수유부
19~29세	2,000kcal	0	+340	+450	+340
30~49세	1,900kcal				

자료: 보건복지부 · 한국영양학회, 2020 한국인 영양소 섭취기준 활용연구, 2021

표 6-5 **임신 · 수유부의 에너지 필요량에 따른 식품군별 1일 권장섭취횟수**

대상	기준 에너지 (kcal)	곡류	고기 · 생선 · 달걀 · 콩류	채소류	과일류	우유 · 유제품류	유지 · 당류
19~29세	2,300 A	3.5	5	8	3	2	6
30~49세	2,200 A	3.5	4	8	2	2	6

* 성인의 경우 권장식사패턴 B타입이 적용되나, 임신 · 수유부의 경우 우유 · 유제품류의 섭취가 강조되므로 A타입 적용.
자료: 보건복지부 · 한국영양학회, 2020 한국인 영양소 섭취기준 활용연구, 2021

표 6-6 **각 식품군별 권장섭취횟수의 끼니 배분표(2,200kcal, A타입 기준)**

구분	밥 (곡류)	단백질 반찬 (고기 · 생선 · 달걀 · 콩류)	채소 반찬 (채소류)	과일류	우유 · 유제품류
아침	1	1	2.5		
점심	1.1	1	2.5		
저녁	1.1	2	3	0.5	
간식	0.3			1.5	2
합계	3.5	4	8	2	2

- 임신·수유부 식단 작성의 주안점

- 양질의 단백질, 칼슘, 철, 엽산이 풍부한 식품을 선택한다.
- 음식의 기호가 변화될 수 있으므로 식욕을 증진시키는 조리법을 선택한다.
- 자극적인 음식, 지나치게 짠 음식을 되도록 제한한다.
- 우유 · 유제품류, 신선한 과일과 채소를 충분히 섭취하도록 한다.
- 위생적이고, 안전한 식품을 선택한다.

표 6-7 **임신부 식단의 예(임신 2분기 성인 여자, 2,200kcal, A타입 기준)**

식단	식품군 및 권장 섭취횟수	재료	분량 (g)	밥 (곡류)	단백질 반찬 (고기·생선·달걀·콩류)	채소 반찬 (채소류)	과일류	우유·유제품류
				3.5	4	8	2	2
아침	기장밥	기장, 쌀	90	기장, 쌀(1)				
	북어달걀국	북어	4.5		북어(0.3)			
		달걀	12		달걀(0.2)			
	두부조림	두부	40		두부(0.5)			
	김구이	김	2			김(1)		
	오이도라지무침	오이	70			오이(1)		
		도라지	20			도라지(0.5)		
소계				1	1	2.5		
점심	콩나물밥	콩나물	35			콩나물(0.5)		
		쇠고기	30		쇠고기(0.5)			
		쌀	100	쌀(1.1)				
	김치국	김치	20			김치(0.5)		
	꽈리고추멸치조림	꽈리고추	70			꽈리고추(1)		
		멸치	7.5		멸치(0.5)			
	상추겉절이	상추	35			상추(0.5)		
소계				1.1	1	2.5		
저녁	검정콩밥	쌀	100	쌀(1.1)				
		검정콩	10		검정콩(0.5)			
	소고기무국	쇠고기	30		쇠고기(0.5)			
		무	35			무(0.5)		
	연어구이	연어	70		연어(1.0)			
	겨자채	당근	35			당근(0.5)		
		오이	35			오이(0.5)		
		양배추	35			양배추(0.5)		
		배	50				배(0.5)	
	배추김치	배추김치	40			배추김치(1)		
소계				1.1	2	3	0.5	
간식	찐고구마	고구마	70	고구마(0.3)				
	우유	우유	200(mL)					우유(1)
	호상요구르트	요구르트(호상)	100					요구르트(호상)(1)
	귤	귤	100				귤(1)	
	사과	사과	50				사과(0.5)	
소계				0.3			1.5	2

* 유지 및 당류(섭취횟수 6회)는 조리 시 가급적 적게 사용할 것을 권장함.

2) 유아 식단

(1) 유아 식단 작성 시 고려사항

유아기는 영아나 청소년기의 급격한 성장에 비해 성장이 완만하나 꾸준히 성장, 발육하는 시기이다. 유아들은 모든 기관이 성장, 발달하고 활동량이 크게 증가하기 때문에 성인기에 비해 체중당 더 많은 영양소를 필요로 한다. 또한 유아기는 신체기관이 작은 데 비해 많은 에너지와 영양소를 필요로 하는 한편, 위의 용량이 작아서 한꺼번에 많은 식사를 할 수 없기 때문에 하루 세끼의 식사 이외에 간식 섭취가 필요하다. 이 시기에는 소화기능이 발달하고 유치가 완성됨에 따라 섭취 능력과 식행동이 크게 발달한다. 또한 유아기는 음식에 대한 기호, 식습관이 형성되는 매우 중요한 시기이므로 우리 입맛에 익숙해지도록 전통음식을 식단에 반영하되 식품의 배합, 질감, 색, 맛을 유아들의 기호에 적합하도록 조리한다. 유아 식단의 작성 시 고려해야 할 내용은 다음과 같다.

- 유아의 성장과 활동정도를 고려하여 영양필요량을 충족시킬 수 있도록 식사를 계획한다.

  유아기에는 신체적 성장뿐 아니라 신체활동량이 크게 늘어나기 때문에 에너지, 양질의 단백질, 무기질과 비타민을 포함한 균형식을 충분히 섭취할 수 있도록 식사를 계획한다.
- 다양한 식품을 골고루 먹어보게 한다.

  유아기의 식습관은 학동기, 성인기까지 이어질 수 있으므로 이 시기에 골고루 먹는 식습관을 형성하도록 유도한다.
- 유아의 기호도를 고려한 식품과 조리법을 선택한다.

  유아들은 특히 채소, 콩류, 생선 등에 대한 기호도가 낮다. 유아들이 기피하는 식품도 다양한 조리법을 이용하거나 좋아하는 음식과 섞어서 조리하면 잘 섭취할 수 있다. 음식의 크기, 색, 모양 등을 고려하여 먹음직스러워 보이게 하는 것도 도움이 된다.

- 세끼 식사 이외에 간식 섭취를 통하여 에너지와 다른 필요한 영양소를 보충한다.

간식은 하루 에너지 필요량의 10~15%가 적당하며, 1~2세 유아는 오전 10시와 오후 3시경으로 2회, 3~5세 유아는 오후 1회가 바람직하다. 떡, 빵, 고구마, 감자 등으로 에너지를 공급하고, 우유 및 유제품, 채소, 과일로 칼슘과 비타민을 공급한다. 사탕이나 초콜릿, 탄산음료 등은 충치의 원인이 되기도 하고 다음 식사에 영향을 미칠 수 있으므로 가급적 피하도록 한다.

(2) 유아 식단의 작성

① 에너지 필요량 및 권장식사패턴 확인

유아의 에너지 필요량 및 식품군별 권장섭취횟수는 표 6-8과 같다.

표 6-8 **유아의 에너지 필요량에 따른 식품군별 1일 권장섭취횟수**

대상	기준 에너지 (kcal)	곡류	고기 · 생선 · 달걀 · 콩류	채소류	과일류	우유 · 유제품류	유지 · 당류
3~5세	1,400 A	2	2	6	1	2	4

자료: 보건복지부 · 한국영양학회, 2020 한국인 영양소 섭취기준 활용연구, 2021

② 각 식품군별 권장섭취횟수를 세 끼니 및 간식에 배분

각 식품군별 권장섭취횟수를 끼니별(간식 포함)로 나누어 배분표를 작성한다 표 6-9.

표 6-9 **각 식품군별 권장섭취횟수의 끼니 배분표(1,400kcal, A타입 기준)**

구분	밥 (곡류)	단백질 반찬 (고기 · 생선 · 달걀 · 콩류)	채소 반찬 (채소류)	과일류	우유 · 유제품류
아침	0.6	1	1.5	0.5	
점심	0.7	0.5	2		
저녁	0.7	0.5	2.5		
간식				0.5	2
합계	2	2	6	1	2

③ 음식의 종류와 조리법을 정하여 식단표 작성

유아 식단 작성의 주안점을 고려하여 음식의 종류와 조리법을 정해 작성한 식단표의 예시는 **표 6-10**과 같다.

• 유아 식단 작성의 주안점

- 성장에 필요한 영양소가 골고루 포함된 균형 잡힌 식사가 되도록 한다. 특히, 양질의 단백질, 칼슘, 철, 비타민이 충분히 포함되도록 한다.
- 바람직한 식습관이 형성되어야 하는 시기이므로 다양한 식품을 선택한다.
- 유아의 기호 충족을 위해 맛과 모양, 색을 고려한 조리법을 선택한다.
- 우리의 전통음식에 익숙해지도록 돕는다.
- 한 끼의 식사량이 적으므로 우유, 과일 등과 같은 식품으로 간식을 계획한다.
- 음식을 위생적으로 조리하고, 관리한다.

표 6-10 유아 식단의 예(3~5세, 1,400kcal, A타입 기준)

식단	식품군 및 권장 섭취횟수	재료	분량 (g)	밥 (곡류) 2	단백질반찬 (고기·생선·달걀·콩류) 2	채소 반찬 (채소류) 6	과일류 1	우유·유제품류 2
아침	차조밥 실파달걀국 두부양념조림 애호박볶음 양상추사과샐러드	차조, 쌀 달걀 실파 두부 애호박 양상추 사과	55 30 7 40 50 50 50	차조, 쌀(0.6)	달걀(0.5) 두부(0.5)	실파(0.1) 애호박(0.7) 양상추(0.7)	사과(0.5)	
소계				0.6	1	1.5	0.5	
점심	소고기채소볶음밥 팽이버섯된장국 단무지	쌀 쇠고기 양파 당근 청피망 팽이버섯 단무지	65 30 20 20 15 6 40	쌀(0.7)	쇠고기(0.5)	양파(0.3) 당근(0.3) 청피망(0.2) 팽이버섯(0.2) 단무지(1)		
소계				0.7	0.5	2		
저녁	쌀밥 콩나물국 삼치무조림 가지굴소스볶음 백김치	쌀 콩나물 삼치 무 가지 백김치	65 35 35 35 70 20	쌀(0.7)	삼치(0.5)	콩나물(0.5) 무(0.5) 가지(1) 백김치(0.5)		
소계				0.7	0.5	2.5		
간식	호상요구르트 우유 오렌지	요구르트(호상) 우유 오렌지	100 200(mL) 50				오렌지(0.5)	요구르트(호상)(1) 우유(1)
소계							0.5	2

* 유지 및 당류(섭취횟수 4회)는 조리 시 가급적 적게 사용할 것을 권장함.

3) 어린이 식단

(1) 어린이 식단 작성 시 고려사항

아동기는 성장이 비교적 완만하나 꾸준한 성장이 이루어지는 시기이며 식품 섭취량도 같이 증가함과 동시에 식습관이 형성되어 가는 시기이다. 특히 활동량이 많아지는 시기이므로 균형 있는 영양 공급과 적절한 운동, 휴식 등이 필요하다. 따라서 학동기 어린이의 식단 작성 시 양질의 단백질과 비타민, 무기질이 부족하지 않도록 다양한 식품을 선택한다. 또한 아침을 거르지 않는 등 규칙적인 식습관을 형성하도록 하며 패스트푸드를 지나치게 섭취하지 않도록 하는 영양지도가 매우 중요한 시기이다.

이 시기의 좋은 영양 상태는 학습과 밀접한 관계를 가지며, 특히 아침식사는 학습능력과 상관관계가 있다고 보고되고 있다. 아침을 거르게 되면 약 18시간 동안 공복상태로 있게 되고, 이와 같은 공복은 집중력을 떨어뜨려 학습능력이 저하되고, 결식이 오랜 기간 지속되면 만성적인 영양불량을 초래할 뿐만 아니라 필수 아미노산과 무기질, 특히 철이 결핍되어 학습능력에 역효과를 가져온다.

이 시기에는 충분한 에너지와 양질의 단백질을 비롯하여 칼슘, 철, 비타민 등도 충분히 섭취해야 하며, 신체활동으로 인해 땀을 많이 흘릴 경우 수분공급에도 유의해야 한다. 이 중 비타민 A와 C의 섭취에 특별히 관심을 기울여야 히는데, 비다민 C의 급원식품은 매일 일정량 포함되어야 하며, 녹황색 채소류도 1주일에 3~4회 섭취하도록 한다. 특히 고학년 여학생의 경우 생리적인 변화에 따라 철 공급에 유의해야 한다. 또한 이 시기의 아동은 TV, 또래집단, 선생님, 학교수업 등의 환경에 의해 식습관이 영향을 받을 수 있으므로 학교와 가정에서 관심을 가지고 적절한 영양 섭취와 긍정적인 식습관을 형성할 수 있도록 지도해야 한다.

어린이의 식단 작성 시 고려해야 할 내용은 다음과 같다.

- 지능 발달과 정신 발육이 이루어지는 시기이므로 양질의 단백질을 충분히 섭취하도록 한다. 등푸른 생선에 많은 오메가-3 지방산은 아동의 두뇌 발달에 꼭 필요하므로 적절히 섭취하도록 한다.
- 성장 발육에 도움이 되는 칼슘 섭취를 충분히 한다.
  성장기 아동에게는 건강한 뼈의 성장을 위한 칼슘의 섭취가 더욱 중요하며 다른 식품으로부터 섭취하는 칼슘량이 많지 않은 점을 고려할 때 어린이의 성장과 건강 유지를 위해 하루 최소 2컵 이상의 우유를 마시는 것이 좋다 표 6-11.
- 지방, 나트륨, 당의 섭취를 줄일 수 있게 구성한다.
- 어린이는 한꺼번에 많은 양의 음식을 먹을 수 없어 하루 세끼 식사만으

표 6-11 **칼슘의 주요 급원식품 및 함량**

순위	급원식품(1회분량)	1회분량당 함량(mg)	100g당 함량(mg)
1	미꾸라지(60g)	720	1,200
2	멸치(15g)	373	2,486
3	굴(80g)	342	428
4	우유(200g)	226	113
5	들깻잎(70g)	207	296
6	홍어(60g)	183	305
7	요구르트(호상)(100g)	141	141
8	치즈(20g)	125	626
9	라면(조리한것, 스프포함)(250g)	120	48
10	건미역(10g)	111	1,109
11	채소음료(100g)	95	95
12	어패류젓(15g)	89	592
13	상추(70g)	85	122
14	아이스크림(100g)	80	80
15	명태(60g)	65	109

자료: 보건복지부·한국영양학회, 2020 한국인 영양소 섭취기준, 2020

로는 충분한 영양소를 공급하기 어려우므로 간식으로 보충해야 한다.

어린이들이 즐겨먹는 과자, 사탕, 패스트푸드, 인스턴트 식품 등에는 지방, 나트륨, 당의 함량이 높다. 간식이나 한 끼 식사로서 이러한 식품의 이용 빈도를 줄이고 우유나 과일 등을 자주 먹는 것이 영양과 건강에 좋다.

• 채소를 편식하지 않도록 식사를 구성한다.

어린이들이 채소를 주로 편식하는 이유는 맛이 없어서, 물컹거리는 느낌 때문에, 먹어본 경험이 적어서 등이다. 따라서 조리법에 변화를 주거나 다른 음식과 함께 제공함으로써 어린이들이 친숙하게 채소를 먹을 수 있도록 한다.

⋯ 더보기 ## 입맛 없는 우리 아이 편식 해결법은?

우리 아이 편식, 왜 발생할까요?
• 잘못된 편식 습관을 익힌 경우
• 특정 식품을 강요하는 경우
• 어떤 음식을 처음 먹거나 구토·설사 등 불쾌한 경험을 했을 경우
• 이유식을 늦게 시작했거나 이유 단계를 제대로 하지 않았을 경우

편식이 심해지면 나타날 수 있는 문제점은?
• 영양 불균형으로 인한 성장 지연
• 신경과민
• 면역력 감소로 허약·질병 발생
• 학습장애 등

편식, 이렇게 극복해요!
• 즐겁게 먹을 수 있는 식사 환경 만들기
• 어린이가 좋아하는 형태의 음식 준비하기
• 싫어하는 음식 강요하지 않기
• 양을 적게 하여 맛을 경험하게 한 후 점차 양을 늘리기
• 그림책 등을 통해 골고루 섭취해야 하는 이유를 쉽게 설명해 주기

자료: 식품의약품안전처, 입맛 없는 우리 아이 편식 해결법은?, 2021

(2) 어린이 식단의 작성

① 에너지 필요량 및 권장식사패턴 확인

어린이의 에너지 필요량 및 식품군별 권장섭취횟수는 **표 6-12**와 같다.

표 6-12 **어린이의 에너지 필요량에 따른 식품군별 1일 권장섭취횟수**

대상	기준 에너지 (kcal)	곡류	고기·생선·달걀·콩류	채소류	과일류	우유·유제품류	유지·당류
6~11세, 남아	1,900 A	3	3.5	7	1	2	5

자료: 보건복지부·한국영양학회, 2020 한국인 영양소 섭취기준 활용연구, 2021

② 각 식품군별 권장섭취횟수를 세 끼니 및 간식에 배분

각 식품군별 권장섭취횟수를 끼니별(간식 포함)로 나누어 배분표를 작성한다 **표 6-13**.

표 6-13 **각 식품군별 권장섭취횟수의 끼니 배분표(1,900kcal, A타입 기준)**

구분	밥 (곡류)	단백질 반찬 (고기·생선·달걀·콩류)	채소 반찬 (채소류)	과일류	우유·유제품류
아침	1	1	2	0.5	
점심	1	1	2.5		
저녁	1	1.5	2.5		
간식				0.5	2
합계	3	3.5	7	1	2

③ 음식의 종류와 조리법을 정하여 식단표 작성

어린이 식단 작성의 주안점을 고려하여 음식의 종류와 조리법을 정해 작성한 식단표의 예시는 **표 6-14**와 같다.

• 어린이 식단 작성의 주안점

- 성장에 필요한 영양소를 균형 있게 공급하도록 한다.
- 비타민 A, 비타민 C가 풍부한 식품을 선택한다.
- 칼슘과 철이 부족하지 않도록 식단을 구성한다.
- 어린이 비만을 예방할 수 있도록 주의한다.
- 다양한 식품과 조리법을 소개하여 새로운 음식에 적응하도록 한다.

표 6-14 어린이 식단의 예(6~11세 남아, 1,900kcal, A타입 기준)

식단	식품군 및 권장 섭취횟수 / 재료	분량 (g)	밥 (곡류) 3	단백질 반찬 (고기·생선·달걀·콩류) 3.5	채소 반찬 (채소류) 7	과일류 1	우유·유제품류 2
아침	흑미밥 / 흑미, 쌀	90	흑미, 쌀(1)				
	콩나물국 / 콩나물	35			콩나물(0.5)		
	닭가슴살케첩조림 / 닭가슴살	60		닭가슴살(1)			
	시금치나물 / 시금치	70			시금치(1)		
	배추김치 / 배추김치	20			배추김치(0.5)		
소계			1	1	2		
점심	채소주먹밥 / 쌀	45	쌀(0.5)				
	양파	20			양파(0.3)		
	피망	20			피망(0.3)		
	당근	20			당근(0.3)		
	양송이스프 / 양송이	20			양송이(0.6)		
	햄버그스테이크 / 쇠고기	60		쇠고기(1)			
	마카로니샐러드 / 마카로니	45	마카로니(0.5)				
	오이피클 / 오이	70			오이(1)		
소계			1	1	2.5		
저녁	쌀밥 / 쌀	90	쌀(1)				
	호박된장국 / 호박	35			호박(0.5)		
	대구살강정 / 대구살	70		대구살(1)			
	풋고추소고기조림 / 풋고추	70			풋고추(1)		
	쇠고기	30		쇠고기(0.5)			
	부추양배추무침 / 부추	35			부추(0.5)		
	양배추	35			양배추(0.5)		
소계			1	1.5	2.5		
간식	아이스크림 / 아이스크림	100					아이스크림(1)
	우유 / 우유	200(mL)					우유(1)
	포도 / 포도	100				포도(1)	
소계						1	2

* 유지 및 당류(섭취횟수 5회)는 조리 시 가급적 적게 사용할 것을 권장함.

4) 청소년 식단

(1) 청소년 식단 작성 시 고려사항

청소년기는 성호르몬의 증가로 2차 성징이 나타나며 신체적으로 성장이 완성되는 시기이다. 이 시기의 성장패턴은 개인차가 크지만 급격한 신체성장으로 인해 영양소 필요량이 증가하게 된다. 신체적 변화와 활동이 왕성하므로 충분한 에너지와 양질의 단백질, 철, 칼슘, 아연 등의 영양소를 충분히 섭취하도록 한다. 특히 여자는 월경이 시작되고, 남자는 근육과 혈관이 발달하므로 남녀 모두 적절한 철의 섭취에도 신경을 써야 한다.

사춘기 여학생은 체중조절이나 체형관리의 이유로 끼니를 거르는 경우가 많은데, 이는 건강을 해치고 빈혈에 걸리기 쉽다. 간혹 체중조절을 위한 식사량 감소로 인해 섭식장애를 겪을 수 있으므로 건강한 식생활에 관한 영양교육이 필요하다. 이 시기는 건강한 임신을 위한 철과 칼슘을 비축하는 중요한 시기이므로 식사량을 줄이기보다는 적절한 영양 섭취와 알맞은 운동을 통하여 체중을 관리하는 것이 필요하다.

또한 청소년의 경우 패스트푸드나 가공식품의 섭취가 빈번하며 이로 인해 에너지나 지방, 나트륨 함량이 높은 식사를 하게 된다. 과중한 학업부담으로 정신적 스트레스가 많고 운동이 부족하여 비만해지기 쉬우므로 기름지거나 단음식보다는 비타민, 무기질이 풍부한 신선한 과일과 채소, 유제품, 생선, 콩류 등을 충분히 섭취하도록 한다.

청소년을 위한 식단 작성 시 고려해야 할 내용 다음과 같다.

- 우유나 유제품을 충분히 섭취한다.
  청소년기에는 칼슘 권장 수준이 매우 높은 반면 실제 섭취하는 양은 권장 수준의 약 절반에 불과하다. 청소년기의 빠른 골격 성장과 골질량 축적을 위해 하루에 우유나 유제품을 최소 2회 이상 섭취하도록 한다.
- 철이 풍부한 식품을 섭취한다.

청소년기는 성장이 빠른 만큼 혈액량도 증가하므로 철 결핍성 빈혈이 생기지 않도록 철이 풍부한 음식을 섭취한다.

- 인스턴트 식품, 패스트푸드, 탄산음료의 섭취를 줄인다.

    인스턴트 식품에는 가공과정에서 각종 첨가물이 들어가게 되며, 패스트푸드나 탄산음료는 다른 영양소에 비해 에너지만 많이 공급하므로 과도하게 섭취하면 영양불균형과 비만을 초래할 가능성이 있어 주의해야 한다.

- 규칙적으로 식사하고 아침식사를 반드시 한다.

    아침을 먹지 않으면 기운이 없고, 주의집중이 잘 되지 않으므로 학습효과가 떨어지고 하루 식사의 균형을 맞추는 데 어려움이 있다. 따라서 밥이나 죽, 반찬, 빵과 우유, 요구르트, 샐러드, 과일 등 다양한 식품으로 간단하게라도 아침식사를 할 수 있도록 한다.

(2) 청소년 식단의 작성

① 에너지 필요량 및 권장식사패턴 확인

청소년의 에너지 필요량 및 식품군별 권장섭취횟수는 **표 6-15**와 같다.

표 6-15 **청소년의 에너지 필요량에 따른 식품군별 1일 권장섭취횟수**

대상	기준 에너지 (kcal)	곡류	고기 · 생선 · 달걀 · 콩류	채소류	과일류	우유 · 유제품류	유지 · 당류
12~18세, 남자	2,600 A	3.5	5.5	8	4	2	8

자료: 보건복지부 · 한국영양학회, 2020 한국인 영양소 섭취기준 활용연구, 2021

② 각 식품군별 권장섭취횟수를 세 끼니 및 간식에 배분

각 식품군별 권장섭취횟수를 끼니별(간식 포함)로 나누어 배분표를 작성한다**표 6-16**.

표 6-16 **각 식품군별 권장섭취횟수의 끼니 배분표(2,600kcal, A타입 기준)**

구분	밥 (곡류)	단백질 반찬 (고기 · 생선 · 달걀 · 콩류)	채소 반찬 (채소류)	과일류	우유 · 유제품류
아침	1	1.5	2		
점심	1.2	2	3		
저녁	1.3	2	3		
간식				4	2
합계	3.5	5.5	8	4	2

③ 음식의 종류와 조리법을 정하여 식단표 작성

청소년 식단 작성의 주안점을 고려하여 음식의 종류와 조리법을 정해 작성한 식단표의 예시는 **표 6-17**과 같다.

- 청소년 식단 작성의 주안점

> - 청소년기의 급성장기에 필요한 영양요구량이 충족되도록 한다.
> - 청소년기에 부족하기 쉬운 칼슘, 철, 아연이 풍부한 식품을 이용한다.
> - 수험생의 두뇌건강에 도움이 되는 오메가-3 지방산이 풍부한 식품을 이용한다.
> - 체중조절에 대한 지나친 관심으로 섭식장애를 겪지 않도록 주의한다.

표 6–17 **청소년 식단의 예(12~18세 남자, 2,600kcal, A타입 기준)**

식단	식품군 및 권장 섭취횟수	재료	분량 (g)	밥 (곡류) 3.5	단백질 반찬 (고기·생선·달걀·콩류) 5.5	채소 반찬 (채소류) 8	과일류 4	우유·유제품류 2
아침	쌀밥	쌀	90	쌀(1)				
	호박고추장찌개	호박	35			호박(0.5)		
	소고기메추리알장조림	쇠고기	60		쇠고기(1)			
		메추리알	30		메추리알(0.5)			
	미역줄기볶음	미역줄기	30			미역줄기(1)		
	시금치무침	시금치	35			시금치(0.5)		
소계				1	1.5	2		
점심	차조밥	차조, 쌀	110	차조, 쌀(1.2)				
	순두부찌개	순두부	200		순두부(1)			
	숙주나물	숙주	70			숙주(1)		
	피망전	피망	70			피망(1)		
		돼지고기	60		돼지고기(1)			
	무생채	무	70			무(1)		
소계				1.2	2	3		
저녁	기장밥	기장, 쌀	90	기장, 쌀(1)				
	북어달걀국	북어	7.5		북어(0.5)			
		달걀	30		달걀(0.5)			
	고등어카레구이	고등어	70		고등어(1)			
	궁중떡볶음	가래떡	50	가래떡(0.3)				
		양배추	35			양배추(0.5)		
		피망	35			피망(0.5)		
		양파	35			양파(0.5)		
		당근	35			당근(0.5)		
	배추김치	배추김치	40			배추김치(1)		
소계				1.3	2	3		
간식	우유	우유	200(mL)					우유(1)
	호상요구르트	요구르트(호상)	100					요구르트(호상)(1)
	바나나	바나나	100				바나나(1)	
	사과	사과	100				사과(1)	
	오렌지	오렌지	200				오렌지(2)	
소계							4	2

* 유지 및 당류(섭취횟수 8회)는 조리 시 가급적 적게 사용할 것을 권장함.

5) 성인 식단

(1) 성인 식단 작성 시 고려사항

성인기는 신체적, 생리적으로 거의 완숙기에 도달하는 시기로, 신체적인 활동이 줄어들면서 근육량이 감소하고 상대적으로 체지방량이 증가하게 된다. 이와 같은 체지방량 축적은 호르몬 분비 및 체내 지질 대사에 이상을 가져와 고혈압, 당뇨병, 동맥경화증, 심장질환 등 성인병의 발병 원인이 되기도 한다. 따라서 단순당과 포화지방산의 함량이 적은 음식을 선택하고, 나트륨이 많이 함유된 가공식품이나 인스턴트 식품의 사용을 줄이며, 가능한 싱겁게 먹도록 하고, 콩이나 생선, 채소류 및 과일류의 섭취량은 늘린다. 성인기에는 만성질환을 예방하기 위해 균형 있는 식사와 함께 체중이 증가하지 않도록 적당한 운동과 규칙적인 생활을 해야 한다.

성인기의 식단 작성 시 고려해야 할 내용은 다음과 같다.

- 지방과 당질 섭취를 줄이고 콩, 두부, 생선 등 양질의 단백질을 섭취한다. 고기는 기름을 떼어내고 먹고, 튀기거나 볶은 음식을 적게 먹는다. 콩류에 함유된 이소플라본은 여성호르몬과 유사한 기능으로 여성의 갱년기 증상완화에 도움이 된다. 또한 콜레스테롤의 과잉섭취를 주의한다 표 6-18.
- 골다공증 예방을 위해 우유나 유제품을 충분히 섭취한다.
- 음주, 흡연, 스트레스로 인해 부족해지기 쉬운 영양소인 비타민 C와 비타민 E, 비타민 A 등의 항산화 영양소를 충분히 섭취한다 표 6-19, 표 6-20.
- 식이섬유가 많은 식품이나 정제되지 않은 곡류를 섭취하여 성인병 예방과 변비에 대처하도록 한다.
- 가급적 싱겁게 먹고 가공식품이나 인스턴트 식품의 섭취를 줄인다.
- 시금치, 당근, 호박 등 녹황색 채소를 자주 섭취하고, 여러 채소와 과일을 충분히 섭취하도록 식사를 계획한다.

표 6-18 **콜레스테롤의 주요 급원식품 및 함량**

순위	급원식품(1회분량)	1회분량당 함량(mg)	100g당 함량(mg)
1	메추리알(60g)	319	532
2	닭 부산물(간)(45g)	253	563
3	달걀(60g)	197	329
4	새우(80g)	192	240
5	오징어(80g)	184	230
6	소 부산물(간)(45g)	170	300
7	돼지 부산물(간)(45g)	160	355
8	미꾸라지(60g)	132	220
9	문어(80g)	120	150
10	멸치(15g)	75	497
11	낙지(80g)	70	88
12	케이크(90g)	61	68
13	오리고기(60g)	55	91
14	고등어(70g)	47	67
15	꽁치(60g)	43	72

자료: 보건복지부 · 한국영양학회, 2020 한국인 영양소 섭취기준, 2020

표 6-19 **비타민 C의 주요 급원식품 및 함량**

순위	급원식품(1회분량)	1회분량당 함량(mg)	100g당 함량(mg)
1	구아바(100g)	220.0	220.0
2	딸기(150g)	100.7	67.1
3	키위(100g)	86.5	86.5
4	파프리카(70g)	64.2	91.8
5	시리얼(30g)	57.3	190.9
6	유산균음료(200g)	48.8	24.4
7	파인애플(100g)	45.4	45.4
8	가당음료(오렌지주스)(100g)	44.1	44.1
9	오렌지(100g)	43.0	43.0
10	시금치(70g)	35.3	50.4
11	풋고추(70g)	30.8	44.0
12	귤(100g)	29.1	29.1
13	토마토(150g)	21.2	14.2
14	배추(70g)	17.1	24.4
15	감(100g)	14.0	14.0

자료: 보건복지부 · 한국영양학회, 2020 한국인 영양소 섭취기준, 2020

표 6-20 비타민 A의 주요 급원식품 및 함량

순위	급원식품(1회분량)	1회분량당 함량(μg RAE)	100g당 함량(μg RAE)
1	소 부산물(간)(45g)	4,249	9,442
2	돼지 부산물(간)(45g)	2,432	5,405
3	닭 부산물(간)(45g)	1,791	3,981
4	장어(60g)	630	1,050
5	시리얼(30g)	482	1,605
6	들깻잎(70g)	441	630
7	시금치(70g)	411	588
8	당근(70g)	322	460
9	상추(70g)	258	369
10	과일음료(100g)	219	219
11	부추(70g)	124	178
12	케이크(90g)	118	131
13	아이스크림(100g)	117	117
14	우유(200g)	110	55
15	수박(150g)	107	71

자료: 보건복지부 · 한국영양학회, 2020 한국인 영양소 섭취기준, 2020

···
더보기

오메가-3 지방산

에스키모인이나 일본인들은 서구인에 비해 심혈관계질환의 발병률이 낮은데 이는 생선의 섭취가 많기 때문이다. 생선이나 어유에는 EPA(eicosapentaenoic acid)나 DHA (docosahexaenoic acid) 등의 오메가-3 지방산이 풍부하여 이를 많이 섭취하면 심혈관계질환의 위험률이 낮아지며 암의 예방에 좋을 뿐 아니라, 어린이의 두뇌발달에도 도움이 된다. EPA와 DHA는 불포화도가 매우 높은 지방산으로 참치, 고등어, 꽁치 같은 등푸른 생선에 많이 들어 있다. 들기름이나 콩기름에 함유되어 있는 리놀렌산은 체내에서 EPA와 DHA로 전환되는 지방산이다. 서구 여러 나라에서는 등푸른 생선을 일주일에 적어도 2회 정도 섭취할 것을 권장하고 있다.

> **···**
> **더보기**
>
> ## 항산화 영양소
>
> 항산화 작용은 스스로가 산화되면서 다른 물질의 산화를 막는 역할을 하는 것으로 대표적인 항산화 영양소로는 베타카로틴, 비타민 C, 비타민 E, 셀레늄(Se)이 있다. 이들은 자유기(free radical)로부터 세포 구성성분을 보호하거나 손상을 복구하는 역할을 하는
>
> 데, 자유기는 에너지를 생산하는 과정이나 체내에 침입한 박테리아나 바이러스에 대항하기 위한 면역체계에 의해, 혹은 태양, 흡연, 오존, 대기오염물질 등에서 분출하는 방사능에 노출되었을 때 형성된다. 자유기에 의한 세포의 손상은 일부 암, 기관지염, 폐기종, 심장질환, 백내장의 발생과 노화촉진에 영향을 주는 것으로 알려져 있다.
>
> 비타민 C는 감귤류, 토마토, 풋고추, 브로콜리, 멜론, 딸기 등에 많이 함유되어 있으며 동맥경화의 위험을 감소시킨다. 흡연자는 흡연으로 인해 산화적 스트레스가 비흡연자보다 훨씬 높기 때문에 더 많은 양의 비타민 C 섭취가 요구된다.
>
> 비타민 E는 식물성 기름, 녹황색 잎채소나 전곡류, 견과류 등에 많이 들어있고, 순환기계질환에 의한 사망률을 감소시키는 것으로 알려져 있다.
>
> 셀레늄은 육류, 어류, 조개류에 풍부하게 들어있으며 식물성 식품의 경우에는 재배하는 토양에 따라 셀레늄 함량에 많은 차이가 있다.

(2) 성인 식단의 작성

① 에너지 필요량 및 권장식사패턴 확인

성인의 에너지 필요량 및 식품군별 권장섭취횟수는 **표 6-21**과 같다.

표 6-21 **성인의 에너지 필요량에 따른 식품군별 1일 권장섭취횟수**

대상	기준 에너지 (kcal)	곡류	고기 · 생선 · 달걀 · 콩류	채소류	과일류	우유 · 유제품류	유지 · 당류
30~49세, 남자	2,400 B	4	5	8	3	1	6

자료: 보건복지부 · 한국영양학회, 2020 한국인 영양소 섭취기준 활용연구, 2021

② 각 식품군별 권장섭취횟수를 세 끼니 및 간식에 배분

각 식품군별 권장섭취횟수를 끼니별(간식 포함)로 나누어 배분표를 작성한 다 **표 6-22**.

표 6-22 **각 식품군별 권장섭취횟수의의 끼니 배분표(2,400kcal, B타입 기준)**

구분	밥 (곡류)	단백질 반찬 (고기 · 생선 · 달걀 · 콩류)	채소 반찬 (채소류)	과일류	우유 · 유제품류
아침	1.3	1.5	2		
점심	1.3	1.5	3		
저녁	1.4	2	3		
간식				3	1
합계	4	5	8	3	1

③ 음식의 종류와 조리법을 정하여 식단표 작성

성인 식단 작성의 주안점을 고려하여 음식의 종류와 조리법을 정해 작성한 식단표의 예시는 표 6-23과 같다.

• 성인 식단 작성의 주안점

- 포화지방산과 콜레스테롤을 적게 포함하도록 식단을 구성한다.
- 단순당의 섭취를 줄이고, 식이섬유가 풍부한 식품을 이용한다.
- 나트륨 섭취를 줄이도록 노력한다.
- 튀김, 볶음보다 찜, 삶기, 조림 등의 조리법을 이용하면 에너지 섭취를 줄일 수 있다.
- 골다공증의 예방을 위해 칼슘을 충분히 섭취하도록 한다.

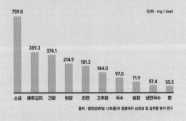

표 6-23　성인 식단의 예(30~49세 남자, 2,400kcal, B타입 기준)

식단	식품군 및 권장 섭취횟수 재료	분량 (g)	밥 (곡류) 4	단백질 반찬 (고기·생선· 달걀·콩류) 5	채소 반찬 (채소류) 8	과일류 3	우유· 유제품류 1
아침	흑미밥	흑미, 쌀 120	흑미, 쌀(1.3)				
	소고기시래기국	쇠고기 30		쇠고기(0.5)			
		시래기 50			시래기(0.7)		
	연두부달걀찜	연두부 100		연두부(0.5)			
		달걀 30		달걀(0.5)			
	고사리나물	고사리 40			고사리(0.6)		
	쑥갓초고추장무침	쑥갓 50			쑥갓(0.7)		
소계			1.3	1.5	2		
점심	조개칼국수	조갯살 40		조갯살(0.5)			
		칼국수(생면) 200	생면(1)				
		호박 35			호박(0.5)		
		양파 35			양파(0.5)		
	멸치콩자반	검정콩 10		검정콩(0.5)			
		건멸치 7.5		건멸치(0.5)			
	부추파전	부추 35			부추(0.5)		
		쪽파 35			쪽파(0.5)		
		밀가루 30	밀가루(0.3)				
	배추겉절이	배추 70			배추(1)		
소계			1.3	1.5	3		
저녁	수수밥	수수, 쌀 125	수수, 쌀(1.4)				
	대구맑은찌개	대구 70		대구(1)			
	돼지고기버섯볶음	돼지고기 60		돼지고기(1)			
		표고버섯 15			표고버섯(0.5)		
		느타리버섯 15			느타리버섯(0.5)		
	마늘장아찌	마늘장아찌 10			마늘장아찌(1)		
	도라지생채	도라지 40			도라지(1)		
소계			1.4	2	3		
간식	요구르트	요구르트(액상) 150					요구르트(액상)(1)
	감	감 150				감(1.5)	
	사과	사과 150				사과(1.5)	
소계						3	1

* 유지 및 당류(섭취횟수 6회)는 조리 시 가급적 적게 사용할 것을 권장함.

식사구성안을 활용한 19~64세 여성의 권장식단 예시(1900kcal, B타입 기준)

식단 / 식품군 및 권장 섭취횟수		재료	분량 (g)	밥 (곡류) 3	단백질 반찬 (고기·생선·달걀·콩류) 4	채소 반찬 (채소류) 8	과일류 2	우유· 유제품류 1
아침	쌀밥	쌀밥	210	쌀밥(1)				
	닭곰탕	닭고기	60		닭고기(1)			
		파	35			파(0.5)		
	돼지고기브로콜리볶음	돼지고기	30		돼지고기(0.5)			
		브로콜리	35			브로콜리(0.5)		
	미역줄기나물	미역줄기	35			미역줄기(0.5)		
	깍두기	깍두기	40			깍두기(1)		
소계				1	1.5	2.5		
점심	열무비빔국수	소면	90	소면(1)				
		열무김치	20			열무김치(0.5)		
	삶은달걀	달걀	60		달걀(1)			
	채소튀김	당근	35			당근(0.5)		
		양파	35			양파(0.5)		
	동치미	동치미	40			동치미(1)		
	오렌지	오렌지	100				오렌지(1)	
소계				1	1	2.5	1	
저녁	잡곡밥	잡곡밥	210	잡곡밥(1)				
	대구탕	대구	70		대구(1)			
		무	35			무(0.5)		
	두부조림	두부	40		두부(0.5)			
	숙주나물	숙주나물	35			숙주나물(0.5)		
	배추김치	배추김치	40			배추김치(1)		
소계				1	1.5	2		
간식	방울토마토	방울토마토	70			방울토마토(1)		
	키위	키위	100				키위(1)	
	우유	우유	200(mL)					우유(1)
소계						1	1	1

* 유지·당류(섭취횟수 4회)는 조리 시 가급적 적게 사용할 것을 권장함.

구분	식단	식단사진	
		식사	간식
아침	쌀밥 닭곰탕 돼지고기브로콜리볶음 미역줄기나물 깍두기		방울토마토 키위 우유
점심	열무비빔국수 삶은달걀 채소튀김 동치미 오렌지		
저녁	잡곡밥 대구탕 두부조림 숙주나물 배추김치		

자료: 보건복지부·한국영양학회, 2020 한국인 영양소 섭취기준 활용연구, 2021

6) 노인 식단

(1) 노인 식단 작성 시 고려사항

노인기에는 노화로 인해 여러 신체의 조직과 생리 기능이 저하된다. 신장과 심장의 기능이 약해지고, 뼈의 무기질이 감소하여 뼈가 약해진다. 또한 미각, 후각 등 감각 기관이 퇴화하며, 치아의 손실로 음식을 잘 씹지 못하고 소화액 분비가 저하되어 식욕이 없고 소화 불량이 되기 쉽다. 조직 내 영양소 대사가 불완전하여 노폐물의 배설도 어려워지며, 혈액 중의 지방과 콜레스테롤 함량이 증가하여 동맥경화증, 고혈압, 심장병 등을 일으키기 쉽다.

노인기에는 기초 대사율이 감소하고, 활동량이 줄어 에너지 요구량이 줄어들고 소화 및 흡수 능력도 감소되므로 충분한 양의 단백질, 칼슘, 비타민 등을 섭취해야 한다. 위산 분비 부족으로 칼슘과 철의 흡수가 줄어들며, 특히 폐경 후 여자는 남자보다 뼈가 더 약화되어 골다공증에 걸리기 쉽다. 단백질 식품인 두부, 달걀, 흰살 생선, 닭고기 등을 소화되기 쉽도록 조리하여 섭취하고, 우유 및 유제품의 섭취를 통해 칼슘과 단백질을 보충할 수 있다. 동물성 지방의 섭취는 줄이고 식물성 기름을 사용하며, 짜거나 자극적인 음식은 피하고 신선한 과일과 채소, 해조류를 충분히 섭취한다. 또한 노인기에는 심리적인 위축, 영양에 대한 무관심, 약물 복용으로 인한 영양소 흡수 불량, 식품 섭취 제한이 나타날 수 있다.

노인기의 식단 작성 시 고려해야 할 내용은 다음과 같다.

- 질 좋은 단백질(육류, 생선, 두부, 달걀, 우유)을 적절히 섭취한다. 노인기에는 에너지 필요량은 감소하는 반면 단백질 필요량은 크게 변하지 않으므로 단백질 함량이 비교적 높은 식품을 선택하도록 한다. 동물성 지방은 고혈압, 심장병 등의 발생 원인이 되는 경우가 많으므로 지방을 제거한 육류, 흰살 생선이나 등푸른 생선 등이 좋다. 대두는 동물성 단백질 못지않은 양질의 단백질을 함유하고 있으나 소화율이 낮으므로 두부나 삶은 콩 등을 이용하면 좋다. 우유 및 유제품은 칼슘의 함량이 높아 골

격 질환 예방에 좋다.

- 편식을 피하고 다양한 식품을 골고루 섭취한다. 다양한 식품군이 골고루 포함된 균형식은 비타민, 무기질을 풍부하게 포함하고 있다.
- 소화가 잘되는 부드러운 음식을 선택한다. 노인기에는 타액 분비량 감소, 치아 탈락, 의치 등의 문제로 음식물을 씹고 삼키는 일이 불편해지며, 위액과 소화효소 분비가 감소하여 영양소의 소화 및 흡수가 저하되므로 음식을 조리할 때 소화가 잘 되도록 부드럽게 조리해야 한다.
- 수분을 충분히 섭취하도록 한다. 노인기에는 길증을 잘 느끼지 못하여 탈수가 일어날 수 있으므로 하루 6컵 이상의 물을 마시는 것이 좋다.
- 강한 향신료는 피하고, 짜고 매운 음식을 적게 섭취하도록 한다. 노인들은 미각의 둔화로 더욱 짜게 먹게 되므로 가능한 싱겁게 먹고 가공식품의 섭취를 감소시켜 나트륨 섭취를 줄이도록 한다**표 6-24**.
- 변비와 만성질환의 유병률이 높으므로 식이섬유가 풍부한 신선한 과일, 채소, 해조류, 두류를 충분히 섭취하도록 한다**표 6-25**.

표 6-24 **나트륨의 주요 급원식품 및 함량**

순위	급원식품(1회분량)	1회분량당 함량(mg)	100g당 함량(mg)
1	어패류젓(15g)	1,774	11,826
2	라면(건면, 스프포함)(120g)	1,606	1,338
3	메밀 국수(210g)	956	455
4	국수(210g)	830	395
5	건미역(10g)	754	7,535
6	샌드위치/햄버거/피자(150g)	567	378
7	짜장(17g)	549	3,227
8	빵(100g)	516	516
0	된장(10g)	434	4,339
10	떡(150g)	392	261
11	멸치(15g)	357	2,377
12	소금(1g)	334	33,417
13	청국장(10g)	308	3,083
14	불고기양념(15g)	295	1,964
15	총각김치(40g)	277	692

자료: 보건복지부 · 한국영양학회, 2020 한국인 영양소 섭취기준, 2020

표 6-25 **식이섬유의 주요 급원식품 및 함량**

순위	급원식품(1회분량)	1회분량당 함량(g)	100g당 함량(g)
1	샌드위치/햄버거/피자(150g)	10.8	7.2
2	보리(90g)	9.9	11.0
3	감(100g)	6.4	6.4
4	만두(100g)	5.8	5.8
5	복숭아(100g)	4.3	4.3
6	대두(20g)	4.2	20.8
7	토마토(150g)	3.9	2.6
8	국수(210g)	3.8	1.8
9	빵(100g)	3.7	3.7
10	건미역(10g)	3.6	35.6
11	귤(100g)	3.3	3.3
12	현미(90g)	3.2	3.5
13	사과(100g)	2.7	2.7
14	라면(건면, 스프포함)(120g)	2.6	2.2
15	상추(70g)	2.6	3.7

자료: 보건복지부 · 한국영양학회, 2020 한국인 영양소 섭취기준, 2020

(2) 노인 식단의 작성

① 에너지 필요량 및 권장식사패턴 확인

노인의 에너지 필요량 및 식품군별 권장섭취횟수는 **표 6-26**과 같다.

표 6-26 **노인의 에너지 필요량에 따른 식품군별 1일 권장섭취횟수**

대상	기준 에너지 (kcal)	곡류	고기 · 생선 · 달걀 · 콩류	채소류	과일류	우유 · 유제품류	유지 · 당류
65~74세, 남자	2,000 B	3.5	4	8	2	1	4

자료: 보건복지부 · 한국영양학회, 2020 한국인 영양소 섭취기준 활용연구, 2021

② 각 식품군별 권장섭취횟수를 세 끼니 및 간식에 배분

각 식품군별 권장섭취횟수를 끼니별(간식 포함)로 나누어 배분표를 작성한다 **표 6-27**.

표 6-27 **각 식품군별 권장섭취횟수의 끼니 배분표(2,000kcal, B타입 기준)**

구분	밥 (곡류)	단백질 반찬 (고기 · 생선 · 달걀 · 콩류)	채소 반찬 (채소류)	과일류	우유 · 유제품류
아침	1	1	2		
점심	1	1.5	3		
저녁	1	1.5	3		
간식	0.5			2	1
합계	3.5	4	8	2	1

③ 음식의 종류와 조리법을 정하여 식단표 작성

노인 식단 작성의 주안점을 고려하여 음식의 종류와 조리법을 정해 작성한 식단표의 예시는 **표 6-28**과 같다.

- 노인 식단 작성의 주안점

> - 콜레스테롤, 나트륨의 함량이 적은 식품을 선택한다.
> - 식이섬유가 풍부한 채소를 부드럽게 조리한다.
> - 피토케미칼(phytochemical)이 풍부한 식품, 항산화 영양소가 풍부한 식품을 선택한다.
> - 생선, 두부 등 소화가 잘되는 단백질 식품을 선택한다.
> - 약간의 향신료로 입맛을 돋울 수 있다.

- 노인기의 생리적 변화에 따른 조리법

기능변화	조리 방법
치아 불량	딱딱한 식재료를 부드럽게 조리함(예: 삶거나 볶음, 칼집을 냄)
침 분비 감소	국물을 걸쭉하게 만듦, 식사 횟수를 늘림(예: 녹말가루를 이용해 국물을 약간 걸쭉하게 만듦)
미각 변화	소금 대신 다양한 향신료 이용하여 입맛을 돋움(예: 식초, 레몬, 유자 등 신맛을 이용)
변비	현미밥이나 잡곡밥 섭취, 다양한 채소를 부드럽게 조리함
식욕 저하	음식 재료, 향기, 색, 모양, 온도, 질감 등을 다양하게 함
연하 곤란	삼키기 쉬운 부드러운 식품이나 조리법을 선택함(예: 연두부, 달걀찜)

표 6–28 **노인 식단의 예(65~74세 남자, 2,000kcal, B타입 기준)**

식단	식품군 및 권장 섭취횟수	재료	분량 (g)	밥 (곡류) 3.5	단백질 반찬 (고기·생선· 달걀·콩류) 4	채소 반찬 (채소류) 8	과일류 2	우유· 유제품류 1
아침	참치채소죽	쌀	65	쌀(0.7)				
		참치	30		참치(0.5)			
		시금치	7			시금치(0.1)		
		양파	7			양파(0.1)		
		당근	7			당근(0.1)		
	마늘종멸치볶음	마늘종	20			마늘종(0.3)		
		멸치	15		멸치(0.5)			
	청포묵무침	청포묵	200	청포묵(0.3)				
		김	1.5			김(0.7)		
	나박김치	나박김치	28			나박김치(0.7)		
소계				1	1	2		
점심	차조밥	차조, 쌀	70	차조, 쌀(0.8)				
	감자두부된장국	감자	90	감자(0.2)				
		두부	40		두부(0.5)			
	닭고기볶음	닭고기	60		닭고기(1)			
		당근	35			당근(0.5)		
		양파	35			양파(0.5)		
	가지나물볶음	가지	70			가지(1)		
	오이생채	오이	70			오이(1)		
소계				1	1.5	3		
저녁	흑미밥	흑미, 쌀	90	흑미, 쌀(1)				
	미역국	미역(마른것)	10			미역(마른것)(1)		
		쇠고기	30		쇠고기(0.5)			
	병어조림	병어	70		병어(1)			
	버섯볶음	느타리버섯	15			느타리버섯(0.5)		
		표고버섯	15			표고버섯(0.5)		
	백김치	백김치	40			백김치(1)		
소계				1	1.5	3		
간식	인절미	인절미	75	인절미(0.5)				
	호상요구르트	요구르트(호상)	100					요구르트(호상)(1)
	귤	귤	100				귤(1)	
	바나나	바나나	100				바나나(1)	
소계				0.5			2	1

* 유지 및 당류(섭취횟수 4회)는 조리 시 가급적 적게 사용할 것을 권장함.

2 가족 식단

  가정의 식생활관리자는 대부분의 경우 가족을 단위로 식단을 작성하게 된
다. 이때 가족 구성원 개개인의 성별과 연령에 따라 섭취해야 할 에너지와 영
양소 필요량이 각각 다르므로 식사구성안을 참고로 각 가족 구성원의 식품군
별 하루 섭취횟수를 구해야 한다 **표 6-29**. 가족 구성원의 식품군별 섭취횟수를
합하여 끼니 배분표에서 세 끼니에 골고루 배분한 후, 주식과 반찬을 결정하
여 식단을 작성한다 **표 6-30**. 미리 작성된 가족 식단을 근거로 식품을 구입하게
되면 영양뿐만 아니라 경제적으로도 합리적인 식생활을 영위할 수 있다. 보건
복지부와 한국보건사회연구원에서 최저생계비 산출을 위해 제시한 표준가구(1
안)를 기준으로 4인 가족의 식단을 작성한 예는 다음과 같다 **표 6-31**.

표 6-29 **식사구성안에 따른 가족 구성원별 각 식품군의 권장섭취횟수**

대상	기준 에너지 (kcal)	밥 (곡류)	고기 · 생선 · 달걀 · 콩류	채소 반찬 (채소류)	과일류	우유 · 유제품류	유지 · 당류
아버지(47세)	2,400 B	4	5	8	3	1	6
어머니(44세)	1,900 B	3	4	8	2	1	4
아들(16세)	2,600 A	3.5	5.5	8	4	2	8
딸(13세)	2,000 A	3	3.5	7	2	2	6
합계		13.5	18	31	11	6	24

자료: 보건복지부 · 한국영양학회, 2020 한국인 영양소 섭취기준 활용연구, 2021

표 6-30 **각 식품군별 권장섭취횟수의 끼니 배분표**

구분	밥 (곡류)	단백질 반찬 (고기 · 생선 · 달걀 · 콩류)	채소 반찬 (채소류)	과일류	우유 · 유제품류
아침	4	6	10		
점심	4.5	6	10		
저녁	5	6	11		
간식				11	6
합계	13.5	18	31	11	6

표 6-31 **가족 식단의 예**

식단	식품군 및 권장 섭취횟수	재료	분량 (g)	밥 (곡류) 13.5	단백질 반찬 (고기 · 생선 · 달걀 · 콩류) 18	채소 반찬 (채소류) 31	과일류 11	우유 · 유제품류 6
아침	기장밥	기장, 쌀	360	기장, 쌀(4)				
	김치콩나물국	콩나물	140			콩나물(2)		
		배추김치	40			배추김치(1)		
		건멸치	15		건멸치(1)			
	달걀김말이	달걀	300		달걀(5)			
		김	4			김(2)		
	호박나물	호박	140			호박(2)		
	백김치	백김치	120			백김치(3)		
소계				4	6	10		
점심	쌀밥	쌀	405	쌀(4.5)				
	돼지고기우거지탕	돼지고기	180		돼지고기(3)			
		우거지	70			우거지(1)		
	마늘종새우볶음	마늘종	140			마늘종(2)		
		건새우	45		건새우(3)			
	취나물무침	취나물	210			취나물(3)		
	깍두기	깍두기	160			깍두기(4)		
소계				4.5	6	10		
저녁	보리밥	보리, 쌀	360	보리, 쌀(4)				
	버섯전골	쇠고기	120		쇠고기(2)			
		모듬버섯	90			모듬버섯(3)		
	조기구이	조기	280		조기(4)			
	부추전	부추	140			부추(2)		
		양파	210			양파(3)		
		밀가루	100	밀가루(1)				
	배추김치	배추김치	120			배추김치(3)		
소계				5	6	11		
간식	우유	우유	800(mL)					우유(4)
	호상요구르트	요구르트(호상)	200					요구르트(호상)(2)
	사과	사과	400				사과(4)	
	귤	귤	500				귤(5)	
	바나나	바나나	200				바나나(2)	
소계							11	6

* 유지 및 당류(섭취횟수 24회)는 조리 시 가급적 적게 사용할 것을 권장함.

최저생계비의 산출

- 최저생계비는 국민의 건강하고 문화적인 생활을 유지하기 위하여 소요되는 최소한의 비용을 의미한다.
- 보건복지부에서 매년 9월 1일까지 다음 연도의 최저생계비를 공표하며 3년마다 계측조사를 실시한다.
- 2차에 걸쳐 전국 일반가구 및 저소득가구를 대상으로 소득, 재산, 지출실태 등을 조사한다.
- 실태조사 결과를 토대로 4인 가구(부 47세, 모 44세, 자녀 16세, 13세로 구성)를 표준가구(1안)로 결정하고 가구균등화지수(가구원수의 변화에 따른 지출액의 변화율)를 도출한다.
- 보유비율 2/3 이상인 품목을 필수품으로 산정하고, 시장조사 및 통계청 자료 등을 활용하여 품목별 가격 및 사용량을 결정한다.
- 필수품으로 선정된 품목의 가격 및 사용량을 토대로 표준가구의 최저생계비를 결정하고 여기에 가구균등화지수를 적용하여 가구 규모별 최저생계비를 구한다.

자료 : 보건복지부 · 한국보건사회연구원, 2020년 기초생활보장 실태조사 및 평가연구, 2020

과제

1. 식사구성안을 이용하여 20세 여대생의 하루 식단을 작성해 보자.
2. 본인의 가족 또는 가상의 가족구성원을 구상하고 가족의 하루 식단을 작성해 보자.

3 특수성을 고려한 식단

1) 채식 식단

동물성 식품이나 생선이 포함되지 않은 식사를 준비하는 채식주의는 주로 종교적인 데서 출발하는 경우가 많지만, 최근 건강상의 이유로 채식을 선택하는 경우도 종종 볼 수 있다. 채식 식단에서는 제공되는 열량에 비해 부피가 큰

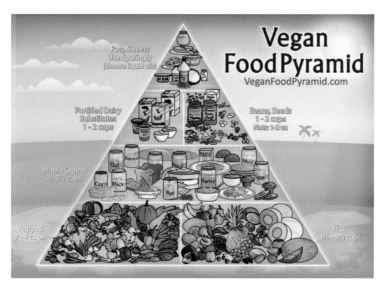

그림 6-2 **채식주의자들을 위한 식품피라미드**
자료: veganFoodPyramid.com

채소류를 주로 섭취하므로 에너지 필요량을 충족시키기 쉽지 않다. 또한 채식 식단은 식품 선택의 폭이 좁으므로 이에 따른 영양문제가 발생될 수 있다. 우유, 달걀을 섭취하는 채식주의자들도 있으나 그림 6-2 동물성 식품을 엄격히 배제하는 경우 비타민 B_{12}의 결핍을 초래할 수 있으며, 우유를 먹지 않는 채식주의자의 경우에는 칼슘이 결핍되기 쉽다. 따라서 채식 식단을 작성할 때에는 부족해지기 쉬운 필수 영양소를 적정 수준으로 섭취하도록 체계적인 식사계획이 필요하다 표 6-32.

표 6-32 **채식주의자의 분류**

분류	섭취식품	부족해지기 쉬운 영양소
완전채식주의자 (pure vegetarian)	식물성 식품 (곡류, 두류, 채소류, 과일류)	단백질, 비타민 D, 비타민 B_{12}, 칼슘, 철
우유채식주의자 (lactovegitarian)	식물성 식품, 우유, 유제품	철
달걀채식주의자 (ovovegitarian)	식물성 식품, 달걀	비타민 D, 비타민 B_{12}, 칼슘, 철
우유달걀채식주의자 (lacto-ovovegitarian)	식물성 식품, 우유, 유제품, 달걀	철

(1) 채식 식단 작성 시 고려사항

- 정제되지 않은 곡류, 두류, 견과류 등을 포함한 다양한 식품을 선택한다.
- 다양한 색의 신선한 채소와 과일을 선택한다.
- 우유는 두유로 대체할 수 있으며, 우유채식의 경우에는 저지방 함량의 우유나 유제품을 이용한다.
- 당이 많이 가미된 음식, 튀김 등의 매우 기름진 음식, 정제된 음식을 최소화한다.
- 채식은 식단이 단조로워지기 쉬우므로 다양한 식품을 선택하고, 조리법을 개발한다.

표 6-33 **채식 식단에 강조되는 영양소별 음식의 예**

강조되는 영양소	식단에서 사용할 수 있는 음식의 예
식품성 단백질	콩자반, 콩비지찌개, 두부된장국, 연두부찜, 두부조림
철	시금치들깨무침, 미역줄기볶음, 브로콜리무침, 깻잎나물, 쑥설기
아연	현미밥, 보리밥, 시금치나물, 두부부침, 콩나물, 두유, 땅콩, 아몬드

(2) 채식 식단 예

표 6-34 **채식 식단의 예(성인 여자, 1,900kcal 기준)**

식단	식품군 및 권장 섭취횟수	재료	분량 (g)	밥 (곡류) 3	단백질 반찬 (고기·생선·달걀·콩류) 5[1]	채소 반찬 (채소류) 8	과일류 2
아침	현미찹쌀밥	현미	40	현미, 쌀(1)			
		쌀	50				
	콩비지찌개	콩비지	80		콩비지(1)		
		김치	20			김치(0.5)	
	시래기볶음	시래기	35			시래기(0.5)	
	깻잎나물	깻잎	35			깻잎(0.5)	
	배추김치	배추김치	20			배추김치(0.5)	
소계				1	1	2	
점심	채소영양밥	쌀	90	쌀(1)			
		당근	35			당근(0.5)	
		우엉	20			우엉(0.5)	
		무	35			무(0.5)	
		양송이버섯	15			양송이버섯(0.5)	
	두부 된장국	두부	40		두부(0.5)		
	콩자반	검은콩	30		검은콩(1.5)		
	미역줄기볶음	미역줄기(생)	15			미역줄기(0.5)	
	청경채겉절이	청경채	35			청경채(0.5)	
소계				1	2	3	
저녁	기장밥	기장	15	기장, 쌀(0.7)			
		쌀	50				
	표고버섯전골	표고버섯	60			표고버섯(2)	
		흰떡	45	흰떡(0.3)			
	연두부찜	연두부	80		연두부(1)		
	무조림	무	35			무(0.5)	
	브로콜리샐러드	브로콜리	35			브로콜리(0.5)	
소계				1	1	3	
간식	두유		200		두유(1)		
	사과		100				사과(1)
	바나나		100				바나나(1)
소계					1		2

* 유지·당류(섭취횟수 4회)는 조리 시 소량씩 사용
1) 성인 여성 1,900kcal 기준 식사구성안의 우유·유제품류 1회 분량을 대신하여 단백질 반찬 1회 분량에 간식의 두유 1회를 추가하여 재구성

더보기 우리의 고유한 채식 식단 – 사찰음식

사찰음식은 스님들이 사찰에서 일상적으로 먹는 음식으로 우리가 즐겨 먹는 음식들과 크게 다르지 않지만 불교 사상에 따라 동물성 식품과 오신채(파, 마늘, 달래, 부추, 흥거)의 사용을 금하고 있다. 사찰음식은 제철에 쉽게 구할 수 있는 자연식품을 사용하여 식재료 본연의 맛과 향을 최대한 살려 음식의 맛이 담백하고 정갈하며, 다시마, 버섯, 들깨, 콩가루, 조청 등 천연 조미료와 향신료를 사용한다. 또한 동물성 식품의 제한으로 인한 채식 식단의 단조로움을 보충하기 위해 다양한 채소와 산채류, 미역, 다시마 등의 해조류를 이용한 음식 및 장류, 침채류 등의 저장식품이 발달하였고, 콩이나 두부, 된장 등의 두류제품을 많이 이용하여 단백질을 보충하고, 부족한 에너지는 튀김, 전 등에 식물성 기름을 사용하여 충족시킨다. 최근 사찰음식은 과다한 동물성 식품과 지방의 과잉 섭취로 인한 각종 성인병의 예방과 체중관리에 도움이 되는 건강식으로 인식되어 많은 관심을 끌고 있다.

2) 알레르기 예방 식단

식품 알레르기는 일반인에게는 어떤 증상이나 해가 나타나지 않으나, 특정인이 섭취하였을 때 그 식품에 대해 과도한 면역반응을 일으키는 것이다. 식품 알레르기는 피부(두드러기, 아토피 피부염, 혈관부종 등)나 소화기(구토, 설사, 복통), 호흡기(천식, 비염), 심혈관/순환기 등 여러 기관에서 그 증상이 나타나며 특히 아나필락시스, 혈압 저하나 천식 발작 등이 일어나는 경우 위험하므로 응급 처치가 필요하다. 따라서 특정 식품에 알레르기가 있는 경우 식단에서 알레르기 반응의 원인이 되는 항원 식품의 사용을 금한다.

(1) 알레르기 예방 식단 작성 시 고려사항

알레르기를 잘 유발하는 식품은 달걀, 우유, 콩, 땅콩 등이다. 식품의약품안전처의 식품 등의 표시기준에서는 한국인에게 알레르기를 유발할 수 있는 식품이나 물질로 난류(가금류), 소고기, 돼지고기, 닭고기, 새우, 게, 오징어, 고등어, 조개류(굴, 전복, 홍합 포함), 우유, 땅콩, 호두, 잣, 대두, 복숭아, 토마토, 밀, 메밀, 아황산 포함 식품 등을 지정하였다. 연령대에 따라 식품 알레르기의 원인 식품에 다소 차이가 있으며, 영유아에게서 흔히 나타나는 알레르기 유발식

표 6-35 **알레르기 유발식품과 특징 및 대처 방법**

알레르기 유발식품	특징 및 대처 방법
우유	• 주로 유아에게서 나타남. 2~4세 되면 대부분 자연 치유됨 • 만 1년까지 모유 먹이기 • 알레르기 유발 단백질을 가수분해한 우유 먹이기
달걀	• 만 5세 이하, 가족력이 있거나 아토피성 피부염을 앓고 있는 경우 달걀 알레르기가 있기 쉬움
밀(글루텐)	• 글루텐이 포함되지 않은 곡류 섭취
콩	• 콩 알레르기가 있으면 콩제품(된장, 두부, 유부 등), 콩나물 등에도 민감
과일	• 과일 알레르기는 드물고 증상도 가벼운 편임 • 사과, 바나나, 체리, 키위, 복숭아, 멜론, 파인애플, 자두, 딸기, 배, 토마토 등 • 껍질을 벗겨 먹기, 오래된 과일 먹지 않기, 조리해 먹기 등 방법 이용
견과류	• 어린이, 성인 모두에게 알레르기 유발 • 호두, 아보카도, 밤 등
해산물	• 어린이와 성인 모두에게 알레르기 유발 • 조개, 새우, 게, 오징어, 낙지, 등푸른 생선(고등어, 꽁치) 등의 식품에서 알레르기가 유발되기 쉬움

자료: 식품의약품안전처, 식품 안전이슈 20가지: 15. 식품 알레르기, 2017

표 6-36 **알레르기 유발식품과 대체식품**

제한식품	피해야 할 식품	대체식품
밀	크래커, 마카로니, 스파게티, 국수 등 밀가루로 만든 식품	밀이 없는 빵과 크래커, 옥수수, 쌀, 팝콘, 호밀, 고구마, 감자
달걀	커스터드, 푸딩, 마요네즈, 달걀이 함유된 식품	달걀 없이 구운 빵, 스파게티, 쌀, 두부
우유	치즈, 아이스크림, 요구르트, 버터, 크림수프	우유가 들어있지 않은 식품, 두부, 코코아
쇠고기	쇠고기 수프, 쇠고기 소스	콩으로 만든 육류 대체품
돼지고기	베이컨, 소시지, 핫도그, 돼지고기로 만든 소스	쇠고기 핫도그, 흰살생선
생선	생선 통조림	두부, 달걀, 쇠고기, 닭고기
콩류	콩가루, 두유, 콩버터, 콩소스	너트 우유, 코코넛 우유
옥수수	팝콘, 콘시럽	고구마, 쌀가루, 밀가루
초콜릿	캔디, 코코아	설탕

자료: 한성림 등, 사례로 이해를 돕는 임상영양학, 2021. 구재옥 등, 식사요법(4판), 2021

품은 우유, 달걀, 콩, 밀, 호두, 땅콩 등이다. 청소년이나 성인의 경우 보통 새우, 조개, 갑각류, 생선, 메밀, 과일 등이 알레르기를 일으키며, 이외에 다양한 식품들이 알레르기를 유발할 수 있다.

가족 구성원 중에서 어떤 식품에 알레르기가 있는지 파악하고 이러한 식품의 영양소(예: 단백질, 칼슘 등)를 고려하여 대체식품을 이용한 식단을 작성한다. 알레르기 유발식품과 특징은 **표 6-35**에, 알레르기 유발식품의 대체식품에 관한 정보는 **표 6-36**에 제시되어 있다.

⋯ 더보기 ## 식품 알레르기가 있는 경우 고려 사항

식품 선택 시
- 식품은 신선한 것을 선택하고, 부패하기 쉬운 동물성 단백질 식품의 구매나 보관에 유의한다.
- 가공식품, 반조리식품 사용은 가급적 피한다.
- 향이 강하거나 독을 제거해야 하는 채소는 피한다.
- 식용유는 신선한 것을 사용한다.
- 향신료는 가급적 사용하지 않는다.
- 소화, 흡수가 잘 되는 것을 섭취한다.
- 어린이 간식이나 음료를 제공할 때 알레르겐이 있는지 확인한다.

조리법
- 가열
  단백질은 가열에 의해 변성이 일어나면 항원으로 작용하지 않을 수 있음
  예) 빵은 토스트로, 육류는 구이, 편육 등으로 제공
- 발효에 의한 저항 완화
  된장, 간장, 청국장, 고추장 등 이용
- 우려내기로 알레르겐을 줄일 수 있음
  예) 토란줄기, 죽순, 고사리, 도라지 등
- 식품소재의 복합 이용
  예) 우유 단독보다 크림스프, 푸딩, 케이크 등
- 가공식품 제한

자료: 구재옥 등, 식사요법(4판), 2021

(2) 알레르기 식단 예

최근 유아나 초등학생 등 급식 식단에서는 알레르기를 유발하는 식품을 표기하고 있다. 알레르기 식품이 표기된 유아의 점심급식 식단의 예는 **표 6-37**에

표 6-37 **유아 점심식단의 예: 알레르기 식품 표기**

월	화	수	목	금	토
찹쌀현미밥 시금치된장국 ⑤⑥ 오징어볶음 ⑤⑥⑰ 연두부+흑임자소스 ①⑤⑥ 배추김치 ⑨	백미밥 애호박새우젓국 ⑨ 파돼지불고기 ⑤⑥⑩ 하얀무생채 배추김치 ⑨	달걀채소볶음밥 ①⑤⑥ 김칫국 ⑨ 맛살튀김 ①⑤⑥⑧ 깍두기 ⑨ 양상추샐러드(오리 엔탈드레싱) ⑤⑥	기장밥 순두부백탕 ①⑤ 쇠고기장조림 ⑤⑥⑯ 감자채볶음 ⑤⑥ 배추김치 ⑨	흑미밥 아욱맑은국 ⑤⑥ 닭가슴살데리야끼 구이 ⑤⑥⑮ 탕평채 ⑤⑥ 배추김치 ⑨	두부소보로덮밥 ⑤⑥ 다시마뭇국 ⑤⑥ 치즈스틱 ②⑤ 배추김치 ⑨
백미밥 청경채맑은국 너비아니구이 ⑤⑩⑯ 콩나물무침 ⑤ ⑥ 배추김치 ⑨	차조밥 쑥갓된장국 ⑤⑥ 토마토달걀볶음 ①⑤⑫ 오징어링튀김 ⑤⑥⑰ 배추김치 ⑨	간풍돼지고기덮밥 ①⑤⑥⑩ 미역국 ⑤⑥ 고구마샐러드(마요 네즈) ①⑤ 배추김치 ⑨	수수밥 어묵국 ⑤⑥ 닭감자조림 ⑤⑥⑮ (달걀제외)굴전 ⑤⑥⑱ 깍두기 ⑨	백미밥 봄동맑은국 ⑨ 두부찜+김치볶음 ⑤⑨ 연근조림 ⑤⑥ 깍두기 ⑨	잡곡밥 실파미소장국 ⑤⑥ 생선까스 ⑤ 푸실리샐러드 ⑤⑥⑫ 배추김치 ⑨
흑미밥 쇠고기뭇국 ⑯ 달걀채소폭찹 ①⑤⑥⑫ 볼어묵조림 ⑤⑥ 배추김치 ⑨	찹쌀현미밥 들깨채소국 ⑤⑥ 돼지고기찜 ⑤⑥⑩ 새송이버섯나물 ⑤⑥ 배추김치 ⑨	백미밥(추가) 크림스프 ②⑥ 두부함박스테이크 ①⑤⑥⑩ 코울슬로샐러드 ①⑤ 깍두기 ⑨	백미밥 아욱된장국 ⑤⑥ 삼치간장조림 ⑤⑥ 건파래무침 깍두기 ⑨ 배추김치 ⑨	기장밥 시래기맑은국 쇠고기불고기 ⑤⑥⑯ 숙주나물 ⑤⑥ 깍두기 ⑨	닭갈비덮밥 ⑤⑥⑮ 우동국물 양상추샐러드 (키위드레싱) ①⑤ 채소고로케 ①⑤⑥ 배추김치 ⑨
백미밥 만둣국 ①⑤⑥⑩ 연두부달걀찜 ①⑤ 실곤약채소무침 ⑤⑥ 깍두기 ⑨	수수밥 들깨채소국 ⑤⑥ 새우굴소스볶음 ⑤⑨⑱ 달래전 ①⑤⑥ 배추김치 ⑨	훈제오리볶음밥 ⑤⑥ 부추된장국 ⑤⑥ 춘권튀김 ⑤⑥⑩ 양상추딸기샐러드 (요거트) ② 깍두기 ⑨	차조밥 두부맑은국 ⑤ 돼지고기연근조림 ⑤⑥⑩ 애호박나물 ⑤⑥ 깍두기 ⑨	잡곡밥 닭개장 ⑤⑥⑮ 시금치달걀말이 ①⑤⑥⑧ 진미채무침 ⑤⑥ 깍두기 ⑨	쇠고기콩나물밥+양 념장 ⑤⑥⑯ 실파미소장국 ⑤⑥ 두부강정 ⑤⑥⑫ 배추김치 ⑨

* ①난류 ②우유 ③메밀 ④땅콩 ⑤대두 ⑥밀 ⑦고등어 ⑧게 ⑨새우 ⑩돼지고기 ⑪복숭아 ⑫토마토 ⑬아황산류 ⑭호두 ⑮닭고기 ⑯ 쇠고기 ⑰오징어 ⑱조개류(굴, 전복, 홍합 포함) ⑲잣
* 아황산류: 표백제, 보존제, 산화방지제 목적으로 사용되는 식품첨가물의 형태로 대부분 식품에 포함
자료: 중앙어린이급식관리지원센터, 2022년 1월 식단(만 3~5세 유아 식단)

있다. 성인의 하루 식단에서 알레르기 유발식품과 이의 대체식품을 제시한 예는 표 6-38에, 식단의 구체적인 예는 표 6-39에 제시하였다.

표 6-38 **성인 알레르기 식단의 예(2,400B)**

식사	알레르기 유발식품을 포함한 식단	대체 식단
아침	보리밥 조개시금치국 고등어무조림 숙주나물 김치	보리밥 시금치된장국 장조림 숙주나물 김치
점심	흑미밥 호박새우젓찌개 생선전 도라지오이생채 깍두기	흑미밥 순두부찌개 달걀채소말이 도라지오이생채 깍두기
저녁	현미밥 미역국 돼지고기채소볶음 도토리묵무침 김치	현미밥 미역국 소고기채소볶음 도토리묵무침 김치
간식	우유 복숭아 사과 참외	우유 포도 사과 참외

* 돼지고기/어패류/복숭아 알레르기가 있는 경우

표 6-39 **성인 알레르기 대체 식단의 식사별 구성 예(2,400B)**

식단	식품군 및 권장 섭취횟수	재료	분량 (g)	밥 (곡류) 4	단백질 반찬 (고기 · 생선 · 달걀 · 콩류) 5	채소 반찬 (채소류) 8	과일류 3	우유 · 유제품류 1
아침	보리밥	쌀, 보리	120	쌀, 보리(1.3)				
	시금치된장국[1]	시금치	35			시금치(0.5)		
		멸치	7.5		멸치(0.5)			
		된장	10		된장(0.5)			
	장조림[2]	홍두깨	60		홍두깨 (1)			
		꽈리고추	10			꽈리고추(0.15)		
	숙주나물	숙주	60			숙주(0.85)		
	김치	배추김치	40			배추김치(1)		
소계				1.3	2.0	2.5		
점심	흑미밥	쌀, 흑미	120	쌀, 흑미(1.3)				
	순두부찌개[3]	순두부	100		순두부(0.5)			
		양파, 호박	35			양파,호박(0.5)		
	달걀채소말이[4]	달걀	60		달걀(1)			
		당근, 파	35			당근, 파(0.5)		
	도라지오이생채	도라지	35			도라지(0.5)		
		오이	25			오이, 파(0.5)		
		파	10					
	깍두기	깍두기	40			깍두기 (1)		
소계				1.3	1.5	3		
저녁	현미밥	쌀, 현미	120	쌀, 현미(1.3)				
	미역국	미역(건)	5			미역(0.5)		
		쇠고기	20		쇠고기(0.3)			
	소고기채소볶음[5]	쇠고기	70		쇠고기(1.2)			
		양파	35			양파(0.5)		
		호박	35			호박(0.5)		
	도토리묵무침	도토리묵	70	도토리묵(0.1)				
		실파	10			실파(0.15)		
	김치	배추김치	35			배추김치(0.85)		
소계				1.4	1.5	2.5		
간식	우유		100					우유(1)
	포도[6]		100				포도(1)	
	사과		100				사과(1)	
	참외		150				참외(1)	
소계							3	1

1)조개시금치국, 2)고등어무조림, 3)호박새우젓찌개, 4)생선전, 5)돼지고기채소볶음, 6)복숭아 대신 이용
* 돼지고기/어패류/복숭아 알레르기가 있는 경우

3) 체중조절 식단

비만은 최근 큰 이슈가 되는 건강 문제 중 하나이다. 비만은 오랜 시간 에너지 섭취량이 에너지 소비량보다 높아 지방조직이 과도하게 축적된 상태로 2형당뇨병을 비롯한 고혈압, 이상지질혈증, 통풍, 담낭질환 등의 합병증을 유발할 수 있는 위험요인으로 알려져 있다. 비만관리를 위한 영양관리의 주안점은 체단백질의 감소를 피하면서 체내에 축적된 지방을 감소시켜 체중을 줄이는 것이다. 체중조절을 위한 식단은 개인별 특성과 식습관를 토대로 1주일에 0.5kg 정도의 감량을 목표로 저에너지식을 계획하며 이로 인해 부족 되기 쉬운 필수영양소를 적정 수준으로 섭취하도록 체계적인 식단계획이 필요하다.

(1) 체중조절 식단의 유의점

- **주식, 국**: 잡곡밥, 무밥, 버섯밥 같이 당지수를 낮추며 식이섬유가 풍부하고 포만감을 주는 음식을 선택한다. 국수와 같이 정제된 곡류를 이용한 음식은 채소나 다른 반찬을 충분히 함께 섭취하여 혈당이 빠르게 상승하는 것을 막고, 국물은 염분이 많으므로 국물 섭취는 주의한다.
- **단백질 반찬**: 체단백질의 손실을 막기 위해 양질의 단백질을 충분히 공급하는 것이 중요하다. 최근 탄수화물의 에너지 비율을 최소화하며 단백질 위주의 식사를 하거나 지방 위주의 식사가 유행하기도 하는데, 지나친 저탄수화물 고단백 식사는 고요산혈증이나 신장에 부담을 줄 수 있으며 지나친 저당질 고지방식사는 과도한 포화지방산 섭취와 케톤산혈증의 우려가 있다.
- **채소·해조류 반찬**: 채소와 해조류는 에너지는 적으면서 비타민과 무기질이 풍부하며 식이섬유와 수분을 많이 지니고 있어 체중조절 식단의 적절한 반찬이라고 할 수 있다. 조리 시 기름을 많이 사용하지 않고 샐러드 드레싱도 열량이 높지 않도록 주의한다. 특히 해조류는 저열량일 뿐 아니라 포만감을 줄 수 있으므로 적극 권장한다.
- **간식**: 과일 중에서도 당질 함량이 많은 과일보다는 당질이 적고 비타민이

저탄고지 다이어트? 케톤식?

최근 식사의 에너지 구성 비율을 지방 70~80%, 단백질 20%, 탄수화물 10% 이하로 탄수화물 섭취를 극도로 줄이고 대부분 지방으로 섭취하는 식사패턴에 관심을 가진 사람들이 많다. 우리 몸은 탄수화물의 공급이 부족하면 지방을 주된 연료로 사용되면서 케톤체(ketone body)를 생성하여 에너지원으로 사용한다. 이때 지방의 대사 과정에서 나오는 케톤체는 산성을 띠고 있어 과도한 경우 혈액이 산성으로 변하는 산증(acidosis)를 유발할 수 있다. 정상인에게는 이러한 식사패턴이 큰 영향을 미칠 정도는 아니라고 하지만 오래 지속하면 문제가 될 수 있다는 주장도 있다.

탄수화물을 극도로 적게 섭취하면 근육 단백질이 분해되어 포도당으로 전환 후 혈당을 유지하게 되고 인슐린 분비가 적어지므로 지방합성이 적어진다. 즉, 지방을 지속적으로 에너지원으로 사용하게 되는 원리로 체중감량의 효과가 나타나게 된다. 그러나 극단적인 저탄고지 식사패턴은 과도한 케톤체의 생성으로 인한 부작용을 초래할 수 있으며 장기적으로는 고지방식으로 인해 포화지방과 콜레스테롤의 섭취가 증가하여 심혈관계 질환의 위험성이 증가될 수 있다. 이러한 식사패턴에 대해서는 오랜 기간에 걸친 연구 자료가 아직 부족할 뿐 아니라 지속적인 영양불균형으로 인한 부작용의 가능성을 염두에 둘 필요가 있다.

풍부한 딸기, 토마토, 키위 등의 과일을 선택한다. 콜라, 사이다 등의 청량음료와 설탕과 크림을 넣은 커피 등 고열량 음료는 피하고 보리차, 옥수수차, 허브차 등 당류가 많이 포함되지 않은 음료를 선택한다. 토마토, 오이, 브로콜리 등의 생채소를 먹기 좋은 크기로 잘라 채소스틱을 만들어 간식으로 이용한다.

• **기타**: 음식이 큰 그릇에 담기는 경우 분량이 적어 보이므로 작은 그릇에 담는다. 또한 가족이 한 그릇에서 음식을 덜어 먹는 경우 자신이 섭취한 분량을 알기 어려우므로 개인 그릇을 사용하는 상차림이 체중조절에 도움이 된다.

(2) 체중조절 식단 예

체중관리 식단을 작성하기 위해 21세, 신장 160cm, 체중 67kg, 보통 활동을 하고 있는 여대생을 예로 들어 보자. 우선 체중관리 식단을 작성하기 위해서는 대상자의 하루 필요에너지를 산출해야 한다. 지방 1kg을 줄이기 위해서는 약 7,000kcal의 에너지를 소모해야 되는 것으로 알려져 있으므로, 1주일에 0.5kg 감량을 목표로 하루 500kcal(3,500kcal/7일)를 적게 섭취하도록 식단을 작성해 본다.

- 대상자의 BMI: $67 \div 1.6 \times 1.6 = 26.2kg/m^2$
- 1일 필요에너지 $67kg \times 30kcal/kg$(보통 활동 기준) $= 2,010kcal$
- 1주일에 0.5kg 감량을 목표로 하루 500kcal를 적게 섭취하도록 하루 섭취 에너지를 약 1,500kcal/day(2,010 - 500)로 계획함.

① 에너지 필요량 및 권장식사패턴 확인

위의 사례에서 산출한 1일 에너지 필요량은 1,500kcal이며 성인이므로 1,500kcal B를 적용하여 권장식사패턴을 확인한다.

표 6-40 **에너지 필요량에 따른 식품군별 1일 권장섭취횟수**

대상	기준 에너지 (kcal)	곡류	고기 · 생선 · 달걀 · 콩류	채소류	과일류	우유 · 유제품류	유지 · 당류
21세 여성	1,500 B	2.5	2.5	6	1	1	4

자료: 보건복지부 · 한국영양학회, 2020 한국인 영양소 섭취기준 활용연구, 2021

② 각 식품군별 권장섭취횟수를 세 끼니 및 간식에 배분

각 식품군별 권장섭취횟수를 끼니별(간식 포함)로 나누어 배분표를 작성한다 표 6-41.

표 6-41 **각 식품 섭취횟수의 끼니 배분표**

구분	밥 (곡류)	단백질 반찬 (고기 · 생선 · 달걀 · 콩류)	채소 반찬 (채소류)	과일류	우유 · 유제품류
아침	0.6	1	2		1
점심	0.8	1	1.5		
저녁	0.8	0.5	2.5		
간식	0.3			1	
합계	2.5	2.5	6	1	1

③ 음식의 종류와 조리법을 정하여 식단표 작성

체중조절 식단 작성의 주안점을 고려하여 음식의 종류와 조리법을 정해 작성한 식단표의 예시는 **표 6-42**와 같다.

- 체중조절 식단 작성의 주안점

- 양질의 단백질식품이 포함된 식품을 선택한다.
- 단순당의 섭취를 줄이고 식이섬유가 풍부한 식품을 이용한다.
- 나트륨의 섭취를 줄이도록 노력한다.
- 튀김, 볶음보다 찜, 삶기, 조림 등의 조리법을 이용하면 열량을 줄일 수 있다.
- 포만감을 줄 수 있는 식재료를 선택한다.

- 체중조절 식단에 강조되는 영양소별 음식의 예

강조되는 영양소와 주안점	식단에서 사용할 수 있는 음식의 예
단백질	양배추달걀토스트, 연어샐러드, 생선구이, 두부부침, 소고기숙주볶음
식이섬유	통밀빵, 현미밥, 다양한 잡곡밥, 무밥, 버섯밥, 샐러드, 연근조림
포만감	들깨미역국, 양배추찜, 파래무침, 탕평채, 도토리묵무침, 버섯전골

표 6-42 **체중조절 식단의 예(여자, 1,500kcal, B타입 기준)**

식단	식품군 및 권장 섭취횟수	재료	분량(g)	밥(곡류)	단백질 반찬(고기·생선·달걀·콩류)	채소 반찬(채소류)	과일류	우유·유제품류
				2.5	2.5	6	1	1
아침	양배추달걀토스트	통밀식빵	70	통밀식빵(0.6)				
		달걀	60		달걀(1)			
		양배추	70			양배추(1)		
		당근	35			당근(0.5)		
		토마토	35			토마토(0.5)		
	저지방우유	저지방우유	200					저지방우유(1)
소계				0.6	1	2		1
점심	현미주먹밥	현미	72	현미밥(0.8)				
		김	1			김(0.5)		
	연어 샐러드	연어	70		연어(1)			
		양상추	28			양상추(0.4)		
		브로콜리	21			브로콜리(0.3)		
		파프리카	21			파프리카(0.3)		
	오리엔탈 드레싱	올리브유	5					
		간장	5					
		레몬즙	2					
		설탕	2					
소계				0.8	1	1.5		
저녁	무밥	쌀	72	쌀밥(0.8)				
		무	35			무(0.5)		
	들깨미역국	미역(마른 것)	5			미역(0.5)		
		들깨	5					
	소고기숙주볶음	쇠고기	30		쇠고기(0.5)			
		숙주	35			숙주(0.5)		
	연근조림	연근	20			연근(0.5)		
	상추겉절이	상추	35			상추(0.5)		
소계				0.8	0.5	2.5		
간식	찐고구마	고구마	70	고구마(0.3)				
	녹차	녹차	200					
	키위	키위	100				키위(1)	
소계				0.3			1	

* 유지·당류(섭취횟수 4회)는 조리 시 가급적 적게 사용할 것을 권장함.

요약

- 식단을 미리 계획하고 식품을 구입하면 개인 및 가족의 영양필요량을 고려한 균형 잡힌 식단을 마련할 수 있을 뿐 아니라 경제적으로 낭비를 줄일 수 있다. 식사구성안을 기초로 식단을 작성하며, 식단의 대상에 따라 영양적인 측면, 조리 후 색, 질감, 조리법을 고려한 건강 지향적인 식단을 작성한다.

- 임신·수유기에는 태아의 성장, 태반, 자궁, 유방 조직의 증가와 발육으로 인해 충분한 영양소가 공급되어야 하므로 양질의 단백질, 칼슘, 철, 엽산이 풍부한 식품을 선택하여 식단을 작성한다.

- 유아기는 성장에 필요한 충분한 영양소의 섭취가 필요한 동시에 음식에 대한 기호, 식습관이 형성되는 매우 중요한 시기이다. 따라서 우리 입맛에 익숙해지도록 전통음식을 식단에 반영하되 유아의 기호를 충족시킬 수 있도록 맛과 색을 고려한 메뉴와 조리법을 선택한다.

- 어린이는 꾸준한 성장이 이루어지는 시기이며, 활발한 신체활동으로 인해 충분한 영양소의 섭취가 필요하므로 칼슘, 철, 비타민 A, 비타민 C가 풍부한 식품을 선택한다. 또한 어린이 비만을 예방하도록 한다.

- 청소년기의 급성장에 필요한 영양 요구량이 충족되도록 식단을 작성하며 청소년기에 부족하기 쉬운 칼슘, 철, 아연이 풍부한 식단을 계획한다. 여학생의 경우 체중조절에 대한 지나친 관심으로 인해 섭식장애를 겪지 않도록 주의한다.

- 성인기는 당뇨병, 고혈압, 심혈관계질환 등 성인병의 위험이 나타나는 시기이므로 이를 예방하기 위해 단순당, 포화지방산, 콜레스테롤, 나트륨의 섭취가 과잉이 되지 않도록 주의하며, 식이섬유, 비타민, 무기질이 풍부한 식단을 작성한다.

- 노인기에는 후각, 미각, 시각 기능이 감퇴하며, 치아 탈락 및 소화액 분비의 감소, 면역기능 저하 등 신체적, 생리적 기능이 저하된다. 또한 노인기에는 기초대사율이 감소하여 에너지 필요량은 줄어들지만 소화가 용이한 양질의 단백질과 비타민, 무기질은 충분히 섭취되도록 식단을 작성한다.

- 가족의 식단을 작성할 때에는 가족 구성원별 각 식품군의 하루 섭취횟수를 모두 더한 다음, 끼니 배분표를 작성하여 영양필요량을 충족하도록 하며 가족 구성원의 기호와 특성을 고려하여 식단을 작성한다.

- 채식 식단은 식품 선택의 폭이 좁아 이에 따른 영양문제가 발생될 수 있으므로 다양한 식품을 선택하고 조리법을 응용하여 부족해지기 쉬운 필수 영양소를 적정수준으로 섭취하도록 체계적인 식사계획이 필요하다.

- 알레르기를 잘 유발하는 식품은 달걀, 우유, 콩, 육류, 새우, 게, 오징어, 조개류 등이다. 가족 구성원 중 특정 식품에 알레르기가 있는 경우 영양과 기호 등을 고려하여 이를 대체하는 식품과 음식으로 식단을 구성한다.

- 비만관리를 위한 체중조절 식단은 열량을 줄이되 균형 잡힌 영양소를 섭취하도록 체계적인 식단계획이 필요하다. 또한 식이섬유가 풍부하며 포만감을 줄 수 있는 식재료를 선택하여 식단을 구성한다.

실습: 생애주기별 식단 작성

1. 실습 목표
- 생애주기별 신체적, 생리적, 영양적 특성을 고려하고, 기호도를 반영하여 식단을 작성할 수 있다. 식사구성안을 활용한 식단 작성의 과정에 따라 식단 작성을 연습한다.
- 작성한 식단을 직접 조리해 봄으로써 각 생애주기별 적절한 식품 선택과 음식의 분량과 구성, 조리법 등을 익힌다.

2. 실습 내용
- 조를 구성한 뒤, 각 조에서 담당할 생애주기를 선택한다.
- 식사구성안을 활용한 식단 작성의 과정을 따라 생애주기별 식단을 작성한다(아래 그림 참고).
- 작성한 식단을 조리하는 데 필요한 식품을 준비한다.
- 작성한 식단을 조리 및 시식 후, 음식의 구성 및 분량, 맛, 색, 질감, 조리법 등에 대해 평가한다.

① 에너지 필요량 및 권장식사패턴 확인	
• 1일 에너지 필요량 확인 • 에너지 필요량에 적절한 권장식사패턴 선택	- 에너지 필요량 계산 또는 성별 · 연령별 기준에너지 파악 - 제시된 권장식사패턴 중 에너지 필요량에 가장 가까운 식사패턴을 선택하여 각 식품군별 권장섭취횟수 확인

② 각 식품군별 권장섭취횟수를 세 끼니 및 간식에 배분	
• 각 식품군별 권장섭취횟수를 아침, 점심, 저녁 및 간식으로 배분	- 끼니별로 각 식품군의 제공 횟수를 가능한 균등하게 배분 - 곡류는 각 끼니의 주식, 고기 · 생선 · 달걀 · 콩류는 단백질 반찬, 채소류는 채소 반찬으로 배분 - 우유 · 유제품류 및 과일류는 간식으로 배분

③ 음식의 종류와 조리법을 정하여 식단 작성	
• 음식의 종류와 조리법 선택 • 전체적인 식단 구성 검토	- 기호도, 신체적 · 생리적 특징, 건강 및 질병 상태 등을 고려하여 음식의 종류와 조리법 선택 - 메뉴의 다양성 및 조화, 계절식품의 활용 등 고려

3. 실습 시 고려사항
- 생애주기별 신체적, 생리적, 영양적 특성을 고려하고, 기호도를 반영하여 식단을 작성한다. 필요하면 대상의 성별, 연령, 신장 및 체중, 건강상태 등을 보다 세분화하여 설정하고, 그에 맞는 권장식사패턴을 선택한다.
- 끼니별로 각 식품군의 제공 횟수를 가능한 균등하게 배분하도록 한다.
- 식단 메뉴의 균형성, 다양성, 조화, 계절식품의 활용 등을 고려한다.

4. 실습 평가 및 고찰

- 조리된 식단을 조별로 전시하고, 각 조의 식단을 교수와 함께 비교, 평가한다.
- 조리된 식단을 각자 시식한 후 조별 토의한다.
- 작성된 식단이 식사구성안을 기초로 식단 작성의 단계를 따라 작성되었는지 평가한다.
- 작성된 식단이 생애주기의 특성 및 기호도를 반영하고 있는지 평가한다. 또한 다른 생애주기의 식단과는 어떤 차이가 있는지 비교한다.
- 식단의 메뉴 및 식품 구성, 분량, 맛, 색깔, 질감, 조리방법 등에 대해 평가한다. 또한 경제적 측면, 위생면, 능률면, 지속가능성면에 대해서도 식단을 평가한다.
- 사전에 식단 평가 체크리스트를 만들어 평가에 활용할 수 있다(아래 표 참고).

식단 평가 항목의 예시

	평가 항목	매우 그렇다	그렇다	보통 이다	그렇지 않다	매우 그렇지 않다
영양면	6가지 식품군을 골고루 포함한다.					
	식사 대상자의 영양필요량을 충족한다.					
	식재료가 중복되지 않는다.					
경제면	식재료의 구입에 필요한 비용이 예산을 초과하지 않는다.					
	계절식품, 혹은 가격이나 식품 구입 면에서 효율적인 식품을 활용한다.					
기호면	음식별 모양, 색깔, 질감, 조리법, 온도 등이 조화롭다.					
	식사 대상자에게 적절한 식재료나 조리법을 활용한다.					
위생면	위생 및 안전면에서 피해야 할 식재료는 포함하지 않는다.					
	조리자는 개인 위생을 지키며 조리한다.					
시간· 노력면	조리자의 작업 부담을 고려하여 메뉴를 구성한다.					
	조리 시간이 오래 소요되는 음식을 여러 개 포함하지 않는다.					
	동일한 조리 기구를 사용해야 하는 음식을 여러 개 포함하지 않는다.					
지속 가능성면	지역 농산물을 활용한다.					
	친환경 농산물을 활용한다.					
	포장재가 적게 사용된 상품을 활용한다.					

CHAPTER 7

식품의 구매 및 저장

1. 식품구매의 개요
2. 식품구매 계획
3. 식품구매 정보
4. 식품별 구매 방법
5. 식품의 저장
6. 식품별 저장 방법

CHAPTER **7**

식품의 구매 및 저장

식사 준비를 위해 좋은 품질의 식품을 합리적인 비용으로 구매하기 위해서는 구매량, 구매장소, 식품에 대한 정보가 매우 중요하다. 또한 식생활관리자는 구입할 식품의 신선도와 품질을 감별하는 능력이 필요하며 일단 식품을 구입한 이후에는 어떻게 저장하여야 품질이 잘 유지되는지에 대한 지식도 필요하다. 이 장에서는 합리적 식품구매를 위해 필요한 지식과 식품의 저장관리에 대하여 알아보고자 한다.

학습목표

1. 식품구매의 목적과 중요성을 이해하고 설명할 수 있다.
2. 식품유통경로와 시장의 특성을 설명할 수 있다.
3. 식품품질 표시와 인증제도를 이해하고 설명할 수 있다.
4. 식품별 구매방법을 이해하고 식품을 구매할 수 있다.
5. 식품저장의 원칙을 이해하고 식품별 특성에 알맞게 저장할 수 있다.

1 식품구매의 개요

좋은 품질의 식품을 경제적으로 구입하기 위해서는 식품의 필요량, 구매시간, 구매장소를 고려하여야 한다. 또한 식품에 따라 원하는 품질에 대한 정보와 감별 지식이 필요하다.

1) 식품의 품질 요소

식품 구매 시 고려해야 할 식품의 품질은 분량적 요소, 영양적 요소, 기호성 요소, 위생 및 안전성 요소로 나눌 수 있으며 식품 구매자는 각 요소에 대한 품질을 평가할 수 있는 지식이 필요하다.

(1) 분량적 요소

식품의 분량적 요소는 식품의 무게, 부피, 개수 등 정량적으로 측정 가능한 요소이다. 특히 포장에 표시된 제품의 종류와 분량이 정확하여야 한다. 식품 구매자에게 식사 준비에 필요한 식품의 분량을 확인하고 적절한 구매량을 결정하는 일은 가장 우선적인 일이다.

(2) 영양적 요소

식품의 영양적 요소는 인체에 필요한 영양소를 양적, 질적으로 어느 정도 포함하고 있는지를 의미한다. 가공식품의 경우 포장에 표시해야 하는 영양소 성분을 식품 관련 법규로 정하고 있다.

(3) 기호 · 관능적 요소

식품의 기호·관능적인 요소는 식품의 외관, 맛, 냄새, 질감 등에 대한 요소로 개인적인 경험과 습관에 따라 형성되므로 규격화하기 어려운 요소이나 식품 구매에 영향을 미치게 된다.

(4) 위생·안전성 요소

식품의 위생 및 안정성 요소는 잔류농약, 미생물 오염, 첨가물 등 식품의 위생과 안전에 관련된 요소로 가공식품의 경우 유전자 변형, 방사선조사 여부 등 식품의 안정성 요소를 포장에 표시하도록 되어 있다.

2) 식품 유통

식재료가 생산, 가공, 판매되는 전 과정을 식품유통 체계라고 할 수 있으며 생산된 식품 원료가 생산자로부터 최종 소비자까지 유통되는 전 과정을 의미한다. 식품유통 시장은 1차 시장, 2차 시장, 소매시장으로 나눌 수 있다**그림 7-1**. 합리적인 식품구매를 위해서는 각 식품의 생산, 가공 포장, 운송 방법과 유통 환경에 영향을 미칠 수 있는 여러 요인을 파악할 필요가 있다.

(1) 1차 시장

식품 원산지 또는 근처에서 형성되는 시장으로 농촌의 청과물시장, 어촌의 수산시장 등이 있다.

(2) 2차 시장(도매시장)

2차 시장은 식품 원산지로부터 농수산물을 대량으로 구매하여 지역 소매시

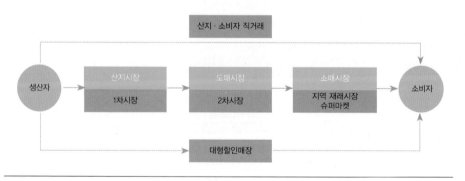

그림 7-1 **식품유통경로**

···
더보기
지역 농산물도 온라인 직거래로…

최근 인터넷 플랫폼을 이용하여 재배 과정을 보여주며 온라인 직거래를 통해 판로를 개척하는 농가가 늘고 있다. 농촌진흥청은 농업인을 대상으로 소비자들과 소통할 수 있는 온라인 농산물 판매 교육을 확대하고 있으며, 지역자치단체의 온라인 쇼핑몰도 활성화되고 있어 온라인 직거래 장터는 농가와 소비자가 직접 거래하는 새로운 시장으로 자리 잡고 있다.

온라인지역쇼핑몰과 연결된 관악구 홈페이지

전라남도 농수산물쇼핑몰 '남도장터' 홈페이지

장에 분배하는 도매시장을 의미한다. 도매시장으로는 양곡 시장, 농수산물 시장, 축산물 시장 등이 있다.

(3) 지역 소매시장

소비자가 식품을 구매하는 최종 단계의 시장으로 대형할인점, 슈퍼마켓, 재래시장, 편의점 등이 있다.

2 식품구매 계획

식단 작성 후 필요한 식품을 언제 어디서 구매할 것인가에 대한 계획이 필요하다. 이를 위해 식품의 구매량, 구매시간, 구매장소 등에 따른 정보를 기초로 의사결정의 우선순위를 정하여 식품을 구매를 계획한다.

1) 구매량

식단 내용에 따라 일정기간 동안 필요한 식품 분량이 계산되면, 폐기율을 고려한 필요량을 구매 포장단위로 환산하여 구매량을 결정하게 된다.

구매 필요량을 포장단위로 환산하기 위해서는 구입할 수 있는 구매형태와 포장단위 규격을 파악하여야 한다. 콩나물 1봉, 시금치 1단, 두부 1모의 무게 등 판매 포장단위 무게를 시장조사하여야 실제 구매량이 결정된다**표 7-1**. 사과, 배, 수박 등의 과일이나 무, 배추 등의 채소는 크기에 따라 무게가 다르므로 얼마나 구입해야 필요한 양을 공급할 수 있는지를 환산하여야 한다. 건버섯, 건미역 등 건조된 식품을 구매할 경우에는 물에 불렸을 때 늘어나는 양을 고려한다. 또한 저장되어 있는 식품의 양을 파악하여 유효기간 내에 사용 가능한 분량인지를 검토한 후 구매할 포장단위를 결정한다. 식단 작성 시 식품 재료를 유효기간 내에 사용할 수 있도록 고려하여 작성하면 식재료의 낭비를 방지할 수 있다.

> 구매 필요량 = 식단상의 구매 필요량 ×100 / (100 − 폐기율)

2) 구매 시간

구매 시간을 결정하기 위해서는 구매빈도를 함께 고려해야 하는데 구매빈도는 구매단위, 저장기간, 식생활관리자의 시간계획 등에 따라 달라진다. 식품의 품질이 저하되지 않는 범위에서 구매단위가 크면 자주 구매하지 않아도 된다. 또한 저장기간이 길면 구매빈도가 줄어들 수 있는데, 예를 들어 쌀, 보리 등의 곡류, 건조식품, 소금, 식초, 설탕 등은 장기간 저장이 가능하므로 자주 구매하지 않아도 된다. 시금

표 7-1 **식품의 판매단위와 무게의 관계**

구분	식품	판매단위	대략적인 무게
두류 가공품	포장두부	1모(중)	300~550g
	순두부	1봉	350~400g
	도토리묵	1모	400g
육류와 가금류	쇠갈비	1토막	50~70g
	닭고기	1마리(10호)	1kg
어패류	갈치	1마리(중)	500~600g
	고등어	1마리	300~400g
	낙지	1마리((중)	100~150g
	오징어	1마리	100~150g
난류	달걀	1개	40~70g
채소류	팽이버섯	1봉	100g
	대파	1대(1단)	40g(1.5kg)
	쪽파	1단	1kg
	오이	1개(중)	150~200g
	당근	1개(중)	150~200g
	깻잎	20장	30g
	고추	1개	20g
	양파	1개(중)	150~200g
	피망	1개	50~100g
	시금치, 미나리	1단	250~300g
	아욱, 근대	1단	500g
	애호박	1개	250~300g
	배추	1포기	2~3kg
	양배추	1통	1~2kg
	양상추	1통	500g
	무	1개	1.5~2kg
과일류	사과	1개(중)	200~250g
	배	1개(중)	500~600g
	참외	1개(중)	200~300g
	귤	1개(중)	100~120g
	딸기	1개(중)	15~20g

자료: 보건복지부 · 한국보건산업진흥원, 눈대중량의 부피 및 중량 환산 DB 자료집, 2007(자료 재구성)

치와 같은 잎채소는 3~5일간 저장 가능하지만 구입 후 즉시 데쳐서 냉동하면 1주일 이상 보관할 수 있다.

식생활관리자의 시간도 구매빈도에 영향을 주는데 예를 들어 신선식품의 경우에는 자주 구매를 하는 것이 바람직하지만 식생활관리자의 시간을 고려하여 구매계획을 세운다. 늦은 저녁 시간, 일시적인 할인 서비스 시간 등 일정 시간대를 정하여 가격을 인하하여 판매하는 타임 서비스를 활용하면 비용을 절약할 수 있다. 하지만 신선도가 떨어지는 경우도 있으므로 폐기율을 고려하여 구입하여야 한다. 식품을 구매할 때는 식품표시 사항을 확인하고 여러 가지 정보를 활용할 수 있을 정도의 시간 여유를 가지는 것이 바람직하다.

3) 구매 장소

구매 장소를 잘 결정하면 경제면, 위생면과 시간·노력면에서 식생활관리의 목표 달성에 큰 도움을 받을 수 있다. 하지만 모든 조건을 갖추고 있는 구매 장소를 찾기는 어려우므로 요인의 중요도에 따라 구매 장소를 결정하여야 한다.

(1) 구매 장소 결정에 영향을 주는 요인

① 위치

- 집에서 가까운 곳이 좋다. 집으로 가지고 오는 동안 냉장식품이나 냉동식품의 온도가 상승되어 품질이 나빠지지 않도록 이동시간이 짧아야 하는데 특히 여름에는 이 점이 중요하다.
- 주차하기 편리해야 한다. 즉, 구매 장소는 주차장소를 쉽게 찾을 수 있도록 주차공간이 충분해야 하며, 구매한 물품을 싣고 있는 카트를 자동차까지 가지고 가서 물품을 옮길 수 있는 시설을 갖추어야 한다.

② 청결성

- 진열상태나 바닥이 깨끗한 곳이 좋다.

- 냉장고나 냉동고도 청결한 상태를 유지하도록 모니터링하는 곳이어야 한다.

③ 물리적 환경

- 매장이 밝으면 소비자는 상품에 대해 좋은 느낌을 가지며, 식품표시를 더 잘 읽을 수 있다.
- 매장의 실내 온도는 쾌적한 온도를 유지해야 한다.
- 물품이 진열된 선반이 너무 높은 경우에는 꺼내기 어려우며 떨어지면서 사고가 발생할 가능성이 있으므로 적절한 높이의 선반에 진열해야 한다.
- 쇼핑카트는 복도의 넓이에 잘 맞아야 하고 쉽게 움직이도록 관리가 잘되어야 한다.

④ 직원의 서비스

- 구매 장소의 직원이 식품을 위생적으로 취급하며 물품 관련 문의에 관해 신속 정확하게 정보를 제공할 수 있는 곳이 좋다.
- 구매한 식품의 교환 등 고객불만 처리제도가 잘 갖추어져 있어야 한다.

⑤ 식품의 품질

- 유통기한이 지난 것이나 품질에 문제가 있는 것이 선반에 계속 전시되어 있는 곳은 피하는 것이 좋다.
- 식품의 품질이 좋은 상태로 유지되기 위해서 냉장고나 냉동고가 적절한 온도로 유지되는지 살펴본다.

⑥ 식품의 다양성

- 일반적으로는 다양한 상품을 모두 갖추고 있는 매장을 이용하는 것이 편리하므로 다양한 상품을 갖춘 구매 장소를 선택하는 것이 좋지만, 때로는 특정 물품에 대해 우수한 품질과 경쟁력을 갖추고 있는 전문매장도 있으므로 구매 시 이런 점을 고려한다.

⑦ **식품의 가격**

- 자주 구매하는 상품의 가격을 비교하여 구매 장소를 결정한다.
- 여러 단계의 유통과정을 거치면 가격이 높아진다. 최근에는 중간상을 거치지 않고 생산자와 직거래를 하는 매장도 있다.
- 가격이 싼 대신 구매 단위가 커서 유효기한 내에 사용할 수 없을 때는 구매 단위가 작은 것으로 구입하는 것이 합리적일 수 있다.

(2) 구매 장소의 종류별 특성

구매 장소로는 재래시장, 슈퍼마켓, 창고형 할인점, 편의점, 친환경식품 전문매장, 인터넷 주문배달 등이 있다.

그림 7-2 **재래시장**

① 재래시장

재래시장은 채소, 과일 등의 농산물이 슈퍼마켓이나 창고형 할인점에 비해 신선하고 가격이 저렴한 편이다. 그러나 주차가 어렵고 배달이 안 되는 것이 단점인데 최근에는 재래시장도 주차시설을 갖추는 등 고객 편의를 높이기 위해 노력하고 있다.

그림 7-3 **슈퍼마켓**

② 슈퍼마켓

체인 형태의 슈퍼마켓은 다양한 종류의 상품을 구입할 수 있다. 또한 구매 단위가 작은 상품을 구입할 수 있어 편리하다. 새로운 상품을 소개하는 이벤트나 인하 판매 등을 활용하면 좋은 상품을 싸게 구매할 수 있다.

③ 창고형 할인점

회원제로 운영하며 관리비를 절약함으로써 낮은 가격으로 구매할 수 있도록 한다. 상품은 창고에 쌓여 있는 형태로 진열되어 있고, 직원의 서비스가 부족하다. 유통기한이 길거나 많이 소비되는 상품의 경우에는 창고형 할인점에서 구매하는 것이 가격면에서 유리할 수 있다.

④ 편의점

편의점은 24시간 영업시스템으로 운영되는 경우가 많아 언제나 구입할 수 있다는 장점이 있지만 식품의 종류가 한정되어 있고 특히 신선식품이 없는 경우가 많다. 식품의 가격도 비싼 편이어서 식품을 구입하는 장소로는 적합하지 않으나 포장단위가 작아 1인 가구의 구매장소로 활용도가 높은 편이다.

⑤ 친환경식품 전문매장

최근 농약과 화학비료 및 첨가제 등 합성 화학물질을 사용하지 않거나, 최소량만 사용하여 생산한 농산물에 대한 수요가 증가하고 있다. 친환경식품 전문매장에서는 유기농 쌀, 잡곡, 신선 과채류, 절임류, 친환경 육류, 수산물, 가공식품 등 친환경 농산물을 구입할 수 있다. 슈퍼마켓 내의 해당 코너에서나 온라인을 통해서도 구입 가능하다.

⑥ 동네장터와 직거래장터, 로컬푸드 직매장

대도시의 주거밀집 지역에서는 1주일에 한두 번 동네에 장이 서기도 하며, 중소도시에는 주기적인 5일장이 열리기도 한다. 직거래장터는 생산자가 직접 판매하는 형태로 특별행사 시에 이루어지기도 하며 유통비용이 절감되어 가격이 저렴한 편이다. 로컬푸드 직매장은 농협 또는 지역 공공단체 등에서 지역 생산자의 판매수요와 소비자의 구매 수요를 연결하여 운영하는 직거래 매장이다.

⑦ 인터넷 주문배달

백화점, 대형 슈퍼마켓, 홈쇼핑의 인터넷사이트와 쇼핑 전문사이트 등에서 식품, 전처리된 식품, HMR 등 다양한 식품을 구입할 수 있다. 또한 고객이 배달 시간을 지정할 수도 있어서 매우 편리하다. 하지만 식품의 품질을 직접 확인하기 어려운 단점이 있다.

3 식품구매 정보

좋은 품질의 식품을 저렴한 가격으로 구입하기 위해서는 구매와 관련한 여러 가지 정보가 필요하다. 단위가격, 날짜표시뿐 아니라 식품품질관리를 위해 제도화한 식품표시 및 인증제도는 식품구매를 위해 필요한 정보이다.

1) 단위가격

가격에 대한 정보는 구매 장소를 결정하는 데 있어서 중요한 고려사항이다. 일반적으로 가격 정보는 포장단위에 따른 가격이 제시되므로 비교를 위해서는 이를 단위가격으로 환산하여 비교한다. 단위가격은 상품의 가격을 단위당으로 나타내어 표시하는 가격을 말한다. 단위가격은 물품의 가격을 물품의 무게나 부피의 단위로 나눈 것으로, g당 혹은 mL당 가격으로 나타내거나 100g당 혹은 100mL당 가격으로 나타내기도 한다. 단위가격 표시대상 품목의 선정기준은 포장용량이나 상품의 규격·품질의 종류가 다양하여 판매가격만으로는 가격 비교가 어려운 품목, 용량 단위가 무게 단위와 부피 단위 등 2가지 이상의 단위로 유통되어 가격 비교를 하기 어려운 품목, 유통업체가 여러 가지 단위로 재조합, 재포장하여 판매하는 품목을 대상으로 행정규칙(가격표시제 실시요령)에 정해져 있다.

일반적으로 포장단위가 큰 경우에 단위가격이 낮지만 예외적으로 포장단위가 작아도 단위가격이 낮은 경우도 있으므로 꼼꼼히 비교하여 구매한다. 또한 단위가격이 낮다고 해서 큰 포장으로 구매한 경우 다 사용하지 못하고 변질될 수도 있으므로 필요량을 고려하여 구매한다. 한편 일정 시간을 정하여 가격이 인하되는 타임서비스나 쿠폰이 제공되는 경우가 있으므로 이를 잘 활용하면 구입 비용을 절약할 수 있다.

그림 7-4 한국농수산식품유통공사(aT)에서 제공하는 농수산물 가격 및 유통 정보
자료: 농산품유통정보(KAMIS)

1. 구매 장소별로 100g당 단위가격을 비교해보자.

[예시]

품목	포장단위	재래시장	슈퍼마켓	참고형 할인점	편의점	유기농산물 판매장	인터넷 주문배달

2. 농축수산물 가격정보를 알 수 있는 인터넷 사이트를 찾아보자.

[예시]

찾는 정보 내용	온라인 사이트	부족한 정보	비고
(예) 유기농 채소			

2) 날짜표시

식품을 가공한 제품은 제품의 특성에 따라 날짜표시를 하게 되어 있으며 종류에는 제조일자, 품질유지기한, 유통기한, 소비기한 등이 있다.

① 제조일자

일반적으로 제조 가공이 끝난 시점으로 장기간 보관하여도 부패 변질 우려가 낮은 설탕·소금·소주·빙과 등의 식품에 표시하고 있다.

② 품질유지기한

제품 고유의 품질이 유지되는 기간으로 장기간 보관하는 당류·장류·절임류 등에 적용하며, 품질유지기한 표시 대상 식품의 경우 장기간 보관하여도 급격한 품질변화나 변질의 우려가 없어 기간을 초과해 섭취하는 것이 가능하다고 볼 수 있으나 가급적 기한을 준수하여 섭취하는 것이 바람직하다.

③ 유통기한

제조일로부터 소비자에게 유통 판매가 허용되는 기간으로 대부분의 식품에 적용되고 있다. 유통기한은 제품의 특성과 유통과정을 고려해 관능검사, 미생물·이화학·물리적 지표 측정 등 과학적인 실험을 통해 제품 유통 과정 중의 안전성과 품질을 보장할 수 있는 기간으로 설정한다. 유통기한을 '제조일로부터 ○○까지'로 표시하기도 하는데 제조연월일이란 제품이 최종공정을 마친 시점, 즉 포장을 제외한 더 이상의 가공이 필요하지 않은 시점을 의미한다. 즉석섭취 식품 중 도시락, 김밥, 햄버거, 샌드위치는 '○○월 ○○일 ○○시까지', '○○일 ○○시까지'로 표시하여야 한다.

④ 소비기한

식품에 표시된 보관 방법을 준수할 경우 섭취해도 안전에 이상이 없는 기간을 의미한다. 유통기한은 식품의 품질변화 시점보다 앞선 기간으로 설정되기 때문에 보관 환경 조건이 잘 지켜진다면 유통기한보다 실제 소비할 수 있는 기간이 길어지게 된다. 따라서 소비기한은 소비자가 식품을 소비할 수 있는 소비의 최종기한을 뜻한다. 그동안 소비자는 유통기한을 식품의 폐기 시점으로 인식하거나 유통기한 시점에서 제품의 섭취 여부에 대해 고민하는 등 혼란이 있어 왔다. 이를 개선하기 위해 시범사업을 거쳐 2023년부터 유통기한과 별도로 소비기한을 함께 표기한다. 소비기한은 대체로 유통기한보다 길지만 보관 조건에 따라 크게 달라진다는 단서가 붙으며 포장재질 등도 소비기한에 영향을 줄 수 있다.

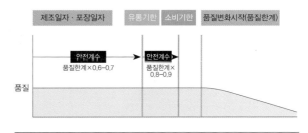

그림 7-5 유통기한과 소비기한
자료: 식품의약품안전처, 식품안전나라

3) 식품품질 관리제도

(1) 식품품질 표시제도

① 원산지표시제

원산지표시제는 농수산물과 그 가공품에 대해 원산지를 표기하여 소비자의 알 권리를 보장할 수 있도록 표시를 의무화하고 있는 제도이다. 우리나라에서는 1991년 수출입물품의 원산지표시제를 도입한 후 1995년부터 국산 농수산물, 1996년부터 농수산 가공품에도 확대하여 적용하였고 2008년에는 음식점 원산지표시제를 도입하였다.

그림 7-6 **국립농산물품질관리원 원산지 표시 종합 안내 서비스 홈페이지**
자료: 국립농산물품질관리원

원산지란 농수산물이 생산·채취·포획된 국가, 지역이나 해역을 의미한다. 표시 내용은 국산 농산물인 경우 '국산' 또는 '국내산'으로 표시하거나 농산물을 생산·채취·사육한 지역의 시·도명이나 시·군·구명을 표시한다. 국산 수산물의 경우 '국산', '국내산' 또는 '연근해산'이라 표시한다. 「대외무역법」에 따라 수입 농수산물은 원산지를, 농수산물 가공품은 사용된 원료의 원산지를 표시하며 표시 방법은 포장재에 표시할 수 있는 경우 소비자가 쉽게 볼 수 있는 곳에 일정 크기 이상의 한글로 선명하게 표시한다. 음식점의 원산지표시 대상업소는 일반음식점, 휴게음식점, 집단급식소로 모든 메뉴판과 게시판에 표시하게 되어 있다. 또한 식품의 제조, 가공 단계부터 판매 단계까지 각 단계별로 정보를 기록, 관리하여 그 식품의 안정성 등에 문제가 발생할 경우 추적하여 원인을 규명하고 필요한 조치를 할 수 있도

그림 7-7 **국내산과 수입산 감별 예시**
자료: 국립농산물품질관리원

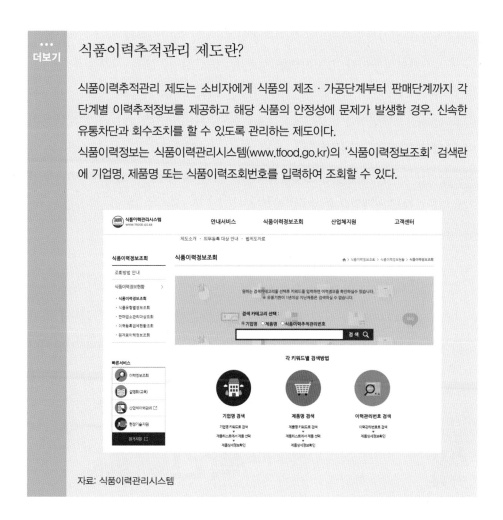

식품이력추적관리 제도란?

식품이력추적관리 제도는 소비자에게 식품의 제조·가공단계부터 판매단계까지 각 단계별 이력추적정보를 제공하고 해당 식품의 안정성에 문제가 발생할 경우, 신속한 유통차단과 회수조치를 할 수 있도록 관리하는 제도이다.

식품이력정보는 식품이력관리시스템(www.tfood.go.kr)의 '식품이력정보조회' 검색란에 기업명, 제품명 또는 식품이력조회번호를 입력하여 조회할 수 있다.

자료: 식품이력관리시스템

록 관리하는 식품이력추적관리를 하고 있다.

② 유전자변형식품 표시제도

유전자변형이란 생명공학기술을 이용 또는 활용하여 농산물·축산물·수산물·미생물의 유전자를 인위적으로 재조합하거나 유전자를 변형시킨 것이다. 유전자변형기술을 활용하여 만든 생물체를 유전자변형생물체(GMO, Genetically Modified Organism)라고 하며

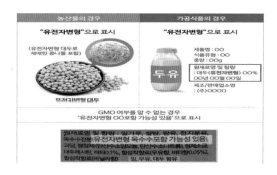

그림 7-8 **유전자변형식품의 표시 예시**
자료: 식품의약품안전처, 유전자변형식품등의 표시기준, 2020

GMO에는 유전자변형 농산물, 유전자변형 미생물, 유전자변형 동물 등이 있다.

　유전자변형식품이란 유전자변형 농산물·축산물·수산물·미생물을 원재료로 하거나 또는 이를 이용하여 제조·가공된 식품, 건강기능식품, 식품첨가물을 말한다. 유전자변형식품은 전 세계적으로 콩, 옥수수, 면화, 카놀라가 대부분이며, 사탕무, 알팔파, 감자, 파파야, 사과 등이 개발되어 있다. 우리나라에서는 안전성을 심사하여 승인된 유전자변형식품만 수입·유통될 수 있는데 국내에 안전성 심사 승인을 받은 유전자변형식품으로는 콩, 옥수수, 면화, 카놀라, 사탕무, 알팔파가 있다.

③ 영양표시제도

　영양표시제도는 가공식품의 영양성분에 관한 정보를 일정한 기준에 따라 표시하여 관리하는 제도이다. 제품에 표시된 영양 정보는 구매자가 지방이나

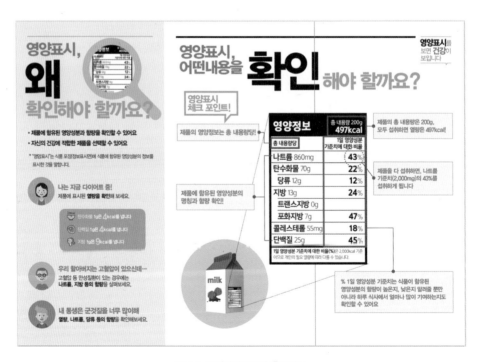

그림 7-9 **영양성분표시 홍보자료**
자료: 식품의약품안전처, 식품안전나라

영양강조표시

제품에 함유된 영양성분의 함유 사실 또는 함유 정도를 "무", "저", "고", "강화", "첨가", "감소" 등의 특정한 용어를 사용하여 표시한다.

- **영양성분 함량 강조표시**: 영양성분의 함유 사실 또는 함유 정도를 "무○○", "저○○", "고○○", "○○함유" 등과 같은 표현으로 그 영양성분의 함량을 강조하여 표시한다.
- **영양성분 비교 강조표시**: 영양성분의 함유 사실 또는 함유 정도를 "덜", "더", "강화", "첨가" 등과 같은 표현으로 같은 유형의 제품과 비교하여 표시한다.

열량이 적은 식품을 원하거나, 좀 더 건강에 좋은 식품을 선택하고 싶거나, 건강에 문제가 있어서 일정한 성분을 선택 또는 피하고자 하는 경우 도움을 줄수 있다. 제품의 영양적 특성을 표시하는 방법에는 일정한 양식에 영양성분의 함량을 표시하는 '영양성분 표시'와 특정 용어를 사용하여 제품의 영양적 특성을 강조하여 표시하는 '영양성분 강조표시'가 있다.

영양성분함량은 국민보건상 중요성과 소비자에게 익숙한 일반적인 순서를 감안하여 9가지 의무표시 영양성분인 열량, 나트륨, 탄수화물, 당류, 지방, 트랜스지방, 포화지방, 콜레스테롤, 단백질과 그 밖에 영양표시나 영양강조표시를 하고자 하는 영양성분을 표시하도록 했다. 의무표시대상 영양성분에 관하여는

영양정보	총 내용량 00g 000kcal
총 내용량당	1일 영양성분 기준치에 대한 비율
나트륨 00mg	00%
탄수화물 00g	00%
당류 00g	00%
지방 00g	00%
트랜스지방 00g	
포화지방 00g	00%
콜레스테롤 00mg	00%
단백질 00g	00%
1일 영양성분 기준치에 대한 비율(%)은 2,000kcal 기준이므로 개인의 필요 열량에 따라 다를 수 있습니다.	

1) 총내용량(1포장)당

영양정보	총 내용량 00g 100g당 000kcal
100g당	1일 영양성분 기준치에 대한 비율
나트륨 00mg	00%
탄수화물 00g	00%
당류 00g	00%
지방 00g	00%
트랜스지방 00g	
포화지방 00g	00%
콜레스테롤 00mg	00%
단백질 00g	00%
1일 영양성분 기준치에 대한 비율(%)은 2,000kcal 기준이므로 개인의 필요 열량에 따라 다를 수 있습니다.	

2) 100g(mL)당

영양정보	총 내용량 00g(00g×0조각) 1조각(00g)당 000kcal
1조각당	1일 영양성분 기준치에 대한 비율
나트륨 00mg	00%
탄수화물 00g	00%
당류 00g	00%
지방 00g	00%
트랜스지방 00g	
포화지방 00g	00%
콜레스테롤 00mg	00%
단백질 00g	00%
1일 영양성분 기준치에 대한 비율(%)은 2,000kcal 기준이므로 개인의 필요 열량에 따라 다를 수 있습니다.	

3) 단위내용량당

그림 7-10 영양성분표시 예시(기본형)
자료: 식품의약품안전처, 한눈에 보는 영양표시 가이드라인, 2020

표 7-2 **1일 영양성분 기준치**

영양성분	기준치	영양성분	기준치	영양성분	기준치
탄수화물(g)	324	크롬(μg)	30	몰리브덴(μg)	25
당류(g)	100	칼슘(mg)	700	비타민 B_{12}(μg)	2.4
식이섬유(g)	25	철분(mg)	12	바이오틴(μg)	30
단백질(g)	55	비타민 D(μg)	10	판토텐산(mg)	5
지방(g)	54	비타민 E(mg α-TE)	11	인(mg)	700
포화지방(g)	15	비타민 K(μg)	70	요오드(μg)	150
콜레스테롤(mg)	300	비타민 B_1(mg)	1.2	마그네슘(mg)	315
나트륨(mg)	2,000	비타민 B_2(mg)	1.4	아연(mg)	8.5
칼륨(mg)	3,500	니아신(mg Ne)	15	셀레늄(μg)	55
비타민 A(μg RE)	700	비타민 B_6(mg)	1.5	구리(mg)	0.8
비타민 C(mg)	100	엽산(μg)	400	망간(mg)	3.0

* 비타민 A, 비타민 D, 비타민 E는 위 표에 따른 단위로 표시하되, 괄호를 하여 IU(국제단위) 단위를 병기할 수 있다.
자료: 국가법령정보센터, 식품등의 표시 · 광고에 관한 법률 시행규칙

명칭, 함량 및 영양소 기준치에 대한 비율(%)을 표시해야 하는데, 이 중 열량, 트랜스지방은 영양소기준치가 설정되어 있지 않으므로 명칭 및 함량만을 표시한다.

'1일 영양성분 기준치' 대한 비율(%)은 1회 영양성분 기준치에 대해 해당 식품의 총내용량 혹은 100g(mL)가 제공하는 양을 나타낸다. 따라서 1일 영양성분 기준치에 대한 비율을 보면 해당 식품이 하루에 섭취해야 할 영양성분 기준 분량의 몇 %를 함유하는지 알 수 있어 영양성분 함유 수준을 쉽게 이해할 수 있다. 영양소 기준치에 대한 비율(%) 표시방법은 반올림하여 정수로 표시하며, 2% 미만은 0으로 표시할 수 있다.

영양성분표시는 그동안 '1회 제공기준량'의 일정 범위 내에서 업체가 설정하는 '1회 제공량당'으로 표시하였으나 이 경우 제품의 포장 특성에 따라 1회 제공량이 다르고 계산이 복잡하여 영양성분을 '총내용량(1포장)당' 함유된 영양성분값으로 표시하는 것을 우선으로 하되, 총내용량이 100g(mL)을 초과하거나 1회 섭취 참고량의 3배를 초과하는 식품은 총내용량당 대신 100g(mL)당

함유된 값으로 표시할 수 있도록 하였다. 일정 중량 또는 용량 이상의 식품 중 봉지, 조각, 개 등으로 명확하게 구분되는 단위 제품에 대하여는 '단위 내용량 당' 영양성분을 표시하도록 규정하였다.

④ 지리적표시제

지리적표시제는 의무표시사항이 아닌 일반표시사항으로 지리적 특성을 가진 농수산물 또는 농수산 가공품이 특정 지역에서 생산된 특산품임을 표시하는 것을 말한다. 지리적표시제는 우수한 지리적 특성을 가진 농산물 및 가공품의 지리적표시를 등록·보호함으로써 우리 농산물 및 가공품의 경쟁력을 높이고 지역특화산업으로 육성하기 위해 도입되었다. 1999년 지리적

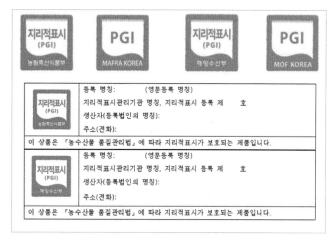

그림 7–11 **지리적표시품의 표시**
자료: 국가법령정보센터, 농수산물 품질관리법 시행규칙

표시 등록제 시행근거 규정(농산물품질관리법)을 마련하였으며, 2002년 보성 녹차가 제1호로 등록되었다.

(2) 식품품질 인증제도

정부는 일정한 기준에 적합한 식품을 인증하는 제도를 운영하고 있다. 품질 인증제도에는 친환경농축산물인증, 농산물우수관리인증, HACCP인증, 전통식품 품질인증 등의 인증제도가 있으며 식품구매 시 이러한 인증 표시 확인은 안전한 식품선택에 도움이 된다.

① 친환경농축산물인증제도

친환경농축산물인증제도는 정부가 지정한 전문인증기관이 화학자재를 사용

그림 7-12 **친환경농축산물 인증 표시**
자료: 농림축산식품부

하지 않거나 사용을 최소화한 환경에서 생산한 농축산물임을 선별·검사하여 인증해주는 제도이다. 친환경농축산물은 생산방법과 사용자재 등에 따라 유기농산물, 유기축산물, 무농약농산물로 분류하여 친환경 인증로고를 사용한다. 유기농산물은 합성농약과 화학비료를 전혀 사용하지 않고 재배한 것이며, 유기축산물은 유기농산물의 재배·생산 기준에 맞게 생산된 유기사료를 이용한 축산물을 의미한다.

② 농산물우수관리인증제도

농산물우수관리인증제도(GAP, Good Agricultural Practices)는 소비자에게 안전한 농산물을 공급하고 농업 환경을 보전하기 위해 도입한 제도이다. 농산물우수관리인증을 받기 위해서는 생산, 수확 후 관리 및 유통의 각 단계에서 농업 환경과 농산물에 잔류할 수 있는 농약, 중금속, 잔류성 유기오염물질 또는 유해생물 등의 위해요소를 적절하게 관리하여야 한다.

그림 7-13
**농산물우수관리(GAP)
인증 표시**
자료: 농림축산식품부

③ 어린이 기호식품 품질인증제도

어린이 기호식품 품질인증제도는 「어린이 식생활안전관리 특별법」 어린이 기호식품 품질인증기준에 근거하여 안전하고 영양을 고루 갖춘 어린이 기호식품의 제조·가공·유통·판매를 권장하기 위해 품질인증기준에 적합한 어린

그림 7-14
**어린이 기호식품 품질
인증 표시**
자료: 식품의약품안전처,
식품안전나라

농식품인증정보를 쉽게 확인할 수 있어요

최근 소비자의 만족도와 신뢰도를 높이고 인증식품 공급 활성화에 기여하기 위해 농산물 및 가공식품의 인증정보를 모바일로 쉽게 확인할 수 있도록 '농식품인증정보 확인서비스'가 제공되고 있다.

자료: 국립농산물품질관리원 인증정보

이 기호식품에 대하여 품질인증을 해주는 제도이다. 인증을 받은 어린이 기호식품은 용기·포장 등에 일정한 도형 또는 문자로 품질인증식품 표시를 할 수 있다.

4 식품별 구매 방법

식생활관리자는 합리적인 식품 구매를 위해 식품의 품질을 감별할 수 있어야 한다. 식품을 선택할 때는 식품 특성에 관한 지식을 활용하여 선별해야 한다.

1) 곡류

소비자에게 곡류의 정확한 품질 정보를 제공하고 생산자에게는 품질 향상을 유도하기 위해 마련된 제도로 양곡표시제가 있다. 양곡표시 대상 품목은 미곡류(멥쌀·찹쌀·메현미·유색미 등), 맥류·두류·잡곡류(보리쌀·콩·녹두·팥·혼합곡물 등), 서류(감자·고구마), 곡류·서류의 압착물·분쇄물·가루·전분류 등이며, 양곡의 실제 중량, 생산자·가공자 또는 판매원의 주소, 상호 및 전화번호 등을 표시해야 한다. 쌀과 현미의 생산연도는 수확연도를 의무적으로 명기해야 한다. 도정연월일 표시는 벼를 현미로 도정한 연월일을 표시하거나 벼 또는 현미를 쌀로 도정한 연월일로 표시해야 한다. 이전에 도정한 쌀을 다시 도정하는 경우에는 최초 도정한 연월일로 적는다. 도정일이 다른 쌀·현미를 혼합하는 경우에는 먼저 도정한 연월일을 표시한다.

쌀에는 왕겨만을 벗긴 현미와 현미로부터 미강(쌀겨)과 배아를 제거한 백미가 있는데, 이런 백미를 '10분도미'라고도하며, 도정 정도에 따라 7분도미, 9분도미 등이 있다. 현미는 지방으로 인해 산패가 쉽기 때문에 저장기간을 잘 지켜야 한다. 쌀은 낟알의 길이에 따라 단립종, 중립종, 장립종으로 구분되는데, 우리나라에서 밥을 하는데 사용하는 품종은 단립종이나 중립종의 자포니카형이다.

찹쌀은 멥쌀에 비해 점성이 높은데 외관상으로 모양이 통통하고 불투명한 흰색을 띠므로 멥쌀과 구별된다. 보리는 섬유질이 많은 겉보리, 부드러운 쌀보리, 찰기가 있는 찰보리를 비롯하여 보리를 증기로 쪄서 눌러서 건조시킨 압맥과 보리의 골을 따라 쪼갠 할맥도 시판되고 있다.

2) 육류

육류를 구입할 때는 부위, 등급, 색, 냄새, 탄력 정도, 지방의 분포 등을 확인하며, 육류 가공품은 식품표시, 색, 냄새를 확인하고 구입한다.

··· 더보기

쌀 등급 알리미

'쌀 등급 알리미'는 의무표시사항은 아니나 소비자가 쌀 구입 시 포장지에 인쇄된 '쌀 등급 알리미' QR코드를 인식하면 쌀 등급 기준 등을 확인할 수 있도록 국립농산물품질 관리원에서 시행하는 서비스이다.

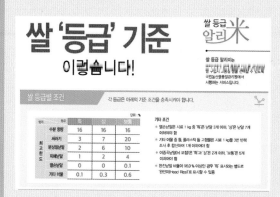

쌀 품질 관련 용어

완전낟알

쌀의 외관 특성상 완전한 낟알 또는 완전한 낟알 평균 길이의 3/4 이상 의 형태를 가지고 있는 것 중 분상질 낟알, 피해낟알, 열손낟알을 제외한 것을 말한다.

*낟알의 평균길이는 완전한 낟알 15개 이 상을 계측하여 산출함

싸라기

완전한 낟알 평균 길이의 3/4 미만 인 것을 말한다.

*KSA 5101-1(금속망체) 중 호칭치수 1.7mm 금속망 체를 통과하지 않는 낟알 중 그 길이가 완전한 것이 평균임

분상질낟알

낟알 전체 부피의 1/2 이상이 분상 질 상태인 낟알을 말한다.

피해낟알

오염된 낟알, 병해낟알·충해낟 알·발아낟알·생리 장해 낟알, 적 조 및 흑조가 낟알 길이의 1/4 이상 부착된 것을 말한다.

*단, 피해가 쌀의 품질에 영향을 미치지 아니할 정도의 경미한 것은 제외

열손낟알

열 등에 의하여 변색 또는 손상된 낟알을 말하며 미립표면적의 1/4 이상이 주황색(한국표준색표집 2.5 Y8/4기준 이상)으로 착색된 것을 말합니다. 다만, 착색 정도가 주황 색 기준 이하이거나 1/4 미만인 것 은 피해립으로 적용한다.

기타 이물

쌀 이외의 것('돌, 플라스틱' 등 고 형물, 이종곡립)과 KSA 5101-1(금 속망체) 중 호칭치수 1.7mm의 금속 망체로 쳐서 체를 통과한 것을 말 한다.

*이종곡립: 쌀 이외의 곡립(뉘 포함)

자료: 국립농산물품질관리원

(1) 쇠고기

쇠고기는 공기 중에 노출 시 선홍색을 띠며 윤기가 나고 육즙이 나와 있지 않은 것을 선택하여야 한다. 지방색은 유백색이 정상이며 근육 속에 지방이 고르게 분포되어 마블링(marbling; 근내지방도)이 잘된 쇠고기가 육질이 연하다. 쇠고기의 품질등급은 근육 내 지방 분포에 따라 결정되는데, 등급에 따른 가격 차이가 있으므로 조리 용도에 따른 적절한 부위를 사용한다.

(2) 돼지고기

돼지고기는 엷은 선홍색으로 탄력이 있으며 지방은 희고 육즙이 나와 있지 않은 것을 선택한다. 돼지고기의 품질은 고기의 색, 지방색, 조직감 등에 의해 결정된다. 냉동육인 경우 균일하게 냉동되어 있고 조직 손상이 없는 것이 좋으며 결빙이 있거나 장기간 냉동보관으로 인해 변색된 것은 피한다. 돼지고기도 등급을 확인하고 조리 용도에 따른 적절한 부위를 구입하는 것이 필요하다.

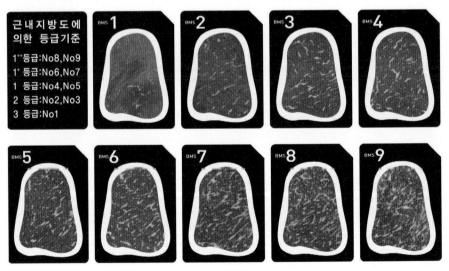

그림 7-15 **쇠고기 등급기준**
자료: 국가법령정보센터, 축산물 등급판정 세부기준

표 7-3 **쇠고기 부위별 용도와 특징**

부위	용도	특징
등심 (sirloin)	구이, 전골, 스테이크	갈비 위쪽에 붙은 살로 근내 지방이 많음. 육질과 맛이 좋아 구이용으로 적합함.
안심 (tenderloin)	구이, 전골, 스테이크	채끝 밑의 원통형 부위로 육질이 부드러워 구이에 적당함. 고기 결이 곱고 지방이 적어 담백함.
채끝 (sirloin)	스테이크, 로스구이	등심과 이어진 근육으로 육질이 연하고 지방이 적당하여 구이로 적당함.
목심 (neck)	구이, 불고기, 탕, 다짐용	안쪽에 두꺼운 힘줄이 많아 등심보다 약간 질겨 가능한 얇게 썰어 사용하는 것이 좋음. 지방이 적당히 박혀 있음. 탕, 국거리, 다짐용으로도 적당함.
갈비 (rib)	구이, 찜, 탕	지방이 많고 육질은 조금 질길 수도 있으나 맛이 좋음.
우둔 (topside/inside)	산적, 장조림, 육포, 불고기	등심과 연결되는 엉덩이 부근으로 지방량은 중간 정도이고 살코기가 많음. 구이용부터 국거리, 장조림, 산적, 불고기 등 이용 범위가 넓음.
양지 (basket&flank)	국거리, 스튜, 다짐용	목 밑에서 가슴에 이르는 부위로 결합조직이 많아 육질은 다소 단단함. 국거리, 전골, 탕 등에 이용됨.
사태 (shin/shank)	육회, 탕, 찜, 스튜	앞,뒷다리 상박부위로 근막이 발달되어 결합조직이 많음. 탕, 장조림, 다짐육 등으로 많이 이용됨.
설도 (butt&rump)	산적, 장조림, 육포	뒷다리 쪽 엉덩이 부위로 우둔, 사태와 비슷한 특징이 있음.

자료: 국립축산과학원, 쇠고기 선택요령 및 부위별 특성

··· 더보기 쇠고기의 구분

국내산 쇠고기

| 한우 | 육우 | 젖소 |

- 한우고기: 순수한 한우에서 생산된 고기
- 육우고기: 육용종, 교잡종, 젖소수소 및 송아지를 낳은 경험이 없는 젖소암소에서 생산된 고기
- 젖소고기: 송아지를 낳은 경험이 있는 젖소암소에서 생산된 고기

수입산 쇠고기

외국에서 수입된 고기(6개월 미만 국내에서 사육한 수입 소의 고기 포함)

2019년 12월 1일부터 마블링 중심의 등급체계 개선을 위해 고기의 품질을 나타내는 육질 등급(1⁺⁺, 1⁺, 1, 2, 3)에서 1⁺⁺등급과 1⁺등급의 근내지방도(마블링) 기준을 조정하고, 평가 항목(근내지방도·육색·지방색·조직감 등) 각각에 등급을 매겨 그중 가장 낮은 등급을 최종 등급으로 적용하는 최저등급제가 도입되었다. 이에 1⁺⁺등급 쇠고기의 지방함량은 이전 17% 이상(근내지방도 8, 9번)에서 15.6% 이상(근내지방도 7, 8, 9번)으로 낮아지고, 1⁺등급은 지방함량이 13~17%(근내지방도 6, 7번)에서 12.3~15.6%(근내지방도 6번)로 조정된다.

새 등급제의 핵심은 기존 '1⁺⁺' 기준을 낮추는 대신, '1⁺⁺' 등급을 더 잘게 나눠 '7~9등급'으로 의무 표시하도록 한 것이다. 가령 1⁺⁺등급 가운데서도 근내지방도 7번을 받았다면 등급판정확인서의 등급표기란에 '1⁺⁺(근내지방도 7)'식으로 두 가지 정보를 함께 넣는 것이다.

자료: 축산물품질평가원

(3) 닭고기

닭고기는 고유의 색과 광택이 있으며 탄력이 있는 것이 신선하다. 닭고기의 등급표시는 중량규격과 품질 등급이 나타나 있으므로 확인하고 구입한다. 닭고기는 생닭, 닭볶음탕용 등 한 마리 전체와 닭다리, 안심, 가슴살, 날개 등 부위별로 판매하는 경우가 있으므로 필요에 따라 구입한다.

품질등급	중량규격
1⁺등급	특 대 (15호, 1,451g ~1,550g)
등급판정일 :	
축산물등급판정소장 인영	

그림 7-16 **닭고기의 등급표시 예시**

3) 어패류

(1) 생선류

생선을 구입할 때에는 안구, 비늘, 아가미, 냄새, 피부의 광택과 탄력을 확인한다. 신선한 생선은 생선의 고유의 선명한 색채를 나타내며 불쾌한 냄새가 나지 않는다. 또한 광택이 있고, 아가미가 담적색 또는 암적색으로 단단하며, 육질에 탄력이 있다. 생선은 통째, 머리와 내장을 제거한 것, 토막, 포 등 다양한 형태로 판매되고 있다.

(2) 조개류

조개류는 가능한 살아 있는 것으로 조개관자(패주, 貝柱)가 풀어지지 않아야 한다. 살아 있는 조개류는 껍질이 닫혀 있어야 하는데, 껍질이 열려 있을 경우 산 것은 껍질 위쪽을 두드리면 껍질이 닫힌다. 굴은 몸집이 탄력이 있고 주름이 많으며 우윳빛을 띠고 통통한 것으로 굴의 고유한 향이 나는 것이 좋다. 홍합은 입이 벌어지지 않고 껍질이 깨지지 않으며 살이 탄력있는 것이 신선한 것이다. 해삼은 표면의 돌기가 뚜렷하고 두께가 굵고 길이가 짧은 것이 신선하며, 미더덕은 색이 진하고 몸통이 통통한 것이 좋다. 조개류는 봄철에 독소가 있을 가능성이 있고 여름에는 비브리오균에 감염되어 있을 수도 있으므로 주의하여야 한다.

그림 7-17 **봄철 조개 독소 주의사항**
자료: 식품의약품안전처, 식품안전나라

(3) 갑각류

갑각류는 단단한 껍질이 마디를 이루고 있으며 게, 새우, 바닷가재 등이 대표적인 갑각류 식품이다. 갑각류의 살은 탄력성이 있으며 모양에 이상이 없어야 하고 불쾌한 냄새가 나지 않아야 한다. 게는 발이 모두 단단하게 붙어 있고 무게가 무거운 것이 좋다. 새우는 껍질이 단단하고 투명하며 윤기가 있고 전체가 투명한 것이 신선한 것이다.

(4) 연체류

오징어는 살이 두껍고 탄력이 있으며 색이 짙고 투명한 흑갈색인 것이 신선한 것으로, 색이 하얗거나 붉은색을 띠는 것은 피한다. 문어는 적자색을 띠고 흡착판(빨판)이 크고 뚜렷한 것이 좋다.

4) 채소류

채소는 잎채소, 뿌리채소, 열매채소, 꽃채소로 구분할 수 있는데 공통적으로 색, 광택, 모양, 크기, 연한 정도, 무게를 확인한다.

(1) 잎채소

잎채소에는 배추, 양배추, 상추, 시금치, 근대, 아욱, 쑥갓, 냉이 등이 있다. 배추는 고르게 단단하고 꽉 찬 모습을 갖추고 있으며, 녹색 잎의 수가 많고 껍질이 얇은 것이 좋다. 또한 먹었을 때 단맛과 고소한 맛이 나는 것이 좋으며 줄기 부분은 억세지 않은 것이 좋다. 양배추는 겉잎이 깨끗하고 잘 벗겨지지 않으며 크기에 비해 무거운 것이 좋다.

근대는 잎이 넓고 부드러우며 광택이 있어야 하며 줄기는 연한 것이 좋다. 깻잎은 짙은 녹색으로 부드럽고 줄기가 마르지 않은 것으로 구입한다. 쑥갓은 잎이 싱싱하고 꽃대가 올라오지 않고 줄기는 연하고 너무 굵지 않은 것을 구입한다.

냉이는 녹색이 진하며 너무 피지 않고 줄기가 질기지 않은 것으로 구입한다. 배추, 양배추 등을 제외하고는 단이나 봉 단위로 판매하는 경우가 많으므로 단위 무게를 파악하고 구입한다.

(2) 뿌리채소

무는 모양이 바르며 상처가 없고 바람이 들지 않은 것이 좋다. 조직은 단단

(가) 근대

(나) 아욱

(다) 시금치

그림 7-18 **여러 잎채소**

표 7-4 **잎채소의 감별 방법**

식품명	감별 방법
근대	• 잎이 넓고 부드러우며 푸른색을 띠고 광택이 있는 것 • 줄기는 길지 않고 연한 것
깻잎	• 짙은 녹색으로 부드럽고 줄기가 마르지 않은 것
냉이	• 특유의 독특한 향이 강한 것 • 잎이 윤기 있고 녹색이 진하며 너무 피지 않은 것 • 줄기에 붉은 빛이 없고 질기지 않으며 뿌리는 짧은 것
달래	• 고유의 향과 맛이 있고 연한 것 • 알뿌리가 너무 크지 않고 둥글둥글한 것
대파	• 잎은 진한 녹색으로 연하고 탄력이 있는 것 • 흰 부분은 육질이 치밀하고 윤기가 나며 적당히 굵은 것 　(너무 굵은 것은 안에 심이 있으므로 주의)
배추	• 먹었을 때 단맛과 고소한 맛이 나는 것 • 잘랐을 때 속이 꽉 차고 심이 적으며 단단한 것 • 녹색 잎의 수가 많고 껍질이 얇으며 잎맥 부분이 억세지 않은 것
상추	• 부드럽고 잎의 크기가 고르고 두꺼운 것
셀러리	• 줄기는 녹색이 선명하고 연하며 첫째 마디까지가 20~25cm 정도로 긴 것 • 잎은 담녹색 또는 녹색의 윤기가 있는 것
시금치	• 잎의 수가 많고 두껍고 싱싱하며 줄기가 길지 않은 것 • 뿌리는 붉은 색이 선명하고 짧게 남아 있는 것 • 꽃대가 올라오지 않은 것
아욱	• 잎이 넓고 부드러우며, 짙은 연두색이고 대가 통통하고 연한 것
양배추	• 크기에 비해 무게가 많이 나가는 것 • 겉잎이 잘 벗겨지지 않고 청색기가 많고 윤기가 흐르는 것
양상추	• 크기에 비해 무게가 많이 나가는 것 • 줄기는 짧고 잎이 두껍고 잎의 수가 많으며 주름의 수가 많은 것

하면서 먹었을 때 매운 맛이 적고 단맛이 나는 것이 좋다. 당근은 조직이 단단
하면서 속까지 선홍색이 분명하고 심이 적은 것이 좋다. 모양은 마디가 없고 먹
었을 때 단맛이 나는 것이 좋다.

　양파는 껍질이 잘 벗겨지지 않으며 중심부를 눌러보았을 때 질감이 단단한
것이 좋다. 마늘은 겉껍질과 속껍질이 강하게 부착된 것으로 크기와 모양이 균

표 7-5 **뿌리채소의 감별 방법**

식품명	감별 방법
당근	• 조직이 단단하면서 속까지 선홍색이 분명하고 심이 적은 것 • 먹었을 때 단맛이 나고 모양은 마디가 없는 것
마늘	• 표피가 담적색이고 겉껍질과 속껍질이 강하게 부착된 것 • 크기와 모양이 균일한 것
무	• 조직은 단단하면서 연하고 몸매가 곱고 모양이 바르며 바람이 들지 않은 것 • 먹었을 때 매운 맛이 적고 단맛이 나는 것
생강	• 껍질이 잘 벗겨지는 것으로 섬유질이 적고 연한 것 • 발이 6~7개 정도로 넓고 굵으며 황토에서 재배한 것
양파	• 중심부를 눌러보아 무르지 않을 정도로 육질이 단단한 것 • 잘 벗겨지지 않는 여러 겹의 얇은 적황색 껍질이 덮여있는 것
연근	• 몸통에 상처가 없고 무거우며 엷은 주황색을 띤 것 • 길이가 길고 굵으면서 모양이 균일한 것 • 표면이 건조하지 않고 잘랐을 때 속이 희고 부드러운 것
우엉	• 모양이 곧고 직경이 3cm 정도로 굵기가 균일한 것 • 바람이 들지 않고 연한 것

일하고 단단한 것이 좋다. 깐 마늘의 경우는 변색되지 않고 상처가 없는지 확인한다.

우엉은 모양이 곧고 직경이 3cm 정도로 굵기가 균일하며 바람이 들지 않고 연하며 상처가 없는 것이 좋다. 연근은 몸통에 상처가 없고 무거운 것이 좋다. 또한 길이가 길고 굵으면서 모양이 균일하며 표면이 건조하지 않고 잘랐을 때 속이 희고 부드러운 것이 좋다.

(3) 열매채소

오이는 색깔이 선명하고 굵기가 일정하며 단단하면서 수분이 많은 것이 좋다. 또한 속씨는 적으며 꽃이 붙어있는 것이 신선하다. 애호박은 껍질이 연한 녹색으로 조직은 치밀하고 단단하며 모양이 균일하고 씨가 적은 것이 좋다.

가지는 껍질이 얇고 매끈한 흑자색의 광택이 나는 것으로 크기가 균일하고 통통하며 씨가 적은 것이 좋다. 고추는 윤택이 나는 짙은 녹색으로 두꺼우면서 연한 것이 좋다. 고추는 필요에 따라 매운 맛이 있는지 확인하고 구입한다. 피망은 색이 고르고 윤택이 나는 두꺼운 표피를 갖춘 것이 좋다.

(4) 꽃채소

브로콜리는 꽃송이들이 많이 피지 않은 것일수록 품질이 좋고, 꽃송이들이 진녹색으로 싱싱하며 입자가 균일하고 줄기는 단단한 것이 좋다. 컬리플라워는 연노랑 꽃봉오리가 단단하고 벌어지지 않은 것이 좋다.

그림 7-19 **브로콜리**

그림 7-20 **컬리플라워**

5) 해조류

김은 빛깔이 검고 윤기가 있으며 두께가 얇고 일정한 것으로 이물질이 없는 것이 좋다. 또한 특유의 향이 나고, 검정색 바탕에 약간 붉은색을 띠는 것으로 구웠을 때 파란빛으로 변하는 것이 좋다. 미역은 흑갈색으로 약간 푸른빛을 띠고 잎이 넓고 줄기가 가는 것이 좋다. 말린 미역은 줄기가 가늘고 광택이 있는 것으로 검푸른 색을 띠고 물에 담갔을 때 너무 풀어지지 않는 것이 좋다. 다시마는 잎이 두껍고 검은빛이 도는 것을 선택한다.

6) 버섯류

표고버섯은 모양이 원형으로 고르고 일정하며 갓이 70% 정도 피고, 광택이

표 7-6 **버섯류의 감별 방법**

식품명	감별 방법
느타리버섯	• 표면에 윤기가 나며 대의 길이나 갓이 균일한 것 • 갓은 반원 모양, 부채꼴의 회갈색으로 너무 피지 않은 두꺼운 것
새송이버섯	• 자루가 굵고 육질이 두터운 것 • 갓 부분은 작고 광택이 있는 연회색 또는 황토 크림색
송이버섯	• 특유의 향미가 많이 나는 색상이 자연스럽고 광택이 있는 것 • 갓이 둥글며 피지 않은 것
양송이버섯	• 크림색에 광택이 있는 것 • 갓이 피어나지 않고 둥근 모양으로 단단하고 버섯갓과 자루 사이의 피막이 떨어지지 않은 것
팽이버섯	• 갓이 작고 무르지 않은 것 • 줄기가 가지런하며 통통한 것
표고버섯	• 모양이 원형, 타원형으로 고르고 일정한 것 • 갓이 둥글게 안쪽으로 말아지는 모양을 하고 광택이 나며 두꺼운 것 • 갓 안쪽의 주름은 뭉개지지 않고 순백색으로 깨끗한 것

나며 두꺼운 것이 좋다. 느타리버섯은 표면에 윤기가 나며 대의 길이나 갓이 균일하고 갓이 두꺼운 것이 좋다. 송이버섯은 색상이 자연스럽고 광택이 있는 것으로 갓이 둥글고 피지 않은 것이 좋으며 특유의 향이 나는 것이 좋다. 양송이버섯은 크림색이며 광택이 있고 갓이 피어나지 않고 둥근 모양으로 단단하고 손상이 없는 것이 좋다. 팽이버섯은 갓은 백색이고 중심부가 담갈색이며 살이 두꺼운 것이 좋다.

7) 과일류

과일류를 구입할 때는 과일의 성숙도, 색, 모양, 광택, 향기와 무게를 확인하고 구입한다. 사과는 껍질 색이 고르고 가볍게 두드렸을 때 탄력감이 있는 것이 좋다. 배는 껍질이 얇고 매끄러우며 짙은 황색으로 육질이 단단하며 연한 것이 좋고 달고 수분이 많은 것이 좋다.

수박은 껍질이 짙은 암녹색이고 검은 줄무늬가 진하고 또렷한 것이 좋다.

참외는 노란색이 진하고 줄무늬가 분명하며 골이 깊고 육질이 단단한 것을 고른다. 키위는 둥그스름하고 잔털이 많은 것이 좋으며 싱싱하고 단단한 것을 사되 이때는 신맛이 강하므로 실온에 3일 정도 두어 숙성됐을 때 먹으면 좋다. 딸기는 겉에 물기가 만져지지 않으며 색깔이 밝아야 한다.

포도는 포도분이 많이 묻어 있고 꼭지와 속줄기가 싱싱하며, 껍질이 얇고 과즙이 많은 것을 고른다. 포도는 위쪽이 달고 아래로 갈수록 신맛이 강하므로 맛을 볼 때는 아래에 있는 포도알로 시험한다. 단단한 품종의 복숭아는 색이 고르게 퍼져있는 것이 좋고, 백도는 연두빛이 돌지 않는 투명한 빛깔이 좋다. 귤은 중간 크기로 평평한 모양으로 껍질이 얇고 색이 선명하며, 속이 꽉 차고 쪽수가 적고 꼭지가 작고 싱싱한 것이 좋다. 오렌지는 구형 또는 타원형으로 껍질이 윤기가 있고 정상부에 배꼽이 클수록 달다.

8) 달걀류

달걀은 날짜(산란일과 포장일, 유통기한표시 등)를 확인하고 껍질은 표면이 깨끗하고 까끌까끌하며, 금이 가지 않고, 신선한 것을 구입한다. 또한 흔들어 보았을 때 꽉 차서 소리가 나지 않는 것이어야 한다. 일단 구입한 후라도 신선도를 다시 확인하는 것이 좋은데, 6% 소금물에 담았을 때 밑으로 가라앉는 것이 좋고 껍질을 깨보았을 때 흰자와 노른자가 탄력이 있고 흘러내리지 않아야 한다. 달걀은 특정한 용기에 담겨서 저온으로 진열되어 있는 것을 선택하여야 한다. 달걀은 중량에 따라 68g 이상인 경우에는 왕란, 60~68g은 특란, 52~60g은 대란, 44~52g은 중란, 44g 미만은 소란으로 분류하며, 품질에 따라 특급(1+), 1급, 2급, 등외로 구분한다. 최근에는 닭의 사료로 달걀의 성분을 조절한 저콜레스테롤 달걀, 엽산 강화 달걀 등 기능성 달걀이 생산되고 있다.

품질등급	중량규격
1⁺등급	특 란
등급판정일 :	
축산물등급판정소장 인영	

그림 7-21 **달걀의 등급표시 예시**

기능성 달걀

- 저콜레스테롤 달걀: 콜레스테롤 함량을 낮추어 성인병 및 순환기계 질환인 고혈압, 심장병 및 고콜레스테롤증에 효과
- 고 DHA 성분 함유 달걀: DHA를 다량 함유하여 두뇌기능 증진 및 순환기계 질환 개선 효과

달걀 껍데기에서 정보를 확인해 보세요

달걀의 안전성을 확보하고, 소비자에게 달걀에 대한 정보 제공을 강화하고자 산란일자 표시제가 시행되고 있다. 달걀 껍데기에는 산란일자 4자리 숫자를 포함해 생산자 고유번호(5자리), 사육환경번호(1자리) 순서로 총 10자리가 표시된다. 달걀 껍데기에 '0823M3FDS2'가 표

달걀 표시사항 확인법

0823 M3FDS 2
산란일자 생산자 고유번호 사육환경번호

산란일자(4자리): 산란일이 8월 23일이면 0823으로표시
생산자 고유번호(5자리): 가축사육업 허가·등록증에 기재된 고유번호
사육환경번호(1자리): 1(방사), 2(평사), 3(개선 케이지), 4(기존 케이지)

시됐다면 산란일자는 8월 23일이고 생산자고유번호가 'M3FDS'인, 닭장과 축사를 자유롭게 다니도록 키우는 사육방식(사육환경번호 '2')에서 생산된 달걀을 의미한다.

자료: 식품의약품안전처, 식품안전나라

9) 우유 및 유제품

신선한 우유는 특유의 단맛이 나며, 상한 냄새가 나지 않아야 하고 물컵 속에 우유를 한 방울 떨어뜨렸을 때 구름과 같이 퍼지면서 내려가는 것이 좋다. 유통기한을 확인하고 되도록 생산일자에 가장 가까운 우유를 구입하도록 한다. 최근에는 저지방(low fat)우유나 무지방(fat free)우유뿐 아니라 칼슘이나 DHA를 강화한 우유, 검은콩, 검은깨, 발아현미, 녹차 등을 첨가한 우유 등 다양한 우유가 판매되고 있으므로 필요에 따라 적절한 선택을 하도록 한다.

연유는 탈지우유 또는 보통우유를 농축시킨 것으로 설탕을 넣은 것을 가

당연유, 농축 후에 캔에 넣고 멸균한 것을 무당연유라 한다. 연유는 유백색에서 황색의 균일한 액체로 이미, 이취가 없어야 한다.

분유는 담황색의 고운 분말로 이미, 이취가 없는 것을 선택해야 하며, 크림은 유통기한에 특별히 주의하여 구입한다. 분유는 전지분유, 탈지분유, 조제분유가 있고, 크림은 유지방 함량에 따라 커피크림(유지방 18~30%), 라이트 휘핑크림(유지방 30~36%), 헤비휘핑크림(유지방 36% 이상)이 있다.

버터는 단맛과 산뜻한 맛이 나야 하며, 곰팡이나 얼룩이 없어야 하고 손상되지 않은 깨끗한 포장에 담겨 있어야 한다. 치즈는 경도에 따라 초경질, 경질, 반연질, 연질치즈로 구분하는데, 각 종류별로 고유한 맛의 특징과 질감, 색을 지녀야 하며 지나치게 건조되거나 곰팡이가 생기지 않았는지 확인하고 구입한다.

10) 가공식품

냉동식품은 부패 여부뿐만 아니라 녹았다 다시 얼린 표시(결빙)를 검사하는 것이 중요하다. 통조림의 외관에 움푹 들어간 자리나 흠이 있는지, 깡통이 새거나 위 또는 옆이 부적합하게 봉해져 있는지, 깡통에 녹이 슬지 않았는지, 깡통의 위나 아랫부분이 부풀어 오르지 않았는지 확인한다.

5 식품의 저장

식품을 구입한 후 사용할 때까지 영양 손실을 줄이면서 신선하게 보관하기 위해서는 적절한 장소에 올바른 저장 방법으로 보관하여야 한다. 또한 저장한 식품을 꺼내어 사용할 때는 유통기한을 확인하여 유통기한이 가장 적게 남은 것을 먼저 사용하거나 먼저 구입한 식품을 먼저 사용하는 것이 바람직하다.

1) 실온저장

곡류, 근채류, 통조림 등은 실온에 보관할 수 있다. 하지만 온도가 너무 높거나 습도가 높으면 품질이 저하될 우려가 있으므로 적절한 온도와 습도를 유지하여 보관한다. 보관 장소는 환기가 잘되도록 하고 직사광선이 닿지 않도록 한다. 또한 식품은 바닥에 직접 닿지 않도록 하고, 벌레나 쥐로 인해 식품이 손상되는 일이 없도록 방충, 방서가 될 수 있도록 관리해야 한다.

마른미역, 통조림, 병조림, 파우치 등의 제품은 직사광선을 피하여 서늘한 실온에 저장한다. 감자, 고구마, 양파, 마늘은 서늘하고 바람이 통하는 곳에 저장하며, 콩, 곡류, 건어물도 통풍이 잘 되며 그늘지고 건조한 곳에 보관한다. 바나나, 파인애플, 망고, 멜론 등 열대과일은 실온에 두는 것이 좋다.

2) 냉장·냉동저장

냉장·냉동고는 저장 위치에 따라 온도가 다르므로 식품의 특성에 따라 적절한 장소에 보관하는 것이 좋다. 냉장 문쪽의 온도가 가장 높고, 냉장 채소칸,

냉동 보관할 조리식품
냉동실 상단 보관

냉동 보관할 육류·어패류
냉동실 하단 보관
생선 핏물은 생선을 빨리 상하게 하므로 씻어서 보관하세요.

달걀
문쪽은 온도 변화가 크니 금방 먹을 것만 보관하세요.

금방 먹을 육류·어패류
냉장실(신선실) 보관
어패류는 씻어서 밀폐용기에 보관

채소·과일
흙, 이물질 등을 제거한 후 보관하세요. 채소는 씻어서 밀폐용기에! 신문지로 싸면 오염될 수 있어요.

냉동실 문쪽
문쪽은 안쪽보다 온도 변화가 심해요.

냉동실 안쪽
가장 오랫동안 보관할 식품을 넣어 주세요.

냉장실 안쪽
문을 자주 열면 온도가 상승하기 쉬워요.

냉장실 문쪽
온도 변화가 가장 심해요. 잘 상하지 않는 식품을 보관하세요.

그림 7-22 **식품별 냉장고 보관 방법**
자료: 식품의약품안전처, 식품안전나라

냉장 안쪽, 냉동 문쪽, 냉동 안쪽 순으로 온도가 낮아진다.

냉장고에 식품이나 음식을 넣을 때는 투명용기에 담아 두어야 내용물을 알 수 있다. 육안으로 구별하기 어려운 것은 원래 포장지의 상표명 부분을 오려서 용기 앞쪽에 붙인다. 냉장고에 식품을 보관할 때는 냉장고에 넣기 전에 용기에 넣거나 랩으로 싸서 교차오염을 예방한다. 뜨거운 것은 식히고 나서 냉장고에 넣어야 냉장고의 온도가 높아지지 않는다. 식재료를 저장할 때는 전체 유효용적의 70%만 저장하여 냉기의 흐름이 원활하도록 간격을 두고 저장하여야 하고, 냉장고 문을 자주 여닫지 않도록 한다. 병이나 캔을 넣을 경우에는 외부를 잘 닦고 저장하며, 익히지 않은 육류나 생선은 생즙이 다른 식품에 묻지 않도록 그릇에 담아서 저장한다.

| 김치냉장고 | 와인셀러 | 냉동고 |

그림 7-23 다양한 가정용 냉장·냉동 저장 기기

냉동식품의 경우 오래 저장하면 식품 중의 수증기가 증발하여 내용물과 포장재 사이에 서리가 생기고 식품은 건조하게 된다.

김치냉장고는 일반 냉장냉동고에 비해 온도가 낮고 온도 조절이 잘 되는 장점으로 인하여 김치를 장기간 저장하는 용도로 개발되었으나, 김치 이외에 채소나 과일을 보관하는 경우에도 냉장고보다 신선도가 오래 유지되어 활용도가 높다.

표 7-7 **냉장·냉동 보관 방법**

위치		보관 방법
냉장	문쪽	• 윗부분: 잼이나 소스류 등 부피가 크지 않고 용기 높이가 낮으며 무겁지 않은 제품 • 중간부분: 냉장고 높이 구분에 따라 음료수 등을 배치 • 아랫부분: 신선도가 중요한 우유 등을 배치(문쪽 중 온도가 낮음)
	안쪽	• 위 칸: 2~3일 후에 먹을 식재료 보관(손이 쉽게 닿지 않음) • 두 번째와 세 번째 칸: 파 등 채소, 과일, 두부, 곧 먹게 될 김치, 반찬 등을 위치에 맞게 보관(사용하기 제일 편한 칸) • 네 번째 칸: 여유 공간을 두어 언제든지 식품을 넣고 뺄 수 있도록 • 다섯 번째 칸: 곧 사용하게 될 생선, 육류 등을 보관 • 채소와 과일칸: 적절하게 분리시켜 보관(특히 사과는 분리 보관)
냉동	문쪽	• 밀폐용기에 곡류, 가루, 멸치, 견과류 등 보관
	안쪽	• 마늘과 파 다진 것, 밥, 떡, 식빵, 채소 데친 것, 토막 생선, 육류, 닭고기 등을 보관(날짜 표시)

식품 보관에서 개인 맞춤 스마트 기기로 진화하는 냉장고

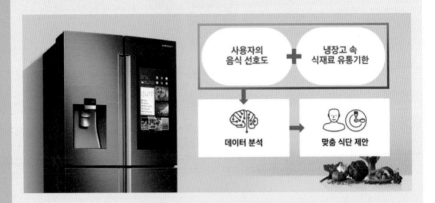

사용자의 음식 선호도 **+** 냉장고 속 식재료 유통기한

데이터 분석 **→** 맞춤 식단 제안

최근 냉장고는 인공지능 기술을 기반으로 개인의 선호도와 식재료의 유통기한을 고려해 최적의 레시피를 제안하는 단계로 진화하고 있다. 냉장고의 프로그램이나 스마트폰 앱에 식재료 종류를 입력하거나 "나 사과 넣는다"는 음성만으로 유통기한이 자동으로 설정된다. 이렇게 확보한 유통기한 데이터를 기반으로 유효기간이 임박한 식재료를 파악하고 가족의 기호를 고려한 음식 레시피를 추천해준다.

자료: https://news.samsung.com

3) 건조저장

식품의 저장방법 중 식품의 수분함량을 줄여 보관기간을 연장하는 방법이다. 식품을 건조시키면 실온에서도 장기간 저장이 가능하며, 중량과 부피가 줄어 보관공간을 줄일 수 있는 장점이 있다. 채소나 과일은 데쳐서 말리고, 육류나 어류는 소금에 절인 후 말려야 품질을 유지할 수 있다. 그러나 햇빛과 바람이 충분하지 않으면 건조시키는 동안 변질될 가능

그림 7-24 **식품건조기**

성이 높아 가정에서의 자연건조는 쉽지 않다. 최근에는 식품건조기를 사용하여 식품을 위생적으로 건조하는 가정이 늘어나고 있다.

4) 염장 · 당장 및 산 저장

염장이나 당장 저장은 식품에 소금이나 설탕을 첨가하여 삼투압에 의해 탈수를 일으키고 수분활성도를 낮추어 미생물의 증식을 어렵게 힘으로써 식품의 저장성을 높이는 방법이다. 산 저장법은 초산이나 젖산을 이용하여 미생물이 살 수 없도록 식품의 산도를 높여 식품을 저장하는 방법이다. 미생물의 생육억제는 산과 소금, 산과 당을 결합시켜 저장하면 효과를 높일 수 있으며, 그 예로 오이피클, 마늘장아찌 등이 있다. 그러나 소금과 설탕의 과량섭취는 건강에 해로울 수 있으므로 주의해야 한다.

6 식품별 저장 방법

1) 육류

육류는 많은 수분과 단백질, 지방 등 다양한 영양성분을 함유하고 있어 실온에서 쉽게 변패하므로 낮은 저장온도에서 저장·보관하는 것이 필수적이다. 냉장육은 신선육으로서 냉동육에 비해 육질에 큰 손상이 생기지 않아 제품 가치가 높지만, 냉장온도에 따라 품질이 크게 좌우되므로 보관상의 어려움이 있다.

육류를 장시간 저장할 필요가 있을 경우 냉동시키게 되는데, 빠르게 냉동저장 하게 되면 화학적, 효소적 변화를 최소화시키고 미생물의 증식을 억제할 수 있다. 천천히 냉동시키는 경우에는 근육세포가 파괴되어 육질에 손상을 주게 되고, 풍미 변화, 조직내 수분 저하, 해동 시 영양성분 손실 등의 문제가 생기게 되므로 급속 냉동을 시킨다. 냉동 보관 중에 고기 표면에서 수분이 마르는 냉동변색을 막기 위해 냉동 시에는 밀폐용기에 넣거나 밀봉이 잘 되는 비닐백

표 7-8 **어육류의 저장기간**

종류		냉장보관	냉동보관
육류	덩어리(스테이크)	3~5일	6~12개월
	다짐육	1~2일	3~4개월
	조리 후 남음	3~4일	2~3개월
닭고기		1~2일	6개월

에 담아 보관하여야 한다. 최근 시판되고 있는 진공포장 비닐백을 이용하면 저장기간 동안 품질변화를 줄일 수 있다.

2) 어패류

어패류는 구입한 날 사용하는 것이 좋지만 저장해야 할 경우에는 빠른 시간 내 냉장하고 장기 보관할 경우에는 냉동 보관한다. 생선은 냉장 보관 시 물기가 고이지 않도록 바닥에 물기가 빠지는 채반 등을 놓고 그 위에 보관한다. 냉동할 경우에는 표면의 수분을 잘 제거하고 랩으로 싸거나 밀폐용기에 넣어서 1회 분량씩 냉동한다. 새우나 오징어는 내장을 제거하고 보관한다.

3) 채소 · 과일류

상추, 시금치 등의 잎채소는 씻어 보관하면 미생물 증식의 위험이 있으므로 씻지 않고 표면의 물기를 제거한 후 비닐에 담아 냉장 보관한다. 시금치를 오래 보관할 경우에는 데쳐서 찬물에 식힌 후 냉동 보관한다. 파나 우엉은 적당한 크기로 잘라 용기에 담아 냉장 보관한다. 오이, 토마토, 가지, 호박 등은 수분이 증발하지 않도록 비닐에 담아서 채소칸에 넣는다. 과일은 바나나, 파인애플 등의 열대과일을 제외하고 냉장 보관하되, 사과는 에틸렌 가스를 방출하여 다른 과일을 숙성시키므로 다른 과일과 함께 보관하지 않는다.

표 7-9 **채소류의 냉장 저장기간**

종류	최대 저장기간
시금치, 브로콜리, 버섯	3~5일
고추, 오이, 셀러리, 호박	7일
양배추, 완두	7~14일
당근, 무	14일
토마토(덜 익은 것은 실온에, 익은 것은 냉장고에)	7일

4) 달걀류

달걀은 둥근 쪽에 기실이 있으므로 뾰족한 곳이 아래로 향하도록 하여 냉장 보관하는데, 여닫는 움직임이 있고 온도 변화가 있는 냉장고의 문쪽보다 안쪽이 보관하는 것이 좋다. 또한 달걀은 냄새를 흡수하기 쉬우므로 용기에 담아 보관하고 냄새가 강한 식품과 함께 두지 않도록 한다.

5) 가공식품

가공식품의 경우에는 포장에 표시된 보관 방법을 반드시 확인하고 표시사항에 따라 저장하도록 한다. 예를 들어 짜장면의 경우 상온에 보관하는 상품도 있고, 냉장 보관하는 상품도 있으며, 냉동 보관하는 상품도 있다. 깡통에 들어있는 식품은 개봉 시 깡통 내부의 금속이 공기와 접촉하게 되면서 변성에 의해 식품을 오염시킬 수 있으므로 사용하고 남은 식품은 다른 용기에 옮겨서 냉장 보관하여야 한다.

요약

- 구매 필요량은 폐기율을 고려하여 포장단위로 결정하는데, 포장단위의 크기는 유효기간 내에 사용 가능한 양에 의해 달라진다.

- 구매장소 결정을 위해 위치, 청결성, 물리적 환경, 직원의 서비스, 식품의 품질, 식품의 다양성, 식품의 가격 등을 고려한다. 구매장소로는 재래시장, 슈퍼마켓, 창고형 할인점, 편의점, 친환경식품 전문매장, 인터넷 주문배달 등이 있다.

- 좋은 품질의 식품을 저렴한 가격으로 구입하기 위해서는 단위가격, 유통기한, 원산지표시, 영양성분표시, 인증마크 등의 정보가 필요하다. 단위가격은 같은 종류의 물품이 상표나 포장단위에 따라서 가격이 다른 경우에 비교할 수 있도록 필요한 정보를 제공하고, 유통기한은 제품을 유통하거나 판매할 수 있는 최종일에 대한 정보를 제공하며, 영양성분표시는 단위 분량(100g/1포장)당 식품에 함유된 영양성분에 대한 정보를 제공한다.

- 식품을 구입할 때는 각 식품의 품질특성에 대한 지식을 활용하여 좋은 품질의 식품을 구입하도록 한다.

- 식품을 구입한 후에는 식품의 특성에 따라 적절한 저장 방법으로 보관하여야 한다. 실온저장을 하는 경우에는 온도와 습도를 유지하고, 환기가 잘되도록 하며, 직사광선을 피하고, 방충과 방서가 될 수 있도록 한다. 냉장 저장과 냉동 저장의 경우에는 냉기의 흐름이 원활하도록 하고 교차오염이 되지 않도록 주의하여야 한다.

실습: 식품구매량 결정과 식비 산출

1. 실습 목표
- 조별로 다양한 가족의 하루 식단을 작성하고 직접 실습해 본다.
- 작성된 식단의 식품구매량과 구매비용을 산출하여 경제적인 식생활관리의 개념을 익힌다.

2. 실습 내용
- 조별로 가상의 다양한 유형의 가족을 구성하여 보고 식사구성안을 활용하여 가족 식단을 작성하여 본다.
- 작성된 식단을 토대로 가족의 하루 식비를 산출하여 본다.
- 완성된 식단을 조리한다.
- 완성된 식단을 시식한 후 음식의 분량, 맛, 색, 질감, 조리법 등에 관해 평가한다.

3. 식단 작성 및 실습 시 고려사항
- 가족의 유형에 따라 각 식품군의 하루 섭취횟수, 끼니배분표를 작성해 본다(6장 '식단작성의 실제' 참고).
- 조별 가족 식단의 재료, 분량, 식품비를 아래의 예제 표와 같이 작성해 본다.
- 완성된 식단을 조별로 조리한 후 식단을 평가한다.

4. 실습 평가 및 고찰
- 조리된 식단을 조별로 전시하고 식단의 구성, 식비의 산출과정을 평가한다.
- 조리된 식단을 시식한 후 토의한다.
- 함께 평가, 토의한 내용을 바탕으로 실습 노트를 작성한다.

5. 실습 평가 시 고려사항
- 작성된 식단이 식사구성안을 기초로 가족의 유형에 적합한 식단으로 작성되었는지 평가한다.
- 산출된 식비가 적정한 수준인지 토의해 본다.
- 실제 조리된 식단의 맛과 색의 배합, 질감, 조리 방법이 균형 있게 작성되었는지 평가한다.
- 조별 다른 유형의 가족 식단을 작성하였으므로 다른 조의 식단, 식비와 비교하여 평가해 본다(7장 '식품의 구매 및 저장' 참고).

식단을 기초로 한 비용 산출의 예

식단		재료	분량 (g)	재료 가격	산출된 음식비용	구매단위를 고려한 식품구입비의 예
아침	기장밥	기장	45			원/g
		쌀	360			원/kg
	김치콩나물국	콩나물	105			원/봉지
		배추김치	30			원/q
		건멸치	15			원/g
	달걀김말이	달걀	250			원/10개
		김	4			원/g
	호박나물	호박	140			원/개
	백김치	백김치	8			원/g
소계						
점심	아침과 동일한 방법으로 작성함					
소계						
저녁	아침과 동일한 방법으로 작성함					
소계						
간식	아침과 동일한 방법으로 작성함					
소계						
하루 합계						

* 구매장소에 따라 가격이 다르므로 구매장소를 표시할 것.
* 김치의 경우 이미 조리한 것으로 간주하여 구입비에서 제외할 수도 있으나 판매되는 김치로 구입하는 경우는 식품비 산출을 위해 상표와 함께 표시하여 비용을 계산함.

CHAPTER 8

위생 및 안전관리

1. 위생관리
2. 주방의 안전관리
3. 음식물 쓰레기 관리

위생 및 안전관리

안전한 식사를 제공하기 위해서는 안전한 식품을 구매하여 위생적으로 취급해야 한다. 또한 식생활관리자는 식품 취급과정에서 안전사고가 생기지 않도록 주의해야 하며 사고가 발생했을 경우에 신속하게 대처해야 한다. 위생관리와 안전관리는 식생활관리에서 강조해야 할 부분으로 예방의 차원에서 접근하는 것이 중요하다. 한편 자원낭비를 없애고 지구환경을 보전하기 위해서 식생활에서 발생하는 음식물 쓰레기를 줄이기 위한 방안을 모색될 필요가 있다.

학습목표

1. 식생활관리의 단계별 위생관리를 할 수 있다.
2. 조리 단계에서 가스, 전기를 안전하게 관리할 수 있다.
3. 식생활에서 음식물 쓰레기 감량을 위한 바람직한 방법을 실천할 수 있다.

1 위생관리

식생활 관리에서 위생관리는 매우 강조되어야 할 부분으로, 위생관리의 목적은 식중독 예방이다. 식품의약품안전처의 자료에 의하면 2020년 발생한 식중독건수 비율은 음식점과 집단급식소가 각각 58%, 28%인 반면, 가정은 1%에 불과하였다. 가정에서의 식중독사고는 식중독인지 모르고 넘어가는 일이 많기 때문에 실제로는 더욱 많은 사고가 발생했을 가능성이 있다. 식중독은 인체에 유해한 미생물 또는 유독물질이 함유된 식품 섭취로 발생한 것으로 판단되는 감염성 질환 또는 독소형 질환을 말한다. 위생관리를 제대로 하지 못할 경우 식중독사고가 발생할 위험이 있다.

1) 식중독 예방원칙

세균에 의한 식중독의 발생과정에 비추어 볼 때 식중독을 예방하기 위해서는 세균에 오염되지 않도록 하고, 세균을 증식시키지 않으며, 세균을 제거하여야 한다.

① 세균에 오염되지 않도록 하기 위해 식생활관리자 자신이 세균의 매개체가 되지 않도록 손을 잘 씻고, 칼, 도마는 육류 및 생선용과 채소용으로 나누어 사용함으로써 세균의 식품 간 교차오염을 방지하여야 한다.
② 세균을 증식시키지 않기 위해 냉장고에 보관해야 할 식품을 구입하거나 조리 후 바로 섭취하지 못 하는 경우에는 가급적 빨리 냉장고에 넣도록 하고, 냉동식품의 해동은 냉장고에서 하거나 전자레인지를 사용하도록 한다.
③ 세균을 제거하기 위해 가열할 때는 중심부의 온도가 75℃에서 1분 이상 경과하도록 충분히 가열하고 조리기구는 표백제나 뜨거운 물 등으로 정기적으로 소독한다.

한편 식중독 예방을 위한 6가지 실천수칙은 다음과 같다^{그림 8-1}. 첫째는 '손 씻기'로 손은 비누를 사용하여 손가락 사이사이, 손등까지 골고루 흐르는 물로 30초 이상 씻는다. 둘째는 '익혀먹기'로 음식물은 중심부 온도가 75℃(육류, 어패류는 85℃), 1분 이상 조리하여 속까지 충분히 익힌다. 셋째는 '끓여먹기'로 물은 끓여서 마신다. 넷째는 '세척·소독하기'로 식재료와 조리기구는 깨끗이 세척, 소독한다. 다섯째는 '구분 사용하기'로 조리도구(칼, 도마)는 용도별(날음식, 조리음식)로 구분하여 사용한다. 여섯째는 '보관온도 지키기'로 냉장식품은 5℃ 이하, 냉동식품은 −18℃ 이하에서 보관한다.

또한 안전한 식품을 섭취하기 위해 식품을 청결히 취급하고, 조리한 음식은 빠른 시간 내에 섭취하며, 저장해야 할 경우에는 냉각(5℃ 이하) 또는 가열 상태(57℃ 이상)로 온도관리를 하여야 한다. 대부분의 식중독균은 5~57℃(위험온도 범주)에서 증식하며 그중 30~40℃에서 가장 활발하게 증식한다. 리스테리아균, 여시니아균 등 저온균을 제외하고는 식중독균의 대부분은 5℃ 이하에서는 증식하지 못하며, 57℃ 이상에서는 사멸하기 시작한다. 미생물은 이분법에 의해 기하급수적으로 증식하기 때문에 위험온도에 장시간 방치하는 것은 매우 위험하다^{그림 8-2}.

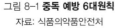

그림 8-1 **중독 예방 6대원칙**
자료: 식품의약품안전처

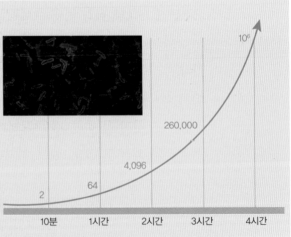

그림 8-2 **시간경과에 다른 식중독균의 번식속도**
자료: 식품의약품안전처

···
더보기 부적절한 온도관리로 인한 식중독

5월 중순 야구장에서 주먹밥을 먹은 야구선수에게 식중독이 발생하였다. 식중독의 원인은 주먹밥의 황색포도상구균으로 밝혀졌다. 시합당일 아침, 보온을 위해 기숙사에서 만든 주먹밥과 뜨거운 물이 든 병을 함께 가방에 넣었다. 이 주먹밥은 황색포도상구균에 오염되어 있었는데, 뜨거운 물이 든 병과 접촉함으로써 균이 증식하기 적당한 온도까지 상승되었고 그 결과 황색포도상구균이 급속히 증식하여 독소를 생성한 것이 식중독 발생의 원인이 되었다. 이처럼 도시락 등을 뜨거운 물통 등과 함께 포장하거나 취급할 경우 식중독이 발생될 가능성이 크므로 특별한 주의를 요한다. 특히 주먹밥을 만들 때는 직접 손이 닿지 않도록 하여야 하며, 만든 후에는 서늘한 곳에 보관하고, 빨리 먹어야 한다.

자료: 식품의약품안전처

2) 식품 위생관리

다음은 식품구입에서 음식섭취에 이르기까지 식품을 위생적으로 관리하기 위한 각 단계별 세부지침이다그림 8-3.

(1) 구입단계그림 8-4

- 냉장 또는 냉동식품은 구입 즉시 냉장 또는 냉동 보관한다. 식료품을 구입한 후에는 다른 곳에 가지 말고 60분 이내에 곧장 집으로 와야 한다.
- 청결하고 정리가 잘 되어 있는 곳에서 신선한 식품을 구입한다.
- 유통기한을 확인하고 식품의 유효기간 내에 소비할 수 있는 식품만을 구입한다.
- 보관상태가 나쁜 식품은 구입하지 않는다. 조리식품에 뚜껑이 있는지, 냉장식품은 차게 보관되어 있는지, 냉동식품은 딱딱한 상태인지, 통조림은 찌그러지거나 부풀어 오르지 않고 흠이 없는지 등을 확인하고 구입한다.
- 구입한 육류나 생선 등은 생즙이 새지 않도록 개별적으로 분리·포장하여 운반한다.

그림 8-3 **가정 내 식중독 예방법**
자료: 식품의약품안전처

그림 8-4 **식중독예방을 위한 장보기 및 보관요령**
자료: 식품의약품안전처

(2) 준비단계

- 주방의 환경이 깨끗한지 점검하고 행주의 소독여부도 확인한다.

- 교차오염 발생 확률이 높은 식재료(생고기, 달걀, 어패류 등)는 분리하여 보관·사용한다. 특히 교차오염에 의해 익히지 않은 육류나 생선의 생즙이 다른 식품에 묻지 않도록 한다. 도마와 칼은 육류나 생선 등 가열할 식자재용과 샐러드 채소나 조리한 식품 등 가열하지 않고 먹는 식자재용으로 구분하여 사용하도록 최소한 2개는 준비하는 것이 좋다. 도마가 1개인 경우 채소, 육류, 생선 순으로 사용한다. 또한 도마나 칼을 다른 식품에 사용하기 전에 10초 이상 물로 헹군다.

- 냉동식품을 해동할 때는 냉장실에서 해동하는 것이 좋다. 빠른 시간에 해동할 경우에는 식품이 노출되지 않도록 식품을 위생비닐에 넣어 봉한 후 흐르는 식수에서 해동하거나, 전자레인지를 사용하여 해동하거나, 직접 가열·조리를 할 수 있다. 실온에 둘 경우 내부까지 녹기 전에 표면에 세균이 많이 증식할 수 있으므로 안전한 해동방법을 지킨다 **그림 8-5**.

- 조리에 사용할 분량만 해동하고, 해동 한 경우 바로 조리하며, 다시 냉동하지 않도록 한다.

- 채소나 과일을 씻을 때는 적절한 방법을 사용해야 인체에 해를 줄 수 있는 농약을 제거할 수 있다. 물로 씻는 것이 좋으며, 식초나 소금물로 씻을 경우 오히려 영양소가 파괴될 수 있다. 채소류는 세척과정에서 미세한 흠

날것은 자연 해동이 가장 좋은 방법
- 육류, 어패류 등의 날것은 냉장실로 옮겨 자연 해동하세요.
- 급하게 자연 해동할 때에는 재료에 물이 닿지 않도록 밀봉한 후, 흐르는 물에 담가서 해동하세요.

조리된 냉동식품은 전자레인지로 해동하고 데우기
- 물기가 필요한 식품(밥, 조림 등)은 촉촉함이 유지될 수 있도록 랩으로 싼 후, 가열하세요.
- 돈가스 등의 바삭한 튀김 요리는 내열 접시에 종이타올을 깔고, 그 위에 음식을 직접 올린 후, 가열하세요.

데쳐서 냉동한 채소는 끓여서 해동하기
- 미리 손질하여 데쳐둔 채소는 보관용기 또는 비닐에서 꺼낸 후, 냉동된 상태로 끓는 물에 넣고 끓여서 해동하면 식감이 부드럽고, 조리시간도 단축돼요.

그림 8-5 **냉동식품의 해동방법**
자료: 식품의약품안전처

과일 · 채소류 씻는 방법

딸기

딸기는 무르기 쉽고 잿빛 곰팡이가 끼는 경우가 많아 곰팡이 방지제를 뿌리게 되므로 반드시 씻어서 먹읍시다!

꼭지 부분은 농약의 잔류 가능성이 있으므로 남기는 것이 좋아요

1분 — 물에 1분 동안 담근 후
30초 — 물에 30초 정도 씻어주세요
꼭지는 반드시 제거하고 먹어요

포도

포도는 알을 일일이 떼어 씻기도 하지만 물에 담궈두었다 씻는 것만으로도 효과적으로 잔류농약이 제거됩니다!

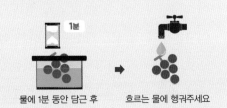

1분 — 물에 1분 동안 담근 후
흐르는 물에 헹궈주세요

사과

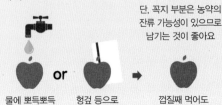

단, 꼭지 부분은 농약의 잔류 가능성이 있으므로 남기는 것이 좋아요

물에 뽀득뽀득 씻어주세요
or
헝겊 등으로 잘 닦아주세요
껍질째 먹어도 좋아요

오이

흐르는 물에 표면을 스펀지 등으로 문질러 씻어주세요
굵은 소금으로 표면을 문질러 주세요
다시 흐르는 물에 씻은 후 먹어요

고추

끝 부분에 농약이 남아있다고 알려져 있으나 실제로는 그렇지 않으니 안심하세요!

1분 — 물에 1분 동안 담근 후
2~3회 — 흐르는 물에 2~3회 씻는다

깻잎/상추

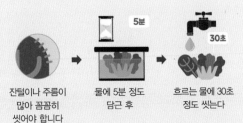

잔털이나 주름이 많아 꼼꼼히 씻어야 합니다
5분 — 물에 5분 정도 담근 후
30초 — 흐르는 물에 30초 정도 씻는다

배추/양배추

2~3장 제거 — 겉잎에 농약이 잔류할 수 있으므로 2~3장 떼어내주세요
흐르는 물에 씻어주세요

자료: 식품의약품안전처

집이 생겨 세척 전보다 식중독균이 서식하기 더 쉬운 조건이 되므로 세척 후에는 바로 섭취하거나 냉장 보관해야 한다.

(3) 조리단계

- 안전을 위협하는 식중독균을 완전히 사멸시키거나 안전한 수준 이하로 관리하기 위해서는 적절한 온도로 충분히 가열하도록 한다. 국물에 잠겨 있는 상태에서 음식을 가열할 때는 끓기 시작하고 나서 최소 5분 정도 끓이고 계란은 완숙하도록 한다(단, 조리 후에 즉시 섭취하는 경우에는 반숙도 가능).
- 육류, 가금류, 어패류 등을 가열할 때에는 중심부가 완전히 가열되었는지 확인하고, 특히 다짐육은 속까지 완전히 익히도록 한다. 육류는 갈색이 되었는지, 닭고기는 맑은 육즙이 나오는지, 생선은 포크로 살이 떨어지는지 보아 완전히 익은 것을 확인한다.
- 음식을 볶을 때에는 육류를 먼저 넣어서 색이 변할 때까지 볶은 후 다른 식재료를 넣는다.
- 가열·조리한 음식은 가능한 2시간 내 빨리 먹고, 바로 먹을 수 없는 경우에는 소량씩 나누어 작고 얕은 통에 넣고 식혀서 바로 냉장 보관하는 것이 좋다.
- 전자레인지에서 식품이 가열되는 동안 증기가 날아가지 않도록 뚜껑이나 랩으로 덮어서 사용하되 랩은 식품에 직접 닿지 않도록 주의한다.
- 전자레인지를 사용할 때에는 가열되지 않는 부분(cold spot)이 생기지 않았는지 여러 부위의 내부 온도(74℃ 이상)를 확인한다.
- 전자레인지로 가열 후에는 2분 정도 그대로 둔 후에 뚜껑을 연다.

(4) 상차림단계

- 음식을 제공하거나 먹기 전에는 손을 꼭 씻는다.
- 조리과정에서 사용하지 않았던 깨끗한 그릇과 도구를 사용하여 음식을

온도관리가 필요한 식품

온도관리가 필요한 식품(TCS food, time-temperature control for safety food; PHF, potentially hazardous foods)이란 식중독 미생물이나 독소가 증식하지 않도록 안전을 위해 온도-시간관리가 필요한 식품이다. 육어류 및 가금류, 달걀, 조개류, 연체류, 갑각류, 우유 및 유제품, 두부 및 콩 가공품, 조리된 감자류, 조리된 곡류, 조리된 채소류(나물류)나 과일류, 양념류 등이 있다.

자료: The 2017 food code

담는다.

- 데울 때는 내부까지 완전히 가열한다(74℃ 이상). 국이나 소스는 끓을 때까지 데운다.
- 온도관리가 필요한 식품(TCS food)은 4시간 이내에 5℃ 아래로 식힌다. 조리 후 식사시간이 늦어지면 냉장고에 넣었다가 먹을 때 꺼낸다.
- 따뜻하게 먹는 음식은 따뜻하게(57℃ 이상), 차게 먹는 음식은 차게(5℃ 이하) 제공한다.

(5) 정리단계

- 남은 음식은 작은 그릇에 넣어 빨리 식혀서 냉장고에 보관한다. 특히 끓이거나 볶지 않은 음식은 상온에서 빨리 상하므로 냉장 보관한다.
- 속이 채워진 식품(삼계탕 등)의 경우에는 속 재료를 따로 분리해서 보관하며, 먹고 남은 국은 끓인 후 가능한 빨리 식혀서 냉장 보관한다.
- 생선회나 생굴은 구입한 날 다 먹지 못했다면 반드시 가열해서 먹는다.
- 오래되어 의심스러운 음식은 버려야 한다. 이때 상한 음식을 보관했던 용기와 취급한 장갑은 세척 후 소독해야 한다.

3) 조리 담당자의 위생관리

(1) 개인위생 원칙

비위생적인 개인습관에 의해 식품이 오염되는 경우는 세균성 식중독이 58%, 바이러스성 식중독이 92%, 기생충 감염이 6%, 화학독소 오염이 2%를 차지하고 있다. 조리 담당자는 우선 건강상태가 좋아야 하며 손톱은 짧고 매니큐어 등을 바르지 않도록 한다. 또한 장신구를 착용하지 않고 깨끗한 위생복을 입은 상태에서 조리해야 한다. 베인 상처나 화상 등이 있는 경우에는 직접 식품에 닿지 않도록 특히 주의한다.

(2) 손 씻기

조리하는 사람의 손은 무엇을 만졌느냐에 따라 위생상태가 달라진다. 식품을 다룰 때는 1회용 장갑 착용 전에 먼저 손을 잘 씻어야 하며, 1회용 장갑은 재사용하면 안 된다. 손이나 손수건으로 가리지 않고 재채기나 기침을 할 때 미생물을 함유한 물방울이 2.9m 정도까지 확산된다. 그러므로 기침이나 재채

··· 더보기 조리 중 이런 행동은 하지 말자

- 땀을 옷으로 닦는 행위
- 식기 또는 배식용 기구 등의 식품 접촉면을 손으로 만지는 행위
- 노출된 식품 쪽에서 기침이나 재치기를 하는 행위
- 맨손으로 열처리하지 않을 식품을 만지는 행위
- 손가락으로 맛을 보거나 한 개의 수저로 세척하지 않은 채 여러 번 또는 여러 가지 음식을 맛보는 행위
- 머리를 긁는 행위
- 동물을 주방에 들어오도록 하는 행위
- 식품을 씻는 싱크대에서 손을 씻는 행위

자료: 교육부, 2021

기가 날 경우에는 식품이 없는 쪽으로 돌아서서 손으로 막도록 하며 즉시 손을 씻어야 한다.

조리작업을 시작하거나 깨끗한 접시를 취급하기 전에는 반드시 손을 씻어야 하며, 특히 외출에서 돌아온 후, 화장실을 사용한 후, 구토물이나 분변을 접촉한 후, 동물과 접촉한 후, 악수 등

그림 8-6 **올바른 손 씻기**
자료: 교육부, 2021

다른 사람과 접촉한 후, 상처나 붕대를 만진 후, 청소 후, 쓰레기 취급 후, 식품의 전처리 후, 사용한 접시를 만진 후, 원재료를 취급한 후, 코·피부·머리·더러운 앞치마를 만진 후, 전화를 받은 후, 돈이나 키보드 등 여러 사람이 손대는 물건을 만진 후, 음식물 섭취 또는 흡연 후, 기침이나 재채기 시 손으로 막았을 때는 반드시 손을 씻어야 한다.

식중독 예방을 위해 효과적으로 손 씻는 습관이 필요한데그림 8-6 표 8-1, '올바른 손 씻기' 방법은 다음과 같다. 먼저 손을 따뜻한 물(40℃)로 잘 적신 후 비누를 묻혀 잘 문지른다. 이때 엄지손가락 및 손톱 밑까지 잘 세척되도록 한다. 흐르는 물로 헹군 후에 종이타월로 건조시킨다. 보통 주방에서 장갑을 끼고 일을 할 경우에는 더러운 것을 만지고 난 후에도 장갑을 씻지 않는 경우가 많은데 고무장갑의 경우에도 손 씻듯 잘 씻어야 한다. 또한 고무장갑을 끼는 경우 땀과 체온으로 손 표면의 세균이 증가하므로 장갑을 벗은 후에 손을 깨끗이 씻고 장갑도 잘 말려두어야 한다.

표 8-1 손 씻기 방법에 따른 세균 제거율

씻는 조건	방법	균수(마리)		제거율(%)
		씻기 전	씻은 후	
수돗물	담아 놓은 물	4,400	1,600	63.6
	흐르는 물	40,000	4,800	88.0
뜨거운 물	담아 놓은 물	5,700	750	86.8
	흐르는 물	3,500	58	98.3
비누 사용 수돗물	흐르는 물(간단히)	849	54	93.6
	흐르는 물(철저히)	3,500	8	99.8

자료: 식품의약품안전처

더보기 휴가철 식중독 예방요령

STEP 1. 조리 전 올바른 손씻기
• 흐르는 물에 비누로 30초 이상 손 씻기

STEP 2. 위생적으로 만들기
• 과일·채소류는 흐르는 물로 3회 이상 깨끗이 씻기
• 조리 음식은 중심부 75℃ 1분 이상 완전히 익히기
• 조리 시, 깨끗이 손 씻고 위생장갑 착용하기

STEP 3. 구분해서 담기
• 따뜻한 식품과 차가운 식품은 별도 용기에 각각 따로 담기(예: 김밥과 과일)
• 마실 물은 집에서 미리 준비하기

STEP 4. 아이스박스 운반
• 실온에서 2시간 이상 보관하지 않기

STEP 5. 식사 전, 반드시 손 씻기
• 손 씻는 시설이 주변에 없는 경우, 물티슈 또는 손소독제 이용

STEP 6. 장시간 상온 보관 식품 폐기
• 장시간 실온, 자동차 트렁크 등에 보관된 음식은 먹지 않기

자료: 식품의약품안전처

식중독일 때의 가정 내 응급 처치

1. 구토, 설사, 복통 등의 식중독 증상이 나타날 경우, 즉시 가까운 의료기관을 방문하여 의사의 진료를 받고, 가까운 보건소에도 신고한다.
2. 식중독이면 위장이 완전히 빌 때까지 토하게 한다. 지사제는 몸 밖으로 배출되는 세균이나 세균성 독소 등의 배출을 막을 수도 있으므로 함부로 사용하지 않는다.
3. 토한 음식물이나 먹다 남은 음식물이 있으면 반드시 일회용 장갑 등을 사용하여 비닐주머니에 넣었다가 의사에게 보여준다. 환자 구토물 처리 시 가능하면 가정용 락스 등으로 소독하여 2차 감염을 방지하여야 한다.
4. 구토가 심한 환자는 옆으로 눕혀 기도가 막히지 않도록 주의하며, 특히 노약자나 어린이의 경우에는 구토물에 의하여 기도가 막힐 수 있으므로, 더욱 세심한 관찰과 주의가 필요하다.
5. 음식을 먹으면 설사가 더 심해질 수 있으므로 음식 대신 수분을 충분히 섭취해 탈수를 예방한다. 수분은 끓인 물이나 보리차 1L에 찻숟가락으로 설탕 4개, 소금 1개를 타서 보충한다. 시중에 나와 있는 이온음료도 좋다.
6. 설사가 줄어들면 미음이나 쌀죽을 섭취한다.

자료: 질병관리청

HACCP란?

HACCP(식품안전관리인증기준)은 Hazard Analysis Critical Control Point의 약어로 '해썹(Hass-up)'으로 발음하며, HACCP 중 HA(위해요소 분석)는 잠정적으로 미생물이 증식할 수 있는 재료, 생산공정 중 중요한 단계, 식품안전성에 위험을 초래할 수 있는 인적요인 등을 규명하는 것이며, CCP(중요관리점)는 HACCP을 적용하여 식품의 위해를 감소·제거하거나 안전성을 확보할 수 있는 단계 또는 공정을 지칭한다.
즉, HACCP 시스템은 식품의 원료·제조·가공·조리 및 유통의 전 과정에서 위해물질이 해당 식품에 혼입, 증식되는 것을 사전에 방지하기 위하여 각 과정에서 위험 발생 가능성이 높은 단계(point)를 찾아내서 이를 관리하는, 제품의 안전한 생산을 보장하기 위한 예방체계이다.

자료: 식품의약품안전처

4) 주방환경의 위생관리

식중독 예방을 위해서는 사용한 조리 기구와 식기를 오래 방치하지 말고 즉시 세척해야 한다. 사용한 조리기구와 식기에서 세균이 증식할 수 있기 때문이다. 조리기구, 행주, 수세미는 사용 후에 세척하고 소독한다. 소독은 유해 미생물을 사멸, 또는 불활성화 시키거나 오염을 방지하는 것을 의미한다. 이때 조리기구를 세척제로 깨끗이 세척하지 않고 소독제를 사용하면 기구 표면에 남아 있는 유기물질이나 지방 등의 이물질로 인해 소독의 효과가 감소하므로 반드시 세척하고 물로 헹군 후 소독한다.

식품이나 식기를 씻는 싱크나 싱크대에 있는 거름망은 사용 후 세제로 닦고 소독제로 소독한다. 냉장고는 세제를 묻힌 수세미로 내부를 닦은 후, 깨끗한 행주로 세제를 닦아내는 방법으로 세척하고, 락스 같은 살균제를 사용하여 소독한다.

쓰레기통은 평소에 뚜껑을 꼭 덮어 두며, 쓰레기를 비운 후에는 내부를 물로 씻은 후 세제를 사용하여 닦고 살균제를 사용하여 소독하고 잘 건조시켜서 사용한다.

2 주방의 안전관리

1) 열원관리

(1) 가스관리

많은 가정에서 열원으로 액화 석유가스(LPG)와 도시가스인 액화 천연가스(LNG)를 사용하고 있다. 도시가스는 파이프라인을 통하여 수요자에게 공급하는 연료가스로서 LPG에 공기를 혼합하거나 LNG를 원료로 사용한다. 가스는 가연성으로 사용 시 부주의로 누설되면 화재나 폭발 사고의 위험이 있으므로 주의해야 한다. 액화 천연가스는 공기보다 가볍지만 액화 석유가스는 프로판가스나 부탄가스를 액화시킨 것으로 공기보다 무거워 새어나올 경우 바닥에 가

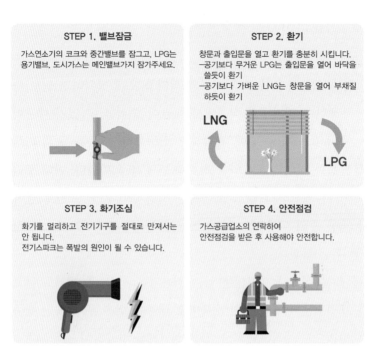

STEP 1. 밸브잠금
가스연소기의 코크와 중간밸브를 잠그고, LPG는
용기밸브, 도시가스는 메인밸브가지 잠가주세요.

STEP 2. 환기
창문과 출입문을 열고 환기를 충분히 시킵니다.
-공기보다 무거운 LPG는 출입문을 열어 바닥을
쓸듯이 환기
-공기보다 가벼운 LNG는 창문을 열어 부채질
하듯이 환기

LNG

LPG

STEP 3. 화기조심
화기를 멀리하고 전기기구를 절대로 만져서는
안 됩니다.
전기스파크는 폭발의 원인이 될 수 있습니다.

STEP 4. 안전점검
가스공급업소의 연락하여
안전점검을 받은 후 사용해야 안전합니다.

그림 8-7 **가스 누출 시 응급대책**
자료: 한국가스안전공사

라앉아 모여 있다가 화기가 있으면 폭발할 위험이 있다. 그러므로 액화 천연가스가 새면 창문부터 열어 환기해야 하지만, 액화 석유가스가 새면 방바닥을 쓸듯이 가스를 밖으로 내보내야 한다. 가스는 원래 냄새나 색깔이 없는 기체이지만 누출 시 냄새로 감지할 수 있도록 메르캅탄(mercaptane)이라는 자극적인 냄새가 나는 화학물질을 첨가함으로써 가스가 새는 것을 알 수 있다. 이 외에도 가스가 새는 것을 탐지할 수 있도록 가스 경보기를 설치하도록 한다.

조리 시 넘친 국물이나 먼지로 인하여 연소기구가 더러워지면 불완전 연소가 되어 붉은 불꽃이 나고 화력이 약해지므로 월 1회 이상 칫솔 등으로 불구멍 주위를 깨끗이 청소해 둔다.

주방의 레인지후드는 먼지나 가스를 밖으로 배출하고 조리 시 생긴 습기를 제거하는 역할을 하므로 가스레인지 사용하기 5~10분 전부터 미리 후드를 작동시키고, 조리 후에도 5~10분 정도 후드를 틀어 놓아 유독가스를 없애도록 한다.

안전한 가스의 사용 요령은 다음과 같다.

① 사용 전: 환기

- 불을 켜기 전에 가스가 새는 곳이 없는지, 냄새가 나는지 확인한다.
- 가스 연소 시에는 많은 공기가 필요하므로 자주 창문을 열어 실내 환기를 시킨다.
- 연소기 주위에 불이 붙기 쉬운 물질(식용유, 고무장갑, 행주나 헝겊 등)을 두지 않는다.

② 사용 중: 불꽃 확인

- 점화 손잡이를 천천히 돌려 점화시키고 불이 붙었는지 반드시 확인한다. 불이 붙지 않은 상태로 코크가 열려 있으면 가스가 새어 위험하다.
- 파란 불꽃인지 확인한다. 적색이나 황색 불꽃일 경우 창문을 열어 환기시킨다.

· · ·
더보기

가스누출 점검

평소에 호스와 이음새 부분에서 가스가 새지 않는지 수시로 비눗물이나 점검액으로 점검한다. 주방용 액체 세제와 물을 1:1의 비율로 섞어서 비눗방울이 잘 일어나도록 한 후 붓이나 스펀지에 묻혀서 연결부분 주위에 충분히 발라준다. 조금이라도 누출되는 경우에는 비누방울이 생겨 가스누출을 쉽게 판별할 수 있다.

가스 자동잠금장치

가스 사용 후 반드시 잠가 놓아야 하는 가스 중간밸브를 자동으로 차단하는 가스안전 보조기기이다. 가스를 사용하고자 할 경우 수동밸브를 열듯이 자동잠금장치의 레버를 돌리면 사용시간이 일정시간 자동으로 설정되며, 사용시간은 조작을 통해서 조절이 가능하다. 설정된 시간이 지나면 자동으로 레버가 닫히면서 가스가 차단된다. 이는 가스 사용 중 자리를 비우거나 건망증으로 인한 과열사고를 예방할 뿐 아니라 가스 누출과 화재폭발 방지할 수 있다.

- 조리 시 국물이 넘쳐 불이 꺼지면 가스가 누출될 수 있으므로 사용 중에는 옆에서 지키며 불이 꺼지지 않았는지 살핀다.

③ 사용 후: 밸브잠금 및 가스레인지 관리

- 가스사용 후에는 점화 손잡이와 중간밸브 및 최종밸브를 반드시 잠갔는지 확인한다.
- 가스레인지 불구멍을 자주 솔로 닦아 막히지 않도록 한다.

(2) 전기관리

전기는 가스가 발생하지 않고 온도 조절이 쉬우므로 이용하기에 편리하나 비용이 비싸다. 주방 기기 중에는 전기를 열원으로 하여 사용되는 것들이 많다. 이때 전기 사용의 부주의로 인한 사고가 발생하기 쉬우므로 다음과 같은 사항을 주의해야 한다.

- 전열기는 사용전에 미리 사용 매뉴얼을 완전히 숙지하도록 한다.
- 전열기 사용 중에는 자리를 비우지 않는다. 사용 중 정전이 되면 스위치를 꺼둔다.

···
더보기 멀티탭의 안전 사용

멀티탭이란 전기가 필요한 장소와 벽에 설치된 콘센트 간의 거리가 너무 멀어서 필요한 장소로 이동하거나 콘센트 수를 늘리기 위한 기구이다.

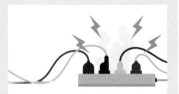

- 표시된 정격치를 지켜야 한다. 표시된 정격치 이상으로 가전제품을 사용하면 멀티탭과 코드선에 열이 발생하여 위험하다.
- 눌리거나 꼬임이 없도록 사용하며 오래 사용해서 변형되면 새것으로 바꾼다.
- 한 개의 멀티탭에 여러 개의 플러그를 꽂아 쓸 경우 전류의 허용한도를 초과하여 코드에서 열이 나고 그 열로 코드가 녹아내려 감전 화재의 위험이 수반되므로 문어발식으로 배선을 연결하지 않는다.

그림 8-8 **전기의 안전사용**

- 젖은 손으로 전기기구를 만지지 않는다. 물기가 있으면 인체저항이 감소하므로 감전의 위험이 있다.
- 플러그는 콘센트에 완전히 접속하고, 뽑을 때에는 코드 선을 잡지 말고 플러그 몸체를 잡고 뽑아야 한다.
- 냉장고, 식기세척기 등 습기가 많은 장소의 전기기구는 반드시 누전 차단기 설치 및 접지(어스)를 하여야 한다.
- 청소 시 콘센트에 물이 들어가면 감전이나 누전 사고의 원인이 되므로 물이 들어가지 않도록 주의한다.

2) 안전사고의 예방과 대책

조리작업은 화기, 동력, 칼날 등을 사용하므로 화상, 낙상, 절단, 감전, 화재, 폭발 등의 안전사고가 일어나기 쉽다. 또한 조리 시 뜨거운 음식이나 기름을 다루는 일이 많으므로 화상의 위험이 항상 존재하고, 조리할 때 칼을 다루는 일이 많아 절단사고가 발생하기 쉽다.

(1) 화상사고

화상사고는 주방에서 자주 발생하는 사고 유형 중의 하나로서, 이를 방지하기 위해서는 다음과 같은 점에 주의해야 한다.

전기압력밥솥 사용 시 화상주의

전기압력밥솥에서 발생하는 증기는 심각한 화상을 유발할 수 있는데, 대부분 손과 손목에 화상을 입는 경우가 많다. 증기는 약 105℃ 정도로 매우 뜨거우며, 1초만 접촉해도 피부의 진피층까지 손상을 줄 만큼 강력하다.

만약 화상을 입었다면 즉시 흐르는 찬물 혹은 생리식염수에 15분 이상 상처를 충분히 식혀 주어야 한다. 화상 부위는 깨끗한 거즈나 수건 등으로 덮어 염증이 발생하는 것을 막고, 신속하게 병원에서 적절한 조치를 받는 것이 좋다. 이와 같은 사고를 예방하기 위해서는 전기압력밥솥을 바닥에 두지 말고, 특히 아이의 손이 닿지 않도록 높은 곳에 두고 사용하는 것이 중요하다.

- 뜨거운 팬이나 조리기구를 옮길 때에는 젖은 행주나 앞치마를 사용하지 말고 마른 행주를 사용한다.
- 뜨거운 물이나 기름을 사용할 때에는 그릇 손잡이를 안쪽으로 향하게 하여 지나다니다가 건드려서 쏟지 않도록 주의한다.
- 뜨거운 솥이나 냄비의 뚜껑을 열어야 할 때에는 사람이 없는 쪽으로 김이 나가도록 열어야 한다.
- 뜨거운 음식이나 물은 넘치지 않도록 하고, 뜨거운 기름에 물이 떨어지지 않도록 한다.
- 손잡이가 긴 국자를 사용하도록 하고, 사용한 국자의 자루 부분을 사람들이 다니지 않는 쪽으로 돌려놓는다.
- 냄비를 옮길 때에는 미리 옮길 장소를 마련하고, 뚜껑을 열어 뜨거운 김을 뺀 후 옮긴다.

(2) 절단사고

절단사고는 대부분 칼에 의해 발생하며 스테인리스 기구 중 모서리 마감이 잘 되지 않은 것을 맨손으로 접촉할 경우 많이 발생한다.

- 칼은 용도에 맞는 알맞은 것을 선택하여 사용하고, 통조림을 여는 등 다

른 용도로는 사용하지 않도록 한다.

- 도마 없이 칼을 사용하면 칼날이 손상되기 쉽고 칼이 쉽게 미끄러지면서 위험하므로 칼을 사용할 때에는 항상 도마에서 작업하도록 한다.
- 칼을 사용 중에는 항상 칼날이 안쪽으로 향하게 하고, 바닥에 떨어지지 않게 주의하며, 스치고 지나가면 위험하므로 조리대 끝에 두지 않는다.
- 칼은 수시로 갈아서 잘 드는 것을 사용하고, 사용 후에는 물기 없이 잘 정돈하여 정해진 보관 장소에 두어야 한다.
- 핸드믹서나 커터기 등 기기를 사용한 후에는 전원을 먼저 끈 후 플러그를 뽑는다.
- 기기를 사용할 때에는 장갑을 끼지 않는다.
- 사기나 유리그릇이 깨졌을 때에는 손으로 줍지 말고 청소 용구를 사용하도록 하며 반드시 종이에 싸서 버리도록 한다.

(3) 감전사고

감전사고는 주로 전기 기구 사용의 부주의로 인하여 생기는 경우이다.

- 젖은 손이나 행주로 전기 기구를 만지지 않는다.
- 과다한 습기, 물기가 있는 장소에서는 감전의 위험에 특히 주의한다.

(4) 낙상사고

낙상사고는 바닥이나 통로에 놓인 물건 혹은 전기 코드에 걸려 넘어지거나, 바닥에 기름이나 물기가 있어 미끄러져서 발생하게 된다.

- 주방 바닥은 미끄럽지 않은 재질을 사용한다.
- 높은 곳에 물건을 올리거나 내릴 때는 안전 사다리를 사용한다. 보통 의자를 사용하는 경우가 많은데 특히 회전의자는 매우 위험하다.
- 바닥에 물기가 있거나 음식물이 떨어져 있으면 미끄러워 넘어지기 쉬우므로 즉시 청소해야 한다.

(5) 화재사고

주방에서 화재는 종이나 나무, 헝겊 등의 연소, 가스나 기름, 전기기구의 과열이나 누전 등으로 인해 발생할 수 있다.

- 조리 시 느슨한 소매나 앞치마 끈은 조리장비에 물려 들어가거나 불이 붙기 쉬우므로 주의한다.
- 소화 장비는 정기검사로 관리하고, 평소에 사용법을 잘 익혀두며, 눈에 잘 띄는 곳에 둔다. 소화기는 눈에 띄고 사용하기 쉬운 장소에 비치하며, 월 1회 정도 거꾸로 흔들어 분말이 굳지 않도록 한다.
- 화재가 발생하면 즉시 화재경보기를 울려 화재사실을 알리고, 119에 연락하여 소방차를 부른다. 화재 발생 후 5분 이내에 조치를 취하지 않으면 대형 화재로 번질 위험이 있으므로 신속하게 대처해야 한다.
- 화재 시에는 절대로 당황하지 말고, 안전을 우선으로 침착하고 질서 있게 행동하도록 한다. 환자가 발생할 경우 안전한 곳으로 옮기고, 화재가 난 건물이나, 연기나 증기가 가득한 방으로 들어가지 않도록 한다.
- 화재 시 소화기는 안전핀을 뽑은 후 불 가까이 접근하여 사용하며, 바람을 등지고 양옆을 비로 쓸 듯이 골고루 약제가 방사되도록 사용한다.

⋯ 더보기

소화기 사용법 및 관리요령

1. 소화기 사용법

소화기는 화재 초기 진화에 적합한 소화 장비이므로 불이 났을 때 즉시 사용할 수 있도록 방법을 익혀둔다.

① 손잡이를 잡고 화재 현장으로 운반한다.

② 바람을 등지고 화재 지점으로 접근한다.

③ 안전핀을 뽑는다(손잡이를 누른 상태로는 잘 빠지지 않으니 주의한다).

④ 호스걸이에서 호스를 잡고 끝을 불쪽으로 향한다.

⑤ 가위질하듯 손잡이를 힘껏 잡아 누른다.

⑥ 불의 아래쪽에서 비를 쓸 듯이 차례로 덮어 나간다.

⑦ 불이 꺼지면 손잡이를 놓는다(약재 방출이 중단된다).

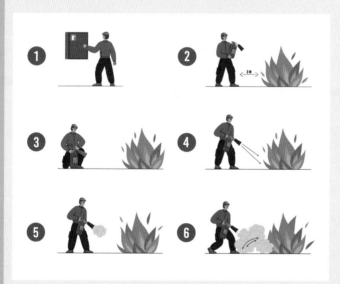

소화기 사용요령

2. 소화기 관리요령

• 소화기는 보기 쉽고 사용하기 편리하며 통행에 지장을 주지 않는 곳에 비치한다.

• 습기나 직사광선을 피하여 비치한다.

• 사용 후에는 남아 있는 압력을 방출하고 재충약한다.

• 소화기는 월 1회 정도 점검 · 정비하여야 한다.

3 음식물 쓰레기 관리

1) 음식물 쓰레기 현황

음식물 쓰레기는 '음식물류 폐기물'로 명명하고 있다. 음식물류 폐기물은 식품구입 후 전처리 과정에서 시작되어 식사 후 처리과정에 이르기까지 버려지는 모든 식품 또는 음식물을 포함

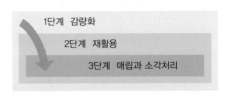

그림 8-9 **효과적인 쓰레기 관리 단계**

한다. 미국 환경청에서는 효과적인 쓰레기 관리를 **그림 8-9**와 같이 세 단계로 제시하였다. 1단계는 재이용을 포함한 발생원에서의 감량화이며, 2단계는 퇴비화 등의 재활용이고, 3단계는 재활용이 불가능한 부분을 매립 또는 소각 처리하는 것이다. 쓰레기 관리 단계 중 감량화 단계의 비중이 클수록, 매립과 소각처리 단계의 비중이 적을수록 바람직하다.

음식물 쓰레기의 매립과 소각은 여러 가지 문제를 일으킬 수 있다. 음식물 쓰레기는 수거·운반 시 악취가 발생하고, 파리, 모기 등 해충을 번식시키며, 매립할 경우 쓰레기가 썩은 물이 생성되어 토양과 지하수 등의 오염을 발생시키는 문제가 있고, 소각처리의 경우 우리나라 음식의 특성상 물기가 많아 소각온도가 저하되므로 음식물이 섞이지 않은 쓰레기에 비해 추가로 많은 연료를 사

···
더보기 **음식물 쓰레기의 자연 파괴**

음식물에서 흘러나오는 더러운 물은 하천을 오염시킨다.
오염된 물을 물고기가 살 정도의 맑은 물로 정화하는데
김치국물 1컵에는 깨끗한 물 10,000컵
라면국물 1컵에는 깨끗한 물 5,000컵
우유 1컵에는 깨끗한 물 50,000컵이 필요하다.

자료: 환경부 생활폐기물과

용해야 하는 문제점이 있다.

효과적인 쓰레기 관리의 첫 단계인 감량화를 실천하기 위해서, 각 가정에서는 과도한 상차림을 자제하고 식품을 구입하기 전에 신중하게 결정하여 계획된 양만을 구입하며 가족의 필요량에 맞게 조리하여야 한다. 외식을 할 때에도 먹을 양 만큼만 주문하고 남은 음식은 싸 가지고 오는 등 음식물 쓰레기 감량화를 위한 노력이 필요하다. 환경부에서는 음식물 쓰레기 줄이는 101가지 실천방법을 제시하고 우수실천사례를 모집하는 등 내국민참여를 유도하고 있다.

2) 음식물 쓰레기 감량방안

음식물 쓰레기는 유통 및 조리과정에서 발생한 쓰레기, 먹고 남은 음식물, 먹지 않은 음식물, 보관 후 폐기 식재료 등으로 구성된다. 유통 및 조리 과정에서 발생한 쓰레기는 57%로 제일 많은 비율을 차지하며, 먹고 남긴 음식물 30%, 보관 폐기 식재료 9%, 먹지 않은 음식물 4% 순으로 구성된다. 가정에서는 조리 과정에서 발생하는 쓰레기가 68%로 제일 많은 비율을 차지하고, 음식점의 경우 먹지 않은 음식물이 68%로 제일 많은 비율을 나타내었다. 생활에서 음식물 쓰레기를 줄이기 위한 구체적인 방안은 다음과 같다.

(1) 가정에서
① 구매 · 보관
- 식단 계획을 세워 필요한 식품만 구입한다.

  식품을 냉장고에 넣어뒀다가 유통기한이 지나 쓰레기로 버리는 경우가 많으므로, 식단을 잘 짜서 계획적으로 장을 본다면 이런 낭비를 막고 음식물 쓰레기도 줄일 수 있다. 또한 장을 보러 가기 전 냉장고에 보관되어 있는 식재료를 확인한다.

- 소포장, 깔끔포장, 반가공 식재료를 구매한다.

  음식물 쓰레기의 절반 이상이 조리 전에 발생하며, 가정에서 보관하다 폐

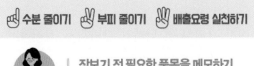

장보기 전 필요한 품목을 메모하기
장을 보러 가기 전, 냉장고에 보관되어 있는 식재료를 확인하고 필요한 품목을 메모합니다.

반가공·깔끔히 손질된 식재료 구매하기
양파 등 식재료가 깔끔히 손질된 제품, 반가공된 제품을 구매하면 조리 전 음식물쓰레기를 감소시킬 수 있습니다.

장을 본 후 바로 손질하기
식재료가 상하는 것을 막기 위해 구매 후 바로 손질하여 냉장/냉동시킵니다.

가족 식사량에 맞게 요리하기
가족의 평소 식사량에 맞게 요리하여 음식물쓰레기 낭비를 방지합니다.

냉장고 속 자투리 식재료 활용하기
사용하고 남은 식재료를 한 곳에 모아두었다가 볶음밥과 같은 요리에 활용합니다.

물기 제거 후 배출하기
체반을 이용하여 물기를 뺀 후 배출하면, 냄새도 줄이고 음식물쓰레기 양도 줄일 수 있습니다.

냉장고 정기적으로 정리하기
냉장고를 정기적으로 정리하면서 남아있는 재료와 유통기한을 확인합니다.

그림 8-10 음식물 쓰레기 줄이기 기본원칙
자료: 음식물쓰레기관리시스템

기되는 식재료도 음식물 쓰레기 발생량의 1/10을 차지한다.

- 냉장고에 무엇이 들어 있는지, 온 가족이 알 수 있도록 한다.

  냉장고 정리하는 날을 따로 정하고, 식품 목록과 보관한 날짜를 붙여놓으면 식단 짜는 편리함은 물론 냉장고 사용이 매우 효율적으로 바뀐다. 이 외에도 냉장고관리 앱 '우리집냉장고' 등을 이용하면 저장식품관리, 유통기한관리까지 가능하여 냉장고 안의 식재료 관리가 수월해진다.

- 냉장고에 넣을 땐 구입 날짜 순서대로, 속이 보이는 그릇을 사용한다.

  어떤 음식이 들었는지 잘 모르면 쉽게 손이 가지 않는다. 속이 보이는 그릇에 넣어두면 깜박 잊어서 상하는 일이 훨씬 줄어든다. 냉장고에 든 음식을 또다시 사서 낭비하게 되는 일을 없애야 한다.

• 생식품은 바로 손질해서 조리하고 보관한다.

채소나 생선 같은 생식품은 시간이 지날수록 버리는 부분이 많게 된다. 사온 후에 곧바로 손질해서 한 끼 분량으로 나눠 적절한 보관온도를 유지할 수 있는 냉장고에 넣어두면 음식물 쓰레기가 많이 줄어든다.

② 조리

• 가족의 건강과 식사량에 맞춰 조리한다.

음식을 한꺼번에 많이 만들어 두면 맛과 신선도가 떨어지고 버리는 양도 자연히 많아진다. 계량도구(스푼·저울·컵 등)의 사용을 생활화하면 음식 재료의 낭비를 막는 것은 물론 음식 맛을 내는 데 도움이 된다.

• 음식을 만들 때 지나치게 짜거나 맵게 하지 않도록 주의한다.

우리나라 사람이 하루에 섭취하는 염분량은 15~20g으로, 만성질환 예방을 위해 설정한 식염섭취 목표량인 5g/일 이하에 비해 매우 많은 편이다. 지나치게 짜거나 매운 것은 건강을 해치기도 하지만 음식물을 남겨서 버리게 만드는 원인도 된다.

③ 식사

• 먹을 만큼 덜어서 남기지 않고 먹는다.

한 톨의 쌀과 한 알의 감자가 어떻게 해서 식탁에 오르게 되었는지를 생각한다면 감사하는 마음이 저절로 생겨나게 된다. 어릴 때부터 음식을 먹을 만큼만 덜어 먹는 습관과 감사하는 마음을 갖도록 이끌어 준다.

• 냉장고 속 자투리 식재료를 활용한다.

사용하고 남은 식재료가 소량으로 남았다면 한곳에 모아두고, 일정량이 되면 볶음밥과 같은 간단한 일품요리나 만두소에 이용하는 등 요리에 활용한다.

④ **배출**

• 음식물 쓰레기는 찌꺼기와 수분을 분리하여 따로 버린다.

분리 수거된 음식물 쓰레기에 다른 쓰레기가 평균 15~20%나 섞여 있다. 애써서 따로 모은 음식물 쓰레기에 이물질이 들어 있으면 사료나 퇴비로 재활용할 수 없다. 이것으로 우리의 엄청난 세금이 낭비될 뿐만 아니라 산과 강이 오염되고, 이는 결국 우리가 숨 쉬는 공기, 마시는 물까지 오염시킨다.

(2) 외식 시

• 주문하기 전에 메뉴판을 꼼꼼히 살핀다.

주문할 음식에 어떤 반찬이 있고 양은 어느 정도인지를 미리 살핀다.

• 자신의 식사량을 미리 말해 준다.

음식점에서는 대개 성인 남자를 기준으로 한 식사량이 제공된다. 고객은 자기 식사량을 미리 알려서 과식하거나 먹다 남겨 음식물 쓰레기를 만들지 않는다.

• 먹지 않을 음식은 미리 반납한다.

음식점에서 손도 대지 않은 채 버려지는 음식물이 많다. 남길 음식은 식사 전에 반납하는 습관을 기른다.

• 여럿이 함께 먹는 요리에는 개인 접시를 사용한다.

개인 접시를 사용하면 자기 식사량에 맞춰 먹을 수 있고, 버려지는 음식도 줄일 수 있다.

• 먹고 남은 음식이 담긴 그릇에 이물질을 버리지 않는다.

먹고 남은 음식이 담긴 그릇에 휴지나 담배꽁초 같은 이물질을 넣는 것은 보기에도 좋지 않지만, 무엇보다 음식물 쓰레기를 재활용할 수 없게 만든다.

• 음식이 남지 않을 만큼만 더 주문한다.

음식을 더 주문할 때는 남아 있는 음식과 동반인들의 식사량을 잘 따져

··· 더보기 푸드뱅크와 푸드마켓

식품기부 관련 사업인 푸드뱅크와 푸드마켓은 음·식료품제조업, 도·소매업자 등으로부터 식품을 기부 받아 어려운 이웃에게 연결·전달함으로써 이들의 먹거리 문제 해결에 도움을 주고 있으며, 나눔문화와 공동체 의식확산, 식품자원 낭비 예방에도 기여하고 있다.

푸드뱅크는 식품제조·유통기업과 개인으로부터 여유식품을 기부 받아 식품이나 생활용품이 부족해 어려움을 겪고 있는 결식아동, 독거노인, 장애인 등 저소득층에게 무상으로 제공하는 서비스이다.

푸드마켓은 직접 방문하여 식품을 가져갈 수 있는 이용자 중심의 상설 무료마켓이다. 지자체와 푸드마켓에서 긴급지원 대상자, 기초생활보장 수급자, 비수급 빈곤층을 대상으로 푸드마켓 이용자를 선정하면, 이용자는 이용카드를 발급받은 후 편의점 형태의 매장에 직접 방문해 필요한 식품을 선택해 가져갈 수 있다.

현재까지는 조직체계가 취약하고 예산과 인력이 부족하여 활성화되지 못했으나, 자원 낭비를 줄이고 식품 이용률을 높일 수 있는 식품나눔문화 확산을 위해 향후 기탁자와 수혜자를 유기적으로 연결할 수 있는 전산망을 구축하고, 고정인력과 저장운송시설에 대한 정부의 재정적 지원과 홍보 방안 모색이 절실히 필요하다.

봐야 한다.

- 먹지 않을 후식은 미리 사양한다.

  후식이 무엇인지 알아보고, 입에 맞지 않거나 양에 넘치면 가져오지 않도록 종업원에게 미리 알린다.

- 먹고 남은 음식은 포장해서 가져간다.

  자기가 먹다 남긴 음식은 가져가서 먹을 수 있다. 남은 음식을 싸 가는 것은 음식을 소중히 여기고 환경오염을 막는 아름다운 행동이다.

요약

- 식생활관리에서 위생관리에 실패하면 식중독사고가 발생할 위험이 있다. 식중독 예방을 위해서는 세균에 오염되지 않도록 하고, 세균을 증식시키지 않으며, 세균을 제거하여야 한다. 실천 측면에서는 식품을 청결히 취급하고, 조리한 음식은 빠른 시간 내에 섭취하며, 저장할 경우 냉각 또는 가열하여야 한다.

- 식생활관리자는 식품구입에서부터 음식섭취 및 보관에 이르기까지 각 단계별로 위생적인 관리지침을 준수한다. 특히 온도관리가 필요한 식품은 더 관심을 가지고 다루어야 한다.

- 조리하는 사람은 건강상태가 좋아야 하며, 장신구를 착용하지 않고 손톱은 짧아야 하며, 깨끗한 위생복을 입은 상태에서 조리하는 등 개인위생에 철저하도록 한다. 조리작업을 시작하거나 깨끗한 접시를 취급하기 전 등 손 씻기가 필요할 때 올바른 방법으로 손을 씻도록 한다. 고무장갑을 끼는 경우에도 손 씻듯 잘 씻어야 하고, 장갑을 벗은 후 손을 깨끗이 씻어야 하며, 장갑도 잘 말려두어야 한다.

- 조리작업은 화력, 전기, 칼날 등을 사용함으로써 화상, 절단, 감전, 낙상, 화재 등의 안전사고를 일으키기 쉽다. 특히 조리 시에는 뜨거운 음식이나 기름을 다루는 일이 많으므로 화상의 위험이 항상 존재하고, 조리할 때 칼을 다루는 일이 많아 절단사고가 발생하기 쉬우므로 주의한다. 안전사고가 발생할 경우 이에 대한 신속하고 민첩한 대응책이 요구되므로, 평소에 이러한 안전사고에 대한 사전 지식과 대비 요령이 필요하다.

- 음식물 쓰레기 관리는 감량화, 재활용, 매립과 소각처리의 세 단계로 구성된다. 이 중 감량화 단계의 비중이 클수록, 매립과 소각처리 단계의 비중이 적을수록 바람직하다. 가정에서나 음식점에서 감량화를 실천하는 좋은 습관을 갖도록 한다.

SUPPLEMENT

부록

1. 2020 한국인 영양소 섭취기준 요약표
2. 각 식품군의 대표식품 및 1인 1회 분량
3. 권장식사패턴을 활용한 생애주기별 식단 구성 예시

2020 한국인 영양소 섭취기준 요약표

(자료: 보건복지부 · 한국영양학회, 2020 한국인 영양소 섭취기준 활용연구, 2021)

2020 한국인 영양소 섭취기준 – 에너지 적정비율

성별	연령	에너지 적정비율(%)				
		탄수화물	단백질	지질[1]		
				지방	포화지방산	트랜스지방산
영아	0~5(개월)	–	–	–	–	–
	6~11	–	–	–	–	–
유아	1~2	55–65	7–20	20–35	8 미만	1 미만
	3~5	55–65	7–20	15–30	8 미만	1 미만
남자	6~8	55–65	7–20	15–30	8 미만	1 미만
	9~11	55–65	7–20	15–30	8 미만	1 미만
	12~14	55–65	7–20	15–30	8 미만	1 미만
	15~18	55–65	7–20	15–30	8 미만	1 미만
	19~29	55–65	7–20	15–30	7 미만	1 미만
	30~49	55–65	7–20	15–30	7 미만	1 미만
	50~64	55–65	7–20	15–30	7 미만	1 미만
	65~74	55–65	7–20	15–30	7 미만	1 미만
	75 이상	55–65	7–20	15–30	7 미만	1 미만
여자	6~8	55–65	7–20	15–30	8 미만	1 미만
	9~11	55–65	7–20	15–30	8 미만	1 미만
	12~14	55–65	7–20	15–30	8 미만	1 미만
	15~18	55–65	7–20	15–30	8 미만	1 미만
	19~29	55–65	7–20	15–30	7 미만	1 미만
	30~49	55–65	7–20	15–30	7 미만	1 미만
	50~64	55–65	7–20	15–30	7 미만	1 미만
	65~74	55–65	7–20	15–30	7 미만	1 미만
	75 이상	55–65	7–20	15–30	7 미만	1 미만
임신부		55–65	7–20	15–30		
수유부		55–65	7–20	15–30		

1) 콜레스테롤: 19세 이상 300 mg/일 미만 권고

2020 한국인 영양소 섭취기준 – 당류

총당류 섭취량을 총 에너지섭취량의 10–20%로 제한하고, 특히 식품의 조리 및 가공 시 첨가되는 첨가당은 총에너지섭취량의 10% 이내로 섭취하도록 한다. 첨가당의 주요 급원으로는 설탕, 액상과당, 물엿, 당밀, 꿀, 시럽, 농축과일주스 등이 있다.

2020 한국인 영양소 섭취기준 – 에너지와 다량영양소

성별	연령	에너지(kcal/일)				탄수화물(g/일)				식이섬유(g/일)			
		필요추정량	권장섭취량	충분섭취량	상한섭취량	평균필요량	권장섭취량	충분섭취량	상한섭취량	평균필요량	권장섭취량	충분섭취량	상한섭취량
영아	0~5(개월)	500						60					
	6~11	600						90					
유아	1~2(세)	900				100	130					15	
	3~5	1,400				100	130					20	
남자	6~8(세)	1,700				100	130					25	
	9~11	2,000				100	130					25	
	12~14	2,500				100	130					30	
	15~18	2,700				100	130					30	
	19~29	2,600				100	130					30	
	30~49	2,500				100	130					30	
	50~64	2,200				100	130					30	
	65~74	2,000				100	130					25	
	75 이상	1,900				100	130					25	
여자	6~8(세)	1,500				100	130					20	
	9~11	1,800				100	130					25	
	12~14	2,000				100	130					25	
	15~18	2,000				100	130					25	
	19~29	2,000				100	130					20	
	30~49	1,900				100	130					20	
	50~64	1,700				100	130					20	
	65~74	1,600				100	130					20	
	75 이상	1,500				100	130					20	
임신부[1]		+0 +340 +450				+35	+45					+5	
수유부		+340				+60	+80					+5	

성별	연령	지방(g/일)				리놀레산(g/일)				알파-리놀렌산(g/일)				EPA+DHA(mg/일)			
		평균필요량	권장섭취량	충분섭취량	상한섭취량	평균필요량	권장섭취량	충분섭취량	상한섭취량	평균필요량	권장섭취량	충분섭취량	상한섭취량	평균필요량	권장섭취량	충분섭취량	상한섭취량
영아	0~5(개월)			25				5.0				0.6				200[2]	
	6~11			25				7.0				0.8				300[2]	
유아	1~2(세)							4.5				0.6					
	3~5							7.0				0.9					
남자	6~8(세)							9.0				1.1				200	
	9~11							9.5				1.3				220	
	12~14							12.0				1.5				230	
	15~18							14.0				1.7				230	
	19~29							13.0				1.6				210	
	30~49							11.5				1.4				400	
	50~64							9.0				1.4				500	
	65~74							7.0				1.2				310	
	75 이상							5.0				0.9				280	
여자	6~8(세)							7.0				0.8				200	
	9~11							9.0				1.1				150	
	12~14							9.0				1.2				210	
	15~18							10.0				1.1				100	
	19~29							10.0				1.2				150	
	30~49							8.5				1.2				260	
	50~64							7.0				1.2				240	
	65~74							4.5				1.0				150	
	75 이상							3.0				0.4				140	
임신부								+0				+0				+0	
수유부								+0				+0				+0	

1) 1,2,3 분기별 부가량
2) DHA

성별	연령	단백질(g/일)				메티오닌+시스테인(g/일)				류신(g/일)			
		평균 필요량	권장 섭취량	충분 섭취량	상한 섭취량	평균 필요량	권장 섭취량	충분 섭취량	상한 섭취량	평균 필요량	권장 섭취량	충분 섭취량	상한 섭취량
영아	0~5(개월)			10				0.4				1.0	
	6~11	12	15			0.3	0.4			0.6	0.8		
유아	1~2(세)	15	20			0.3	0.4			0.6	0.8		
	3~5	20	25			0.3	0.4			0.7	1.0		
남자	6~8(세)	30	35			0.5	0.6			1.1	1.3		
	9~11	40	50			0.7	0.8			1.5	1.9		
	12~14	50	60			1.0	1.2			2.2	2.7		
	15~18	55	65			1.2	1.4			2.6	3.2		
	19~29	50	65			1.0	1.4			2.4	3.1		
	30~49	50	65			1.1	1.3			2.4	3.1		
	50~64	50	60			1.1	1.3			2.3	2.8		
	65~74	50	60			1.0	1.3			2.2	2.8		
	75 이상	50	60			0.9	1.1			2.1	2.7		
여자	6~8(세)	30	35			0.5	0.6			1.0	1.3		
	9~11	40	45			0.6	0.7			1.5	1.8		
	12~14	45	55			0.8	1.0			1.9	2.4		
	15~18	45	55			0.8	1.1			2.0	2.4		
	19~29	45	55			0.8	1.0			2.0	2.5		
	30~49	40	50			0.8	1.0			1.9	2.4		
	50~64	40	50			0.8	1.1			1.9	2.3		
	65~74	40	50			0.7	0.9			1.8	2.2		
	75 이상	40	50			0.7	0.9			1.7	2.1		
	임신부[1]	+12 +25	+15 +30			1.1	1.4			2.5	3.1		
	수유부	+20	+25			1.1	1.5			2.8	3.5		

성별	연령	이소류신(g/일)				발린(g/일)				라이신(g/일)			
		평균 필요량	권장 섭취량	충분 섭취량	상한 섭취량	평균 필요량	권장 섭취량	충분 섭취량	상한 섭취량	평균 필요량	권장 섭취량	충분 섭취량	상한 섭취량
영아	0~5(개월)			0.6				0.6				0.7	
	6~11	0.3	0.4			0.3	0.5			0.6	0.8		
유아	1~2(세)	0.3	0.4			0.4	0.5			0.6	0.7		
	3~5	0.3	0.4			0.4	0.5			0.6	0.8		
남자	6~8(세)	0.5	0.6			0.6	0.7			1.0	1.2		
	9~11	0.7	0.8			0.9	1.1			1.4	1.8		
	12~14	1.0	1.2			1.2	1.6			2.1	2.5		
	15~18	1.2	1.4			1.5	1.8			2.3	2.9		
	19~29	1.0	1.4			1.4	1.7			2.5	3.1		
	30~49	1.1	1.4			1.4	1.7			2.4	3.1		
	50~64	1.1	1.3			1.3	1.6			2.3	2.9		
	65~74	1.0	1.3			1.3	1.6			2.2	2.9		
	75 이상	0.9	1.1			1.1	1.5			2.2	2.7		
여자	6~8(세)	0.5	0.6			0.6	0.7			0.9	1.3		
	9~11	0.6	0.7			0.9	1.1			1.3	1.6		
	12~14	0.8	1.0			1.2	1.4			1.8	2.2		
	15~18	0.8	1.1			1.2	1.4			1.8	2.2		
	19~29	0.8	1.1			1.1	1.3			2.1	2.6		
	30~49	0.8	1.0			1.0	1.4			2.0	2.5		
	50~64	0.8	1.1			1.1	1.3			1.9	2.4		
	65~74	0.7	0.9			0.9	1.3			1.8	2.3		
	75 이상	0.7	0.9			0.9	1.1			1.7	2.1		
	임신부	1.1	1.4			1.4	1.7			2.3	2.9		
	수유부	1.3	1.9			1.6	1.9			2.5	3.1		

1) 단백질: 임신부-2, 3 분기별 부가량, 아미노산: 임신부, 수유부-부가량 아닌 절대 필요량임.

성별	연령	페닐알라닌+티로신(g/일)				트레오닌(g/일)				트립토판(g/일)			
		평균 필요량	권장 섭취량	충분 섭취량	상한 섭취량	평균 필요량	권장 섭취량	충분 섭취량	상한 섭취량	평균 필요량	권장 섭취량	충분 섭취량	상한 섭취량
영아	0~5(개월)			0.9				0.5				0.2	
	6~11	0.5	0.7			0.3	0.4			0.1	0.1		
유아	1~2(세)	0.5	0.7			0.3	0.4			0.1	0.1		
	3~5	0.6	0.7			0.3	0.4			0.1	0.1		
남자	6~8(세)	0.9	1.0			0.5	0.6			0.1	0.2		
	9~11	1.3	1.6			0.7	0.9			0.2	0.2		
	12~14	1.8	2.3			1.0	1.3			0.3	0.3		
	15~18	2.1	2.6			1.2	1.5			0.3	0.4		
	19~29	2.8	3.6			1.1	1.5			0.3	0.3		
	30~49	2.9	3.5			1.2	1.5			0.3	0.3		
	50~64	2.7	3.4			1.1	1.4			0.3	0.3		
	65~74	2.5	3.3			1.1	1.3			0.2	0.3		
	75 이상	2.5	3.1			1.0	1.3			0.2	0.3		
여자	6~8(세)	0.8	1.0			0.5	0.6			0.1	0.2		
	9~11	1.2	1.5			0.6	0.9			0.2	0.2		
	12~14	1.6	1.9			0.9	1.2			0.2	0.3		
	15~18	1.6	2.0			0.9	1.2			0.2	0.3		
	19~29	2.3	2.9			0.9	1.1			0.2	0.3		
	30~49	2.3	2.8			0.9	1.2			0.2	0.3		
	50~64	2.2	2.7			0.8	1.1			0.2	0.3		
	65~74	2.1	2.6			0.8	1.0			0.2	0.2		
	75 이상	2.0	2.4			0.7	0.9			0.2	0.2		
임신부[1]		3.0	3.8			1.2	1.5			0.3	0.4		
수유부		3.7	4.7			1.3	1.7			0.4	0.5		

성별	연령	히스티딘(g/일)				수분(mL/일)					상한 섭취량
		평균 필요량	권장 섭취량	충분 섭취량	상한 섭취량	음식	물	음료	충분섭취량		
									액체	총수분	
영아	0~5(개월)			0.1					700	700	
	6~11	0.2	0.3			300			500	800	
유아	1~2(세)	0.2	0.3			300	362	0	700	1,000	
	3~5	0.2	0.3			400	491	0	1,100	1,500	
남자	6~8(세)	0.3	0.4			900	589	0	800	1,700	
	9~11	0.5	0.6			1,100	686	1.2	900	2,000	
	12~14	0.7	0.9			1,300	911	1.9	1,100	2,400	
	15~18	0.9	1.0			1,400	920	6.4	1,200	2,600	
	19~29	0.8	1.0			1,400	981	262	1,200	2,600	
	30~49	0.7	1.0			1,300	957	289	1,200	2,500	
	50~64	0.7	0.9			1,200	940	75	1,000	2,200	
	65~74	0.7	1.0			1,100	904	20	1,000	2,100	
	75 이상	0.7	0.8			1,000	662	12	1,100	2,100	
여자	6~8(세)	0.3	0.4			800	514	0	800	1,600	
	9~11	0.4	0.5			1,000	643	0	900	1,900	
	12~14	0.6	0.7			1,100	610	0	900	2,000	
	15~18	0.6	0.7			1,100	659	7.3	900	2,000	
	19~29	0.6	0.8			1,100	709	126	1,000	2,100	
	30~49	0.6	0.8			1,000	772	124	1,000	2,000	
	50~64	0.6	0.7			000	784	27	1,000	1,900	
	65~74	0.5	0.7			900	624	9	900	1,800	
	75 이상	0.5	0.7			800	552	5	1,000	1,800	
임신부		0.8	1.0							+200	
수유부		0.8	1.1						+500	+700	

1) 아미노산: 임신부, 수유부-부가량 아닌 절대 필요량임.

2020 한국인 영양소 섭취기준 – 지용성 비타민

성별	연령	비타민 A(µg RAE/일)				비타민 D(µg/일)			
		평균 필요량	권장 섭취량	충분 섭취량	상한 섭취량	평균 필요량	권장 섭취량	충분 섭취량	상한 섭취량
영아	0~5(개월)			350	600			5	25
	6~11			450	600			5	25
유아	1~2(세)	190	250		600			5	30
	3~5	230	300		750			5	35
남자	6~8(세)	310	450		1,100			5	40
	9~11	410	600		1,600			5	60
	12~14	530	750		2,300			10	100
	15~18	620	850		2,800			10	100
	19~29	570	800		3,000			10	100
	30~49	560	800		3,000			10	100
	50~64	530	750		3,000			10	100
	65~74	510	700		3,000			15	100
	75 이상	500	700		3,000			15	100
여자	6~8(세)	290	400		1,100			5	40
	9~11	390	550		1,600			5	60
	12~14	480	650		2,300			10	100
	15~18	450	650		2,800			10	100
	19~29	460	650		3,000			10	100
	30~49	450	650		3,000			10	100
	50~64	430	600		3,000			10	100
	65~74	410	600		3,000			15	100
	75 이상	410	600		3,000			15	100
임신부		+50	+70		3,000			+0	100
수유부		+350	+490		3,000			+0	100

성별	연령	비타민 E(mg α-TE/일)				비타민 K(µg/일)			
		평균 필요량	권장 섭취량	충분 섭취량	상한 섭취량	평균 필요량	권장 섭취량	충분 섭취량	상한 섭취량
영아	0~5(개월)			3				4	
	6~11			4				6	
유아	1~2(세)			5	100			25	
	3~5			6	150			30	
남자	6~8(세)			7	200			40	
	9~11			9	300			55	
	12~14			11	400			70	
	15~18			12	500			80	
	19~29			12	540			75	
	30~49			12	540			75	
	50~64			12	540			75	
	65~74			12	540			75	
	75 이상			12	540			75	
여자	6~8(세)			7	200			40	
	9~11			9	300			55	
	12~14			11	400			65	
	15~18			12	500			65	
	19~29			12	540			65	
	30~49			12	540			65	
	50~64			12	540			65	
	65~74			12	540			65	
	75 이상			12	540			65	
임신부				+0	540			+0	
수유부				+3	540			+0	

2020 한국인 영양소 섭취기준 – 수용성 비타민

성별	연령	비타민 C(mg/일)				티아민(mg/일)			
		평균필요량	권장섭취량	충분섭취량	상한섭취량	평균필요량	권장섭취량	충분섭취량	상한섭취량
영아	0~5(개월)			40				0.2	
	6~11			55				0.3	
유아	1~2(세)	30	40		340	0.4	0.4		
	3~5	35	45		510	0.4	0.5		
남자	6~8(세)	40	50		750	0.5	0.7		
	9~11	55	70		1,100	0.7	0.9		
	12~14	70	90		1,400	0.9	1.1		
	15~18	80	100		1,600	1.1	1.3		
	19~29	75	100		2,000	1.0	1.2		
	30~49	75	100		2,000	1.0	1.2		
	50~64	75	100		2,000	1.0	1.2		
	65~74	75	100		2,000	0.9	1.1		
	75 이상	75	100		2,000	0.9	1.1		
여자	6~8(세)	40	50		750	0.6	0.7		
	9~11	55	70		1,100	0.8	0.9		
	12~14	70	90		1,400	0.9	1.1		
	15~18	80	100		1,600	0.9	1.1		
	19~29	75	100		2,000	0.9	1.1		
	30~49	75	100		2,000	0.9	1.1		
	50~64	75	100		2,000	0.9	1.1		
	65~74	75	100		2,000	0.8	1.0		
	75 이상	75	100		2,000	0.7	0.8		
임신부		+10	+10		2,000	+0.4	+0.4		
수유부		+35	+40		2,000	+0.3	+0.4		

성별	연령	리보플라빈(mg/일)				니아신(mg NE/일)[1]			
		평균필요량	권장섭취량	충분섭취량	상한섭취량	평균필요량	권장섭취량	충분섭취량	상한섭취량 니코틴산/니코틴아미드
영아	0~5(개월)			0.3				2	
	6~11			0.4				3	
유아	1~2(세)	0.4	0.5			4	6		10/180
	3~5	0.5	0.6			5	7		10/250
남자	6~8(세)	0.7	0.9			7	9		15/350
	9~11	0.9	1.1			9	11		20/500
	12~14	1.2	1.5			11	15		25/700
	15~18	1.4	1.7			13	17		30/800
	19~29	1.3	1.5			12	16		35/1000
	30~49	1.3	1.5			12	16		35/1000
	50~64	1.3	1.5			12	16		35/1000
	65~74	1.2	1.4			11	14		35/1000
	75 이상	1.1	1.3			10	13		35/1000
여자	6~8(세)	0.6	0.8			7	9		15/350
	9~11	0.8	1.0			9	12		20/500
	12~14	1.0	1.2			11	15		25/700
	15~18	1.0	1.2			11	14		30/800
	19~29	1.0	1.2			11	14		35/1000
	30~49	1.0	1.2			11	14		35/1000
	50~64	1.0	1.2			11	14		35/1000
	65~74	0.9	1.1			10	13		35/1000
	75 이상	0.8	1.0			9	12		35/1000
임신부		+0.3	+0.4			+3	+4		35/1000
수유부		+0.4	+0.5			+2	+3		35/1000

1) 1 mg NE(니아신 당량)=1 mg 니아신=60 mg 트립토판

성별	연령	비타민 B$_6$(mg/일)				엽산(μg DFE/일)[1]			
		평균 필요량	권장 섭취량	충분 섭취량	상한 섭취량	평균 필요량	권장 섭취량	충분 섭취량	상한 섭취량[2]
영아	0~5(개월)			0.1				65	
	6~11			0.3				90	
유아	1~2(세)	0.5	0.6		20	120	150		300
	3~5	0.6	0.7		30	150	180		400
남자	6~8(세)	0.7	0.9		45	180	220		500
	9~11	0.9	1.1		60	250	300		600
	12~14	1.3	1.5		80	300	360		800
	15~18	1.3	1.5		95	330	400		900
	19~29	1.3	1.5		100	320	400		1,000
	30~49	1.3	1.5		100	320	400		1,000
	50~64	1.3	1.5		100	320	400		1,000
	65~74	1.3	1.5		100	320	400		1,000
	75 이상	1.3	1.5		100	320	400		1,000
여자	6~8(세)	0.7	0.9		45	180	220		500
	9~11	0.9	1.1		60	250	300		600
	12~14	1.2	1.4		80	300	360		800
	15~18	1.2	1.4		95	330	400		900
	19~29	1.2	1.4		100	320	400		1,000
	30~49	1.2	1.4		100	320	.400		1,000
	50~64	1.2	1.4		100	320	400		1,000
	65~74	1.2	1.4		100	320	400		1,000
	75 이상	1.2	1.4		100	320	400		1,000
임신부		+0.7	+0.8		100	+200	+220		1,000
수유부		+0.7	+0.8		100	+130	+150		1,000

성별	연령	비타민 B$_{12}$(μg/일)				판토텐산(mg/일)				비오틴(μg/일)			
		평균 필요량	권장 섭취량	충분 섭취량	상한 섭취량	평균 필요량	권장 섭취량	충분 섭취량	상한 섭취량	평균 필요량	권장 섭취량	충분 섭취량	상한 섭취량
영아	0~5(개월)			0.3				1.7				5	
	6~11			0.5				1.9				7	
유아	1~2(세)	0.8	0.9					2				9	
	3~5	0.9	1.1					2				12	
남자	6~8(세)	1.1	1.3					3				15	
	9~11	1.5	1.7					4				20	
	12~14	1.9	2.3					5				25	
	15~18	2.0	2.4					5				30	
	19~29	2.0	2.4					5				30	
	30~49	2.0	2.4					5				30	
	50~64	2.0	2.4					5				30	
	65~74	2.0	2.4					5				30	
	75 이상	2.0	2.4					5				30	
여자	6~8(세)	1.1	1.3					3				15	
	9~11	1.5	1.7					4				20	
	12~14	1.9	2.3					5				25	
	15~18	2.0	2.4					5				30	
	19~29	2.0	2.4					5				30	
	30~49	2.0	2.4					5				30	
	50~64	2.0	2.4					5				30	
	65~74	2.0	2.4					5				30	
	75 이상	2.0	2.4					5				30	
임신부		+0.2	+0.2					+1.0				+0	
수유부		+0.3	+0.4					+2.0				+5	

1) Dietary Folate Equivalents, 가임기 여성의 경우 400 μg/일의 엽산보충제 섭취를 권장함.

2) 엽산의 상한섭취량은 보충제 또는 강화식품의 형태로 섭취한 μg/일에 해당됨.

2020 한국인 영양소 섭취기준 – 다량 무기질

성별	연령	칼슘(mg/일)				인(mg/일)				나트륨(mg/일)			
		평균필요량	권장섭취량	충분섭취량	상한섭취량	평균필요량	권장섭취량	충분섭취량	상한섭취량	필요추정량	권장섭취량	충분섭취량	만성질환위험감소섭취량
영아	0~5(개월)			250	1,000			100				110	
	6~11			300	1,500			300				370	
유아	1~2(세)	400	500		2,500	380	450		3,000			810	1,200
	3~5	500	600		2,500	480	550		3,000			1,000	1,600
남자	6~8(세)	600	700		2,500	500	600		3,000			1,200	1,900
	9~11	650	800		3,000	1,000	1,200		3,500			1,500	2,300
	12~14	800	1,000		3,000	1,000	1,200		3,500			1,500	2,300
	15~18	750	900		3,000	1,000	1,200		3,500			1,500	2,300
	19~29	650	800		2,500	580	700		3,500			1,500	2,300
	30~49	650	800		2,500	580	700		3,500			1,500	2,300
	50~64	600	750		2,000	580	700		3,500			1,500	2,300
	65~74	600	700		2,000	580	700		3,500			1,300	2,100
	75 이상	600	700		2,000	580	700		3,000			1,100	1,700
여자	6~8(세)	600	700		2,500	480	550		3,000			1,200	1,900
	9~11	650	800		3,000	1,000	1,200		3,500			1,500	2,300
	12~14	750	900		3,000	1,000	1,200		3,500			1,500	2,300
	15~18	700	800		3,000	1,000	1,200		3,500			1,500	2,300
	19~29	550	700		2,500	580	700		3,500			1,500	2,300
	30~49	550	700		2,500	580	700		3,500			1,500	2,300
	50~64	600	800		2,000	580	700		3,500			1,500	2,300
	65~74	600	800		2,000	580	700		3,500			1,300	2,100
	75 이상	600	800		2,000	580	700		3,000			1,100	1,700
임신부		+0	+0		2,500	+0	+0		3,000			1,500	2,300
수유부		+0	+0		2,500	+0	+0		3,500			1,500	2,300

성별	연령	염소(mg/일)				칼륨(mg/일)				마그네슘(mg/일)			
		평균필요량	권장섭취량	충분섭취량	상한섭취량	평균필요량	권장섭취량	충분섭취량	상한섭취량	평균필요량	권장섭취량	충분섭취량	상한섭취량[1]
영아	0~5(개월)			170				400				25	
	6~11			560				700				55	
유아	1~2(세)			1,200				1,900		60	70		60
	3~5			1,600				2,400		90	110		90
남자	6~8(세)			1,900				2,900		130	150		130
	9~11			2,300				3,400		190	220		190
	12~14			2,300				3,500		260	320		270
	15~18			2,300				3,500		340	410		350
	19~29			2,300				3,500		300	360		350
	30~49			2,300				3,500		310	370		350
	50~64			2,300				3,500		310	370		350
	65~74			2,100				3,500		310	370		350
	75 이상			1,700				3,500		310	370		350
여자	6~8(세)			1,900				2,900		130	150		130
	9~11			2,300				3,400		180	220		190
	12~14			2,300				3,500		240	290		270
	15~18			2,300				3,500		290	340		350
	19~29			2,300				3,500		230	280		350
	30~49			2,300				3,500		240	280		350
	50~64			2,300				3,500		240	280		350
	65~74			2,100				3,500		240	280		350
	75 이상			1,700				3,500		240	280		350
임신부				2,300				+0		+30	+40		350
수유부				2,300				+400		+0	+0		350

1) 식품외 급원의 마그네슘에만 해당

2020 한국인 영양소 섭취기준 – 미량 무기질

성별	연령	철(mg/일)				아연(mg/일)				구리(μg/일)			
		평균 필요량	권장 섭취량	충분 섭취량	상한 섭취량	평균 필요량	권장 섭취량	충분 섭취량	상한 섭취량	평균 필요량	권장 섭취량	충분 섭취량	상한 섭취량
영아	0~5(개월)			0.3	40			2				240	
	6~11	4	6		40	2	3					330	
유아	1~2(세)	4.5	6		40	2	3		6	220	290		1,700
	3~5	5	7		40	3	4		9	270	350		2,600
남자	6~8(세)	7	9		40	5	5		13	360	470		3,700
	9~11	8	11		40	7	8		19	470	600		5,500
	12~14	11	14		40	7	8		27	600	800		7,500
	15~18	11	14		45	8	10		33	700	900		9,500
	19~29	8	10		45	9	10		35	650	850		10,000
	30~49	8	10		45	8	10		35	650	850		10,000
	50~64	8	10		45	8	10		35	650	850		10,000
	65~74	7	9		45	8	9		35	600	800		10,000
	75 이상	7	9		45	7	9		35	600	800		10,000
여자	6~8(세)	7	9		40	4	5		13	310	400		3,700
	9~11	8	10		40	7	8		19	420	550		5,500
	12~14	12	16		40	6	8		27	500	650		7,500
	15~18	11	14		45	7	9		33	550	700		9,500
	19~29	11	14		45	7	8		35	500	650		10,000
	30~49	11	14		45	7	8		35	500	650		10,000
	50~64	6	8		45	6	8		35	500	650		10,000
	65~74	6	8		45	6	7		35	460	600		10,000
	75 이상	5	7		45	6	7		35	460	600		10,000
임신부		+8	+10		45	+2.0	+2.5		35	+100	+130		10,000
수유부		+0	+0		45	+4.0	+5.0		35	+370	+480		10,000

성별	연령	불소(mg/일)				망간(mg/일)				요오드(μg/일)			
		평균 필요량	권장 섭취량	충분 섭취량	상한 섭취량	평균 필요량	권장 섭취량	충분 섭취량	상한 섭취량	평균 필요량	권장 섭취량	충분 섭취량	상한 섭취량
영아	0~5(개월)			0.01	0.6			0.01				130	250
	6~11			0.4	0.8			0.8				180	250
유아	1~2(세)			0.6	1.2			1.5	2.0	55	80		300
	3~5			0.9	1.8			2.0	3.0	65	90		300
남자	6~8(세)			1.3	2.6			2.5	4.0	75	100		500
	9~11			1.9	10.0			3.0	6.0	85	110		500
	12~14			2.6	10.0			4.0	8.0	90	130		1,900
	15~18			3.2	10.0			4.0	10.0	95	130		2,200
	19~29			3.4	10.0			4.0	11.0	95	150		2,400
	30~49			3.4	10.0			4.0	11.0	95	150		2,400
	50~64			3.2	10.0			4.0	11.0	95	150		2,400
	65~74			3.1	10.0			4.0	11.0	95	150		2,400
	75 이상			3.0	10.0			4.0	11.0	95	150		2,400
여자	6~8(세)			1.3	2.5			2.5	4.0	75	100		500
	9~11			1.8	10.0			3.0	6.0	80	110		500
	12~14			2.4	10.0			3.5	8.0	90	130		1,900
	15~18			2.7	10.0			3.5	10.0	95	130		2,200
	19~29			2.8	10.0			3.5	11.0	95	150		2,400
	30~49			2.7	10.0			3.5	11.0	95	150		2,400
	50~64			2.6	10.0			3.5	11.0	95	150		2,400
	65~74			2.5	10.0			3.5	11.0	95	150		2,400
	75 이상			2.3	10.0			3.5	11.0	95	150		2,400
임신부			+0	10.0				+0	11.0	+65	+90		
수유부			+0	10.0				+0	11.0	+130	+190		

성별	연령	셀레늄(μg/일)				몰리브덴(μg/일)				크롬(μg/일)			
		평균필요량	권장섭취량	충분섭취량	상한섭취량	평균필요량	권장섭취량	충분섭취량	상한섭취량	평균필요량	권장섭취량	충분섭취량	상한섭취량
영아	0~5(개월)			9	40							0.2	
	6~11			12	65							4.0	
유아	1~2(세)	19	23		70	8	10		100			10	
	3~5	22	25		100	10	12		150			10	
남자	6~8(세)	30	35		150	15	18		200			15	
	9~11	40	45		200	15	18		300			20	
	12~14	50	60		300	25	30		450			30	
	15~18	55	65		300	25	30		550			35	
	19~29	50	60		400	25	30		600			30	
	30~49	50	60		400	25	30		600			30	
	50~64	50	60		400	25	30		550			30	
	65~74	50	60		400	23	28		550			25	
	75 이상	50	60		400	23	28		550			25	
여자	6~8(세)	30	35		150	15	18		200			15	
	9~11	40	45		200	15	18		300			20	
	12~14	50	60		300	20	25		400			20	
	15~18	55	65		300	20	25		500			20	
	19~29	50	60		400	20	25		500			20	
	30~49	50	60		400	20	25		500			20	
	50~64	50	60		400	20	25		450			20	
	65~74	50	60		400	18	22		450			20	
	75 이상	50	60		400	18	22		450			20	
임신부		+3	+4		400	+0	+0		500			+5	
수유부		+9	+10		400	+3	+3		500			+20	

각 식품군의 대표식품 및 1인 1회 분량

(자료: 보건복지부 · 한국영양학회, 2020 한국인 영양소 섭취기준 활용연구, 2021)

각 식품군의 대표식품 및 1인 1회 분량

식품군	1인 1회 분량					
곡류	쌀밥 (210g)	백미 (90g)	국수 (말린 것) (90g)	냉면국수 (말린 것) (90g)	가래떡 (150g)	식빵 1쪽* (35g)
고기 · 생선 · 달걀 · 콩류	쇠고기 (생 60g)	닭고기 (생 60g)	고등어 (생 70g)	대두 (20g)	두부 (80g)	달걀 (60g)
채소류	콩나물 (생 70g)	시금치 (생 70g)	배추김치 (생 40g)	오이소박이 (생 40g)	느타리버섯 (생 30g)	미역(마른 것) (10g)
과일류	사과 (100g)	귤 (100g)	참외 (150g)	포도 (100g)	수박 (150g)	대추(말린 것) (15g)
우유 · 유제품류	우유 (200mL)	치즈 1장† (20g)	호상요구르트 (100g)	액상요구르트 (150g)	아이스크림/셔벗 (100g)	
유지 · 당류	콩기름 1작은술 (5g)	버터 1작은술 (5g)	마요네즈 1작은술 (5g)	커피믹스 1회 (12g)	설탕 1큰술 (10g)	꿀 1큰술 (10g)

*표시는 0.3회, †표시는 0.5회

곡류의 1인 1회 분량

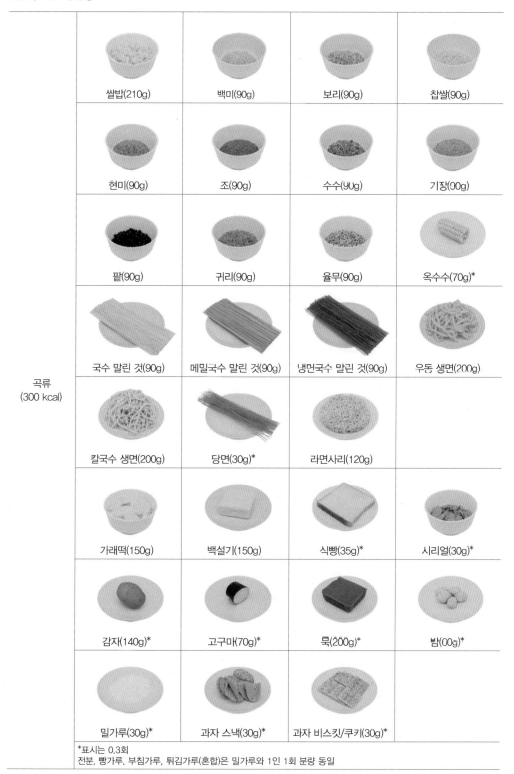

곡류 (300 kcal)	쌀밥(210g)	백미(90g)	보리(90g)	찹쌀(90g)
	현미(90g)	조(90g)	수수(90g)	기장(90g)
	팥(90g)	귀리(90g)	율무(90g)	옥수수(70g)*
	국수 말린 것(90g)	메밀국수 말린 것(90g)	냉면국수 말린 것(90g)	우동 생면(200g)
	칼국수 생면(200g)	당면(30g)*	라면사리(120g)	
	가래떡(150g)	백설기(150g)	식빵(35g)*	시리얼(30g)*
	감자(140g)*	고구마(70g)*	묵(200g)*	밤(90g)*
	밀가루(30g)*	과자 스낵(30g)*	과자 비스킷/쿠키(30g)*	

*표시는 0.3회
전분, 빵가루, 부침가루, 튀김가루(혼합)은 밀가루와 1인 1회 분량 동일

고기 · 생선 · 달걀 · 콩류의 1인 1회 분량

고기 · 생선 · 달걀 · 콩류 (100 kcal)	돼지고기(60g)	쇠고기(60g)	닭고기(60g)	오리고기(60g)
	소시지(30g)	고등어(70g)	명태(70g)	조기(70g)
	꽁치(70g)	갈치(70g)	참치(70g)	대구(70g)
	가자미(70g)	광어(70g)	연어(70g)	게(80g)
	바지락(80g)	게(80g)	굴(80g)	홍합(80g)
	전복(80g)	소라(80g)	오징어(80g)	새우(80g)
	낙지(80g)	문어(80g)	쭈꾸미(80g)	
	멸치자건품(15g)	오징어 말린 것 (15g)	새우자건품(15g)	뱅어포(15g)

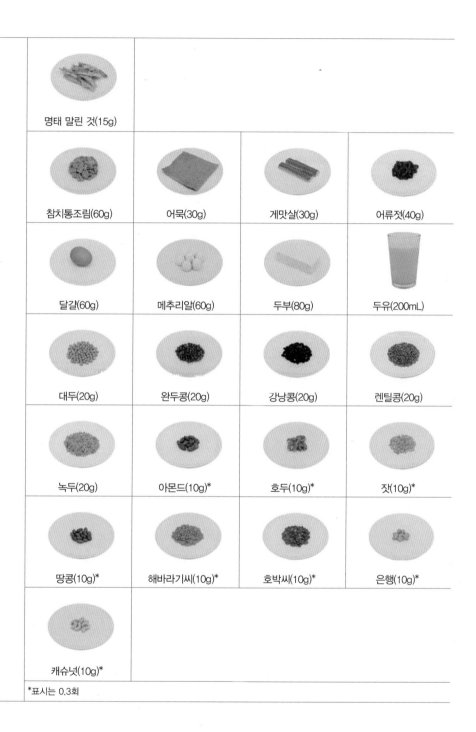

명태 말린 것(15g)			
참치통조림(60g)	어묵(30g)	게맛살(30g)	어류젓(40g)
달걀(60g)	메추리알(60g)	두부(80g)	두유(200mL)
대두(20g)	완두콩(20g)	강낭콩(20g)	렌틸콩(20g)
녹두(20g)	아몬드(10g)*	호두(10g)*	잣(10g)*
땅콩(10g)*	해바라기씨(10g)*	호박씨(10g)*	은행(10g)*
캐슈넛(10g)*			

*표시는 0.3회

채소류의 1인 1회 분량

양파(70g)	파(70g)	당근(70g)	무(70g)
애호박(70g)	오이(70g)	콩나물(70g)	시금치(70g)
상추(70g)	배추(70g)	양배추(70g)	깻잎(70g)
피망(70g)	부추(70g)	토마토(70g)	쑥갓(70g)
무청(70g)	붉은고추(70g)	숙주나물(70g)	고사리(70g)
미나리(70g)	파프리카(70g)	양상추(70g)	치커리(70g)
샐러리(70g)	브로콜리(70g)	가지(70g)	아욱(70g)
취나물(70g)	고춧잎(70g)	단호박(70g)	늙은호박(70g)

채소류
(15 kcal)

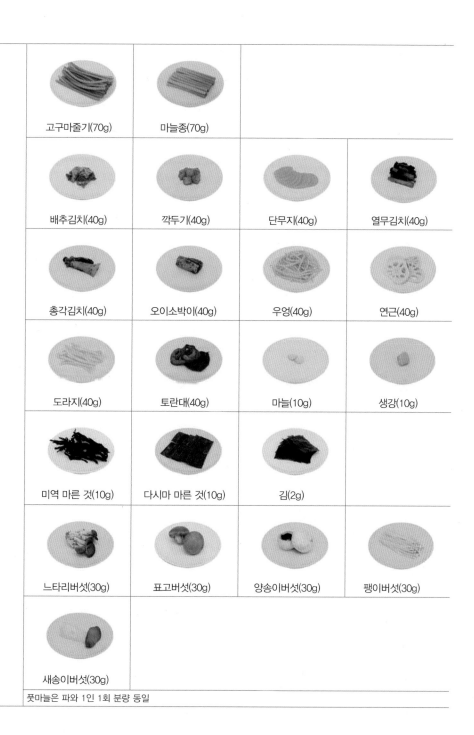

고구마줄기(70g)	마늘종(70g)		
배추김치(40g)	깍두기(40g)	단무지(40g)	열무김치(40g)
총각김치(40g)	오이소박이(40g)	우엉(40g)	연근(40g)
도라지(40g)	토란대(40g)	마늘(10g)	생강(10g)
미역 마른 것(10g)	다시마 마른 것(10g)	김(2g)	
느타리버섯(30g)	표고버섯(30g)	양송이버섯(30g)	팽이버섯(30g)
새송이버섯(30g)			

풋마늘은 파와 1인 1회 분량 동일

과일류의 1인 1회 분량

과일류 (50 kcal)	수박(150g)	참외(150g)	딸기(150g)	사과(100g)
	귤(100g)	배(100g)	바나나(100g)	감(100g)
	포도(100g)	복숭아(100g)	오렌지(100g)	키위(100g)
	파인애플(100g)	블루베리(100g)	자두(100g)	대추 말린 것(15g)

*표시는 0.3회

우유 · 유제품류의 1인 1회 분량

우유 · 유제품류 (125 kcal)	우유(200mL)	호상요구르트(100g)	액상요구르트(150mL)	아이스크림/셔벗(100g)
	치즈(20g)*			

*표시는 0.5회

유지 · 당류의 1인 1회 분량

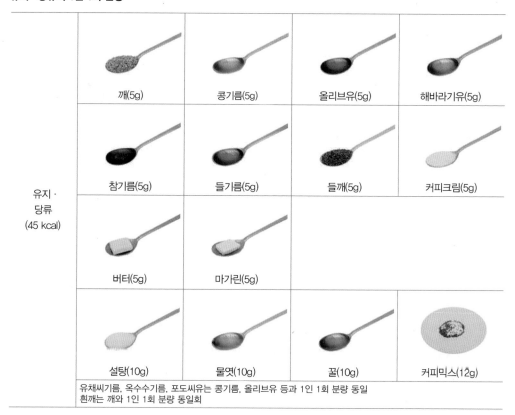

유지 · 당류 (45 kcal)	깨(5g)	콩기름(5g)	올리브유(5g)	해바라기유(5g)
	참기름(5g)	들기름(5g)	들깨(5g)	커피크림(5g)
	버터(5g)	마가린(5g)		
	설탕(10g)	물엿(10g)	꿀(10g)	커피믹스(12g)

유채씨기름, 옥수수기름, 포도씨유는 콩기름, 올리브유 등과 1인 1회 분량 동일
흰깨는 깨와 1인 1회 분량 동일회

1인 1회 분량 사진 촬영 시 사용한 식기 실물 사진

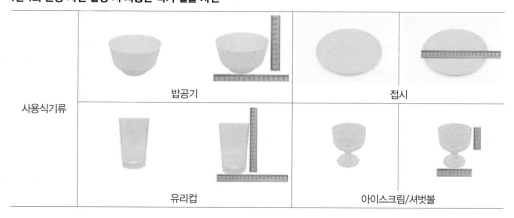

사용식기류	밥공기		접시	
	유리컵		아이스크림/셔벗볼	

권장식사패턴을 활용한 생애주기별 식단 구성 예시

(자료: 보건복지부 · 한국영양학회, 2020 한국인 영양소 섭취기준 활용연구, 2021)

1~2세 권장식단 (900kcal, A타입)

식단	식품군 및 권장 섭취횟수	재료	분량 (g)	밥 (곡류) 1	단백질 반찬 (고기 · 생선 · 달걀 · 콩류) 1.5	채소 반찬 (채소류) 4	과일류 1	우유 · 유제품류 2
아침	버섯채소죽	쌀밥	63	쌀밥(0.3)				
		표고버섯	9			표고버섯(0.3)		
		당근	7			당근(0.1)		
		양파	7			양파(0.1)		
	돼지고기장조림	돼지고기	30		돼지고기(0.5)			
	숙주나물	숙주나물	35			숙주나물(0.5)		
	오이초무침	오이	35			오이(0.5)		
소계				0.3	0.5	1.5		
점심	차조밥	차조밥	63	차조밥(0.3)				
	시금치된장국	시금치	28			시금치(0.4)		
	삼치구이	삼치	35		삼치(0.5)			
	감자조림	감자	47	감자(0.1)				
	백김치	백김치	20			백김치(0.5)		
소계				0.4	0.5	0.9		
저녁	쌀밥	쌀밥	63	쌀밥(0.3)				
	미역국	미역(마른것)	2			미역(마른것)(0.2)		
	닭고기조림	닭고기	30		닭고기(0.5)			
	파프리카볶음	파프리카	28			파프리카(0.4)		
	무생채	무	35			무(0.5)		
소계				0.3	0.5	1.1		
간식	오렌지	오렌지	50				오렌지(0.5)	
	바나나	바나나	50				바나나(0.5)	
	방울토마토	방울토마토	35			방울토마토(0.5)		
	우유	우유	200(mL)					우유(1)
	호상요구르트	요구르트(호상)	100					요구르트(호상)(1)
소계						0.5	1	2

* 유지 · 당류(섭취횟수 2회)는 조리 시 가급적 적게 사용할 것을 권장함.

구분	식단	식단사진	
		식사	간식
아침	버섯채소죽 돼지고기장조림 숙주나물 오이초무침		오렌지 바나나 방울토마토 우유 호상요구르트
점심	차조밥 시금치된장국 삼치구이 감자조림 백김치		
저녁	쌀밥 미역국 닭고기조림 파프리카볶음 무생채		

3~5세 권장식단 (1,400kcal, A타입)

식단	식품군 및 권장 섭취횟수	재료	분량(g)	밥 (곡류)	단백질 반찬 (고기·생선·달걀·콩류)	채소 반찬 (채소류)	과일류	우유·유제품류
				2	2	6	1	2
아침	감자달걀샌드위치	식빵	35	식빵(0.3)				
		감자	140	감자(0.3)				
		달걀	60		달걀(1)			
	브로콜리스프	브로콜리	70			브로콜리(1)		
	과일채소샐러드	양상추	35			양상추(0.5)		
		토마토	35			토마토(0.5)		
		사과	30				사과(0.3)	
		바나나	20				바나나(0.2)	
	우유	우유	200(mL)					우유(1)
소계				0.6	1	2	0.5	1
점심	쌀밥	쌀밥	126	쌀밥(0.6)				
	무채된장국	무	28			무(0.4)		
	돼지고기버섯카레	돼지고기	30		돼지고기(0.5)			
		양송이버섯	24			양송이버섯(0.8)		
		당근	21			당근(0.3)		
		양파	21			양파(0.3)		
	오이나물	오이	35			오이(0.5)		
	배추김치	배추김치	20			배추김치(0.5)		
소계				0.6	0.5	2.8		
저녁	현미밥	현미밥	105	현미밥(0.5)				
	배추국	배추	21			배추(0.3)		
	메추리알장조림	메추리알	30		메추리알(0.5)			
	콩나물무침	콩나물	28			콩나물(0.4)		
	깍두기	깍두기	20			깍두기(0.5)		
소계				0.5	0.5	1.2		
간식	구운밤	밤	60	밤(0.3)				
	키위	키위	50				키위(0.5)	
	호상요구르트	요구르트(호상)	100					요구르트(호상)(1)
소계				0.3			0.5	1

* 유지·당류(섭취횟수 4회)는 조리 시 가급적 적게 사용할 것을 권장함.

구분	식단	식단사진 식사	식단사진 간식
아침	감자달걀샌드위치 브로콜리스프 과일채소샐러드 우유		구운밤 키위 호상요구르트
점심	쌀밥 무채된장국 돼지고기버섯카레 오이나물 배추김치		
저녁	현미밥 배추국 메추리알장조림 콩나물무침 깍두기		

6~11세 남아 권장식단 (1,900kcal, A타입)

식단	식품군 및 권장 섭취횟수	재료	분량 (g)	밥 (곡류) 3	단백질 반찬 (고기·생선·달걀·콩류) 3.5	채소 반찬 (채소류) 7	과일류 1	우유·유제품류 2
아침	쌀밥	쌀밥	189	쌀밥(0.9)				
	감자국	감자	140	감자(0.3)				
	소불고기	쇠고기	60		쇠고기(1)			
	버섯파프리카볶음	표고버섯	15			표고버섯(0.5)		
		파프리카	28			파프리카(0.4)		
	치커리새콤무침	치커리	35			치커리(0.5)		
	깍두기	깍두기	40			깍두기(1)		
소계				1.2	1	2.4		
점심	채소볶음밥	쌀밥	189	쌀밥(0.9)				
		당근	21			당근(0.3)		
		양파	21			양파(0.3)		
	두부된장국	두부	40		두부(0.5)			
	달걀후라이	달걀	60		달걀(1)			
	브로콜리데침	브로콜리	35			브로콜리(0.5)		
	배추김치	배추김치	40			배추김치(1)		
	액상요구르트	요구르트(액상)	150					요구르트(액상)(1)
소계				0.9	1.5	2.1		1
저녁	현미밥	현미밥	189	현미밥(0.9)				
	콩나물국	콩나물	35			콩나물(0.5)		
	닭조림	닭고기	60		닭고기(1)			
	시금치나물	시금치	35			시금치(0.5)		
	무생채	무	35			무(0.5)		
	백김치	백김치	40			백김치(1)		
소계				0.9	1	2.5		
간식	바나나	바나나	100				바나나(1)	
	우유	우유	200(mL)					우유(1)
소계							1	1

* 유지·당류(섭취횟수 5회)는 조리 시 가급적 적게 사용할 것을 권장함.

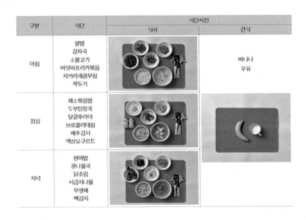

6~11세 여아 권장식단 (1,700kcal, A타입)

식단	식품군 및 권장 섭취횟수	재료	분량 (g)	밥 (곡류) 2.5	단백질 반찬 (고기 · 생선 · 달걀 · 콩류) 3	채소 반찬 (채소류) 6	과일류 1	우유 · 유제품류 2
아침	달걀샌드위치	식빵	70	식빵(0.6)				
		달걀	60		달걀(1)			
		양상추	21			양상추(0.3)		
	당근스프	당근	35			당근(0.5)		
	키위	키위	100				키위(1)	
	우유	우유	200(mL)					우유(1)
소계				0.6	1	0.8	1	1
점심	흑미밥	흑미밥	168	흑미밥(0.8)				
	무채양파국	무	14			무(0.2)		
		양파	14			양파(0.2)		
	가자미구이	가자미	49		가자미(0.7)			
	감자멸치조림	감자	140	감자(0.3)				
		멸치	5		멸치(0.3)			
	김구이	김	2			김(1)		
	배추김치	배추김치	40			배추김치(1)		
소계				1.1	1	2.4		
저녁	쌀밥	쌀밥	168	쌀밥(0.8)				
	시금치된장국	시금치	21			시금치(0.3)		
	돼지목살구이	돼지고기	60		돼지고기(1)			
	상추무침	상추	35			상추(0.5)		
	깍두기	깍두기	40			깍두기(1)		
소계				0.8	1	1.8		
간식	방울토마토	방울토마토	70			방울토마토(1)		
	호상요구르트	요구르트(호상)	100					요구르트(호상)(1)
소계						1		1

* 유지 · 당류(섭취횟수 5회)는 조리 시 가급적 적게 사용할 것을 권장함.

구분	식단	식단사진 식사	간식
아침	달걀샌드위치 당근스프 키위 우유		방울토마토 호상요구르트
점심	흑미밥 무채양파국 가자미구이 감자멸치조림 김구이 배추김치		
저녁	쌀밥 시금치된장국 돼지목살구이 상추무침 깍두기		

12~18세 남성 권장식단 (2,600kcal, A타입)

식단	식품군 및 권장 섭취횟수	재료	분량 (g)	밥 (곡류) 3.5	단백질 반찬 (고기·생선·달걀·콩류) 5.5	채소 반찬 (채소류) 8	과일류 4	우유·유제품류 2
아침	현미밥	현미밥	210	현미밥(1)				
	참치김치국	참치통조림	30		참치통조림(0.5)			
		배추김치	40			배추김치(1)		
	돼지고기완자	돼지고기	42		돼지고기(0.7)			
		두부	24		두부(0.3)			
	숙주나물	숙주나물	35			숙주나물(0.5)		
	오이소박이	오이소박이	40			오이소박이(1)		
소계				1	1.5	2.5		
점심	우동	우동면	200	우동면(1)				
		어묵	30		어묵(1)			
	멸치견과류주먹밥	쌀밥	63	쌀밥(0.3)				
		멸치	15		멸치(1)			
		아몬드	10		아몬드(0.3)			
	단호박튀김	단호박	35			단호박(0.5)		
	토마토케일샐러드	토마토	35			토마토(0.5)		
		케일	35			케일(0.5)		
	배추김치	배추김치	40			배추김치(1)		
	파인애플	파인애플	100				파인애플(1)	
소계				1.3	2.3	2.5	1	
저녁	잡곡밥	잡곡밥	189	잡곡밥(0.9)				
	소고기무국	쇠고기	60		쇠고기(1)			
		무	56			무(0.8)		
	낙지볶음	낙지	56		낙지(0.7)			
	표고버섯잡채	표고버섯	15			표고버섯(0.5)		
		당면	30	당면(0.3)				
		당근	7			당근(0.1)		
		양파	7			양파(0.1)		
		시금치	7			시금치(0.1)		
	상추사과무침	상추	28			상추(0.4)		
		사과	100				사과(1)	
	백김치	백김치	40			백김치(1)		
소계				1.2	1.7	3	1	
간식	포도	포도	100				포도(1)	
	배	배	100				배(1)	
	호상요구르트	요구르트(호상)	100					요구르트(호상)(1)
	우유	우유	200(mL)					우유(1)
소계							2	2

* 유지·당류(섭취횟수 8회)는 조리 시 가급적 적게 사용할 것을 권장함.

구분	식단	식단사진 식사	식단사진 간식
아침	현미밥 참치김치국 돼지고기완자 숙주나물 오이소박이		포도 배 호상요구르트 우유
점심	우동 멸치견과류주먹밥 단호박튀김 토마토케일샐러드 배추김치 파인애플		
저녁	잡곡밥 소고기무국 낙지볶음 표고버섯잡채 상추사과무침 백김치		

12~18세 여성 권장식단 (2,000kcal, A타입)

식단	식품군 및 권장 섭취횟수	재료	분량 (g)	밥 (곡류) 3	단백질 반찬 (고기 · 생선 · 달걀 · 콩류) 3.5	채소 반찬 (채소류) 7	과일류 2	우유 · 유제품류 2
아침	쌀밥 호박된장국 갈치조림 새송이버섯구이 콩나물무침 배추김치	쌀밥 애호박 갈치 새송이버섯 콩나물 배추김치	210 21 70 30 35 40	쌀밥(1)	갈치(1)	애호박(0.3) 새송이버섯(1) 콩나물(0.5) 배추김치(1)		
소계				1	1	2.8		
점심	현미밥 미역국 소불고기 부추치커리무침 배추김치	현미밥 미역(마른것) 쇠고기 부추 치커리 배추김치	210 5 60 28 35 40	현미밥(1)	쇠고기(1)	미역(마른것)(0.5) 부추(0.4) 치커리(0.5) 배추김치(1)		
소계				1	1	2.4		
저녁	잡곡밥 순두부국 달걀장조림 마늘종볶음 오이소박이	잡곡밥 순두부 양파 달걀 마늘종 오이소박이	210 100 21 60 35 40	잡곡밥(1)	순두부(0.5) 달걀(1)	양파(0.3) 마늘종(0.5) 오이소박이(1)		
소계				1	1.5	1.8		
간식	블루베리 사과 호상요구르트 우유	블루베리 사과 요구르트(호상) 우유	100 100 100 200(mL)				블루베리(1) 사과(1)	요구르트(호상)(1) 우유(1)
소계							2	2

* 유지 · 당류(섭취횟수 6회)는 조리 시 가급적 적게 사용할 것을 권장함.

19~64세 남성 권장식단 (2,400kcal, B타입)

식단	식품군 및 권장 섭취횟수	재료	분량(g)	밥(곡류) 4	단백질 반찬(고기·생선·달걀·콩류) 5	채소 반찬(채소류) 8	과일류 3	우유·유제품류 1
아침	쌀밥	쌀밥	210	쌀밥(1)				
	아욱된장국	아욱	35			아욱(0.5)		
	조기구이	조기	70		조기(1)			
	도토리묵&양념장	도토리묵	70	도토리묵(0.1)				
	풋마늘무침	풋마늘	35			풋마늘(0.5)		
	배추김치	배추김치	40			배추김치(1)		
소계				1.1	1	2		
점심	바지락칼국수	칼국수	200	칼국수(1)				
		바지락	80		바지락(1)			
	미니주먹밥	쌀밥	147	쌀밥(0.7)				
		김	2			김(1)		
	감자채소전	감자	93	감자(0.2)				
		당근	28			당근(0.4)		
		애호박	28			애호박(0.4)		
		부추	28			부추(0.4)		
		양파	35			양파(0.5)		
	깍두기	깍두기	40			깍두기(1)		
	사과	사과	100				사과(1)	
소계				1.9	1	3.7	1	
저녁	잡곡밥	잡곡밥	210	잡곡밥(1)				
	육개장	쇠고기	60		쇠고기(1)			
		무	7			무(0.1)		
		고사리	7			고사리(0.1)		
		숙주나물	7			숙주나물(0.1)		
	달걀말이	달걀	60		달걀(1)			
	도라지나물	도라지	70			도라지(1)		
	배추김치	배추김치	40			배추김치(1)		
소계				1	2	2.3		
간식	파인애플	파인애플	100				파인애플(1)	
	키위	키위	100				키위(1)	
	두유	두유	200(mL)		두유(1)			
	호상요구르트	요구르트(호상)	100					요구르트(호상)(1)
소계					1		2	1

* 유지 · 당류(섭취횟수 6회)는 조리 시 가급적 적게 사용할 것을 권장함.

구분	식단	식단사진	
		식사	간식
아침	쌀밥 아욱된장국 조기구이 도토리묵&양념장 풋마늘무침 배추김치		파인애플 키위 두유 호상요구르트
점심	바지락칼국수 미니주먹밥 감자채소전 깍두기 사과		
저녁	잡곡밥 육개장 달걀말이 도라지나물 배추김치		

19~64세 여성 권장식단 (1,900kcal, B타입)

식단	식품군 및 권장 섭취횟수	재료	분량 (g)	밥 (곡류) 3	단백질 반찬 (고기 · 생선 · 달걀 · 콩류) 4	채소 반찬 (채소류) 8	과일류 2	우유 · 유제품류 1
아침	쌀밥 닭곰탕 돼지고기브로콜리볶음 미역줄기나물 깍두기	쌀밥 닭고기 파 돼지고기 브로콜리 미역줄기 깍두기	210 60 35 30 35 35 40	쌀밥(1)	닭고기(1) 돼지고기(0.5)	파(0.5) 브로콜리(0.5) 미역줄기(0.5) 깍두기(1)		
소계				1	1.5	2.5		
점심	열무비빔국수 삶은달걀 채소튀김 동치미 오렌지	소면 열무김치 달걀 당근 양파 동치미 오렌지	90 20 60 35 35 40 100	소면(1)	달걀(1)	열무김치(0.5) 당근(0.5) 양파(0.5) 동치미(1)	오렌지(1)	
소계				1	1	2.5	1	
저녁	잡곡밥 대구탕 두부조림 숙주나물 배추김치	잡곡밥 대구 무 두부 숙주나물 배추김치	210 70 35 40 35 40	잡곡밥(1)	대구(1) 두부(0.5)	무(0.5) 숙주나물(0.5) 배추김치(1)		
소계				1	1.5	2		
간식	방울토마토 키위 우유	방울토마토 키위 우유	70 100 200(mL)			방울토마토(1)	키위(1)	우유(1)
소계						1	1	1

* 유지 · 당류(섭취횟수 4회)는 조리 시 가급적 적게 사용할 것을 권장함.

65~74세 남성 권장식단 (2,000kcal, B타입)

식단	식품군 및 권장 섭취횟수	재료	분량 (g)	밥 (곡류) 3.5	단백질 반찬 (고기·생선·달걀·콩류) 4	채소 반찬 (채소류) 8	과일류 2	우유·유제품류 1
아침	잡곡밥	잡곡밥	210	잡곡밥(1)				
	소고기무국	쇠고기	30		쇠고기(0.5)			
		무	28			무(0.4)		
	달걀말이	달걀	60		달걀(1)			
	고구마줄기무침	고구마줄기	35			고구마줄기(0.5)		
	배추김치	배추김치	40			배추김치(1)		
소계				1	1.5	1.9		
점심	참치김치덮밥	쌀밥	105	쌀밥(0.5)				
		참치	70		참치(1)			
		배추김치	20			배추김치(0.5)		
	콩나물국	콩나물	35			콩나물(0.5)		
	느타리버섯볶음	느타리버섯	15			느타리버섯(0.5)		
	나박김치	나박김치	40			나박김치(1)		
	파인애플	파인애플	100				파인애플(1)	
소계				0.5	1	2.5	1	
저녁	쌀밥	쌀밥	210	쌀밥(1)				
	두부된장국	두부	40		두부(0.5)			
		호박	21			호박(0.3)		
	닭갈비	닭고기	60		닭고기(1)			
		양파	21			양파(0.3)		
	시금치나물	시금치	70			시금치(1)		
	도라지생채	도라지	40			도라지(1)		
	배추김치	배추김치	40			배추김치(1)		
소계				1	1.5	3.6		
간식	시루떡	시루떡	105	시루떡(0.7)				
	찐감자	감자	140	감자(0.3)				
	바나나	바나나	100				바나나(1)	
	우유	우유	200(mL)					우유(1)
소계				1			1	1

* 유지·당류(섭취횟수 4회)는 조리 시 가급적 적게 사용할 것을 권장함.

65~74세 여성 권장식단 (1,600kcal, B타입)

식단	식품군 및 권장 섭취횟수	재료	분량 (g)	밥 (곡류) 3	단백질 반찬 (고기·생선· 달걀·콩류) 2.5	채소 반찬 (채소류) 6	과일류 1	우유·유제품류 1
아침	현미밥 무청된장국 오징어볶음 참나물새콤무침 백김치	현미밥 무청 오징어 참나물 백김치	168 21 40 21 40	현미밥(0.8)	오징어(0.5)	무청(0.3) 참나물(0.3) 백김치(1)		
소계				0.8	0.5	1.6		
점심	쌀밥 김치국 돼지갈비찜 김구이 오이소박이	쌀밥 배추김치 돼지고기 김 오이소박이	189 20 60 2 40	쌀밥(0.9)	돼지고기(1)	배추김치(0.5) 김(1) 오이소박이(1)		
소계				0.9	1	2.5		
저녁	흑미밥 버섯고추장국 두부구이 쑥갓나물 배추김치	흑미밥 표고버섯 두부 쑥갓 배추김치	168 6 80 49 40	흑미밥(0.8)	두부(1)	표고버섯(0.2) 쑥갓(0.7) 배추김치(1)		
소계				0.8	1	1.9		
간식	백설기 배 오렌지 우유	백설기 배 오렌지 우유	75 50 50 200(mL)	백설기(0.5)			배(0.5) 오렌지(0.5)	우유(1)
소계				0.5			1	1

* 유지·당류(섭취횟수 4회)는 조리 시 가급적 적게 사용할 것을 권장함.

구분	식단	식단사진	
		식사	간식
아침	현미밥 무청된장국 오징어볶음 참나물새콤무침 백김치		백설기 배 오렌지 우유
점심	쌀밥 김치국 돼지갈비찜 김구이 오이소박이		
저녁	흑미밥 버섯고추장국 두부구이 쑥갓나물 배추김치		

75세 이상 남성 권장식단 (1,900kcal, B타입)

식단	식품군 및 권장 섭취횟수	재료	분량 (g)	밥 (곡류)	단백질 반찬 (고기 · 생선 · 달걀 · 콩류)	채소 반찬 (채소류)	과일류	우유 · 유제품류
				3	4	8	2	1
아침	쌀밥	쌀밥	147	쌀밥(0.7)				
	어묵국	어묵	30		어묵(1)	무(0.5)		
		무	35					
	달걀말이	달걀	60		달걀(1)			
	감자조림	감자	140	감자(0.3)				
	미나리겉절이	미나리	35			미나리(0.5)		
	배추김치	배추김치	40			배추김치(1)		
소계				1	2	2		
점심	현미밥	현미밥	210	현미밥(1)				
	미역국	미역(마른것)	5			미역(마른것)(0.5)		
	돼지고기장조림	돼지고기	60		돼지고기(1)			
	콩나물무침	콩나물	35			콩나물(0.5)		
	단호박찜	단호박	70			단호박(1)		
	열무김치	열무김치	40			열무김치(1)		
소계				1	1	3		
저녁	쌀밥	쌀밥	210	쌀밥(1)				
	버섯된장국	느타리버섯	15			느타리버섯(0.5)		
	가자미구이	가자미	70		가자미(1)			
	깻잎나물	깻잎	35			깻잎(0.5)		
	구운김	김	2			김(1)		
	배추김치	배추김치	40			배추김치(1)		
소계				1	1	3		
간식	키위	키위	100				키위(1)	
	블루베리	블루베리	100				블루베리(1)	
	호상요구르트	요구르트(호상)	100					요구르트(호상)(1)
소계							2	1

* 유지 · 당류(섭취횟수 4회)는 조리 시 가급적 적게 사용할 것을 권장함.

구분	식단	식단사진	
		식사	간식
아침	쌀밥 어묵국 달걀말이 감자조림 미나리겉절이 배추김치		키위 블루베리 호상요구르트
점심	현미밥 미역국 돼지고기장조림 콩나물무침 단호박찜 열무김치		
저녁	쌀밥 버섯된장국 가자미구이 깻잎나물 구운김 배추김치		

75세 이상 여성 권장식단 (1,500kcal, B타입)

식단	식품군 및 권장 섭취횟수 / 재료	재료	분량 (g)	밥 (곡류) 2.5	단백질 반찬 (고기·생선·달걀·콩류) 2.5	채소 반찬 (채소류) 6	과일류 1	우유·유제품류 1
아침	닭죽	쌀밥	126	쌀밥(0.6)				
		닭고기	30		닭고기(0.5)			
		당근	21			당근(0.3)		
	마늘종볶음	마늘종	35			마늘종(0.5)		
	브로콜리데침	브로콜리	35			브로콜리(0.5)		
	동치미	동치미	40			동치미(1)		
소계				0.6	0.5	2.3		
점심	잡곡밥	잡곡밥	168	잡곡밥(0.8)				
	배추국	배추	35			배추(0.5)		
	소고기장조림	쇠고기	60		쇠고기(1)			
	시금치나물	시금치	35			시금치(0.5)		
	열무김치	열무김치	40			열무김치(1)		
소계				0.8	1	2		
저녁	쌀밥	쌀밥	168	쌀밥(0.8)				
	아욱된장국	아욱	35			아욱(0.5)		
	고등어구이	고등어	60		고등어(1)			
	미역초무침	미역(마른것)	2			미역(마른것)(0.2)		
	배추김치	배추김치	40			배추김치(1)		
소계				0.8	1	1.7		
간식	찐감자	감자	140	감자(0.3)				
	바나나	바나나	100				바나나(1)	
	우유	우유	200(mL)					우유(1)
소계				0.3			1	1

* 유지·당류(섭취횟수 4회)는 조리 시 가급적 적게 사용할 것을 권장함.

구분	식단	식단사진 식사	식단사진 간식
아침	닭죽 마늘종볶음 브로콜리데침 동치미		찐감자 바나나 우유
점심	잡곡밥 배추국 소고기장조림 시금치나물 열무김치		
저녁	쌀밥 아욱된장국 고등어구이 미역초무침 배추김치		

참고문헌

- 강현주 외, 디지털 식생활관리: 웹 기반 컴퓨터 프로그램을 활용한 식단 작성 솔루션, 도서출판 효일, 2017

- 경북교육청, 식재료 납품업자 및 위탁업주 위생교육 자료 중 축산물 등급판정 및 육류 선정, 2002

- 계승희 외, 합리적인 식단작성을 위한 식품폐기율 조사 연구, 대한영양사협회학술지 3(1):55~62, 1997

- 교대신문, 행복을 위해서는 삶의 윤리처럼 개인의 음식윤리도 필요(김석신), 2016.05.15

- 교육부, 학교급식 위생관리 지침서, 2021

- 구언희 · 서정숙, 채소 기피 아동의 영양소 섭취상태와 채소 기피 관련 요인, 대한지역사회영양학회지 10(2): 151-162, 2005

- 구재옥 외, 이해하기 쉬운 영양교육과 상담: 이론과 실제, 파워북, 2022

- 구재옥 외, 식사요법(4판), 교문사, 2021

- 국립환경과학원, 가정계 폐기물 발생 실태조사 연구, 2012

- 권순자 외, 식생활관리, 제3판, 파워북, 2021

- 권순자 외, 웰빙식생활, 교문사, 2012

- 그린피스, 지국의 위한 5가지 똑똑한 식습관(자무나 아이엔가), 2020.04.21

- 김석신, 행복을 위해서는 삶의 윤리처럼 개인의 음식윤리도 필요, 고대신문, 2016

- 김유리 외, 영양판정, 파워북, 2021

- 김준태, 배달음식용 패키징의 안전 및 환경 문제, 제47회 국민생활과학기술 포럼[코로나 시대, 배달음식과 국민건강], 2022.06.10

- 김초일 외, 『코로나19에 따른 성인의 식생활 실태 조사』 온라인 설문지, 2022

- 농림수산식품교육문화정보원, 2021년 대체식품 소비 트렌드, 2021

- 농촌진흥청 국립농업과학원, 국가표준식품성분표, 제9개정판, 2016

- 농촌진흥청 국립농업과학원, 국가표준식품성분표, 제10개정판, 2021

- 대한당뇨병학회, 당뇨병 식품교환표 활용지침, 제3판, 2010

- 대한영양사협회, 급식관리지도서, 2000

- 대한영양사협회, 식사계획을 위한 식품교환표 개정판, 2010

- 대한영양사협회, 임상영양관리지침서, 제3판, 2017

- 대한영양사협회, 임상영양관리지침서, 2022

- 더농부의 팜스토리, 떠오르는 푸드테크 트렌드! 한눈에 알아보기, 2021

- 문부과학성 · 후생노동성 · 농림수산성, 식생활 지침의 해설요령, 2016

- 박명숙 · 권상희 · 오경원, 국민건강영양조사 외식 음식별 식품재료량 데이터베이스 구축, 주간 건강과 질병 12(25):831–835, 2019

- 백재은 외, 식생활관리와 글로벌 음식문화, 교문사, 2016

- 백희영 외, 건강을 위한 식생활과 영양, 파워북, 2021

- 변광의 외, 식품, 음식 그리고 식생활, 교문사, 2008

- 보건복지부, 한국인을 위한 식생활지침, 2009

- 보건복지부 · 질병관리본부, 2007 국민건강통계: 국민건강영양조사 제4기 1차년도(2007), 2008

- 보건복지부 · 질병관리청, 2020 국민건강통계: 국민건강영양조사 제8기 2차년도(2020), 2021

- 보건복지부 · 한국보건사회연구원, 2020년 기초생활보장 실태조사 및 평가연구, 2020

- 보건복지부 · 한국영양학회, 2020 한국인 영양소 섭취기준, 2020

- 보건복지부 · 한국영양학회, 2020 한국인 영양소 섭취기준 활용, 2021

- 보건복지부 · 한국보건사회연구원, 2020년 기초생활보장 실태조사 및 평가연구, 2020

- 보건복지부 · 한국보건산업진흥원, 1998년도 국민건강 · 영양조사 심층 · 연계분석(I) (영양조사부문), 2000

- 보건복지부 · 한국보건산업진흥원, 국민건강영양조사 보고서(2005년도), 2006

- 서울대학교 생활과학대학 교재개발위원회, 생활과학의 이해, 서울대학교출판문화원, 2005

- 식품외식경제, 음식이 갖는 의미, 작은 행복을 주는 것(권대영), 2020.06.24

- 식품의약품안전처, 『국민건강 지킴이 「식품위생법」 환갑 맞다』 보도자료, 2022.04.21

- 식품의약품안전처, 『성인 하루 커피 4잔, 청소년 에너지음료 2캔 이내로 섭취하세요』 보도자료, 2020.03. 18

- 식품의약품안전처, 『식품 등 수입현황으로 알아본 식새활 트렌드』 보도자료, 2021.12.28

- 식품의약품안전처, 『식품통계로 알아보는 HMR식품(가정간편식) 이야기』 카드뉴스, 2020

- 식품의약품안전처, 다소비 및 다빈도 식품, 어린이 기호식품 유형, 2004

- 식품의약품안전처, 수입식품현황, 2021

- 식품의약품안전처, 식품 안전이슈 20가지, 15. 식품 알레르기, 2017

- 식품의약품안전처, 입맛 없는 우리 아이 편식 해결법은?, 2021

- 식품의약품안전처 · 식품안전정보원, 식품통계로 알아보는 나트륨 줄이기, 2019

- 식품의약품안전처 · 한국보건산업진흥원, 디지털 기반 맞춤형 식생활관리서비스 표준가이드 개발, 2021

- 양일선 외, 단체급식 및 외식산업 관리자를 위한 식품구매, 교문사, 2020

- 여성조선, 구독, 눌러주세요 ① 식품 구독 서비스, 2022.04.12

- 유네스코한국위원회, 우리가 원하는 미래를 만들기 위한 약속, 2020

- 윤지현 외, 지속가능한 식생활·영양 정책 선진 사례 및 국민 식생활 실태조가 개편방안 연구, 농림축산식품부&식생활교육국민네트워크, 2018

- 윤지현 외, 이해하기 쉬운 단체급식관리, 파워북, 2022

- 윤지현, 북한 주민의 식생활은 지속가능할까, 더스쿠프, 2018.10.26

- 윤지현, 통일 한반도의 지속가능한 식생활을 위해, TIN뉴스, 2018.10.13

- 이미숙 외, 기본으로 영양학 시리즈, 교문사, 2011

- 이애랑 외, 식생활관리, 교문사, 2019

- 이연숙 외, 생애주기영양학, 교문사, 2017

- 이윤종, 의사결정론, 대광출판사, 1999

- 이정희, 유통시장의 변화와 식품산업의 발전방향, 식품공업 2008(204): 33-79, 2008

- 장유경 외, 기초영양학, 교문사, 2016

- 제임스 갤러거, 식습관이 전세계 사망원인의 5분의 1이라는 연구 결과가 나왔다, BBC 뉴스, 2019.04.05

- 중앙어린이급식관리지원센터, 2022년 어린이급식관리지원센터 식단 운영·관리 지침, 2022

- 중앙일보, 한국사회 100대 드라마 ② 의식주(신은진), 2005.07.27

- 질병관리본부 만성병조사팀, 2005 건강행태 및 만성질환 통계 자료집, 2006

- 초록발자국, 기후 변화 영향&대응 방안 6가지(식생활편), Green News 360, 2020.12.26

- 최지현, 농식품 안전관리의 현황과 향후 발전 방안, 식품공업 2009(212): 47-67, 2008

- 최혜미 외, 21세기 식생활관리, 교문사, 2018

- 통계청(환경부, 한국환경공단), 전국 폐기물 발생 및 처리 현황, 2022

- 통계청, 『2019년 12월 및 연간 온라인쇼핑 동향』 보도자료, 2020.02.05

- 통계청, 『2020년 사망원인통계 결과』 보도자료, 2021.09.27

- 통계청, 『2021년 12월 및 연간 온라인쇼핑 동향』 보도자료, 2022.02.03

- 통계청, 2019년 생활시간조사 결과, 2020

- 한국건강증진개발원, 『'코로나19 이후 생활의 변화' 여론 조사』 보도자료, 2020.10.12

- 한국농수산식품유통공사, 2021년 식품외식산업 주요통계, 2021

- 한국농수산식품유통공사, 글로벌 대체육 식품시장 현황, 2021

- 한국푸드테크협회, 국내 푸드테크 사업 구분, 리테일매거진 '푸드테크 어디까지 왔을까' 재인용, 2021

- 한성림 외, 사례로 이해를 돕는 임상영양학, 교문사, 2021

- Annals of Nutrition & Metabolism 51(s2): 26–31, 2007

- Australian Government National Health and Medical Research Council, Food for health-Dietary guidelines for Australians, 2013

- CJ제일제당, CJ제일제당 "올해 식(食) 키워드, L.I.F.E" 보도자료 2022.02.02

- Dietary guidelines for Americans, 2020

- Eckstein EF : Menu Planning. 3rd eds. Avi Publishing Co., Inc., Westport, Connecticut, 1983

- Ge K, Jia J, Liu H. Food-based dietary guidelines in China-Practices and problems.

- Kinder F. Green KF : Meal Management, 5th eds., Macmillan Publishing Co., Inc., New York, 1978

- Story M 등. Creating healthy food and eating environments: Policy and environmental approaches. Annual Review of Public Health 2008; 29:253–272

- U.S. Department of Health and Human Services, U.S. Department of Agriculture, Dietary guidelines for Americans 2020–2025, 2020

- USDA Center for Nutrition Policy and Promotion : Official USDA Thrifty Food Plans: Cost of food at home at three levels, U.S. Average, April 2022

- USDA Center for Nutrition Policy and Promotion : Official USDA Food Plans: Cost of food at home at three levels, U.S. Average, April 2022

[웹사이트]

- 교육부, 교육행정정보시스템, http://neis.moe.go.kr

- 국가법령정보센터, https://www.law.go.kr

- 국립농산물품질관리원, https://www.naqs.go.kr

- 국립축산과학원, https://nias.go.kr

- 농림축산식품부, https://www.mafra.go.kr

- 농림축산식품부 바른식생활정보114, 식생활물레방아, http://www.greentable.or.kr/PageLink.do

- 농산물유통공사, 식품의 가격정보, https://www.kamis.co.kr

- 농산품유통정보(KAMIS), https://www.kamis.or.kr

- 농촌진흥청 · 국립농업과학원, 국가표준식품성분표, http://koreanfood.rda.go.kr/kfi/fct/fctIntro/list?menuId=PS03562

- 농촌진흥청·국립농업과학원, 농식품종합정보시스템 메뉴젠, http://koreanfood.rda.go.kr/kfi/mgnNewmenumkFoodSelectNew/list#;

- 대한영양사협회, https://www.dietitian.or.kr

- 보건복지부, http://www.mohw.go.kr

- 수산정보포탈, https://www.fips.go.kr

- 식품의약품안전처, https://www.foodsafetykorea.go.kr

- 식품의약품안전처, 식품영양성분 데이터베이스, https://various.foodsafetykorea.go.kr/nutrient.

- 식품의약품안전처, 칼로리코디, http://www.foodsafetykorea.go.kr/mkisna/intro.do

- 식품이력관리시스템, https://www.ttood.go.kr

- 음식물쓰레기관리시스템, https://www.citywaste.or.kr

- 일본영양사협회, https://www.dietition.or.jr

- 중국영양학회, https://www.cnsoc.org

- 중앙어린이급식관리지원센터, https://http://ccfsm.foodnara.go.kr/jungang

- 질병관리청, https://www.kdca.go.kr

- 축산물품질평가원, https://www.ekape.or.kr

- 통계청, http://www.kosis.go.kr

- 한국가스안전공사, https://www.kgs.or.kr

- 한국과학기술원, http://www.kaist.ac.kr

- 한국농수산식품유통공사, 식품산업통계정보시스템, http://www.atfis.or.kr

- 한국보건산업진흥원, 식사구성오뚝이, https://www.khidi.or.kr/rolypoly

- 한국영양학회, 영양평가용 프로그램(CAN), http://www.kns.or.kr/Center/CanPro5.asp

- 환경부, https://www.me.go.kr

- The 2017 Food code, https://www.fda.gov/food/fda-food-code/food-code-2017

ㄱ

가공 23
가공식품 293
가식부율 134
가정간편식 40
가족 식단 228
가치 18
간편조리세트 52
감염병 43
감전사고 319
갑각류 278
개인적 요인 35
거시적 식생활환경 37
거시적환경 35
건강기능식품 34
건강보조식품 55
건강식품 55
건조저장 290
계획 13
고령사회 41
고령친화식품 34, 40
고령화 40
고령화사회 41
곡류 272
과일 292
과일류 283
교차오염 305
구매 시간 254
구매 장소 256
구매 필요량 254
국가표준식품성분표 165
국민영양관리법 11
권장섭취량 108
권장식단 196
권장식사패턴 112, 143, 146, 195
균형성 103

급식 43
기능성 55
기술 16
김치냉장고 289
꽃채소 282

ㄴ

나트륨 224
낙상사고 319
날짜표시 262
내식 45
냉동식품 40
냉장·냉동고 287
노력 16
노인 40
노인 식단 223
농산물우수관리인증제도 270
능력 16

ㄷ

다양성 104
단위가격 260
단체급식소 15
달걀류 284, 293
닭고기 277
대체식품 34, 53, 132
대체유 53
대체육 53
대표레시피 168
도매시장 253
동물성 식품 54
돼지고기 274
등급표시 277
디지털기반 식생활관리서비스 34
디지털 전환 42
디지털 헬스케어 61

디지털헬스케어산업 30

ㄹ

레시피 61
로컬푸드 직매장 259
류 291

ㅁ

만성질환 19
맞춤형 식단 61
맞춤형 식생활관리 61
맞춤형 식품 56
메뉴 결정 과정 148
목표 13
물리저하격 35
물적 자원 15
미국인을 위한 식생활지침 122
밀키트 52

ㅂ

반조리 45
배달서비스 44
배달음식 44
배양육 54
백미 272
버섯류 282
비타민 A 216
비타민 C 216
빅데이터 58
뿌리채소 279

ㅅ

사회 공정성 25, 98
사회적 거리두기 43
사회적환경 35
상한섭취량 108

새벽배송 59
생산 23
생선류 277
생애주기별 식생활지침 116
선택 11
섭취 11
성인 식단 216
세계화 41
소매점 43
소비 23
소비기한 263
소화기 321
쇠고기 274
수입산 쇠고기 276
수입식품 41
슈퍼마켓 258
시간 16
식단 61
식단 작성 140
식단 작성 기준 데이터베이스 169
식단 작성의 과정 141
식단 작성 프로그램 163
식단 평가 177
식단표 작성 152
식문화 41
식물성 식품 54
식비 75
식사관리 효율성 138
식사구성안 74, 110, 140, 195
식생활 10
식생활관리 10
식생활관리 역량 10
식생활관리자 15
식생활교육지원법 11
식생활 문화 41
식생활산업 10, 44
식생활의 가치 10
식생활정책 44
식생활지침 114
식생활환경 35
식습관 20
식이섬유 224

식재료 41
식중독 85, 301
식중독 예방 88
식품 83
식품계획 77
식품 공정성 98
식품교환표 156
식품 구독 서비스 58
식품구성자전거 103
식품산업 26
식품시스템 22
식품 알레르기 204
식품영양성분 30
식품영양성분 데이터베이스 163
식품유통 252
식품유통업 30
식품의약품안전처 42
식품제조업 26
식품품질 인증제도 269
식품품질 표시제도 264
신선편의식품 51
실온저장 287
실행 13
쌀 272
쌀 등 273
쓰레기 22

ㅇ
알레르기 예방 식단 234
알레르기 유발식품 236
양곡표시제 272
어린이급식관리지원센터 18
어린이 기호식품 품질인증제도 270
어린이 시단 207
어패류 292
에너지 필요량 159
엥겔지수 75
여유가격계획 78
연체류 278
열매채소 281
엽산 197

영양강조표시 267
영양관리서비스산업 25
영양교사 18
영양사 18
영양소 섭취기준 73
영양취약계층 18
영양평가용 프로그램(CAN, Computer Aided Nutritional analysis program) 170
영양표시제도 266
오메가-3 지방산 218
온라인쇼핑 44
온라인 식품 쇼핑 59
온라인 플랫폼 58
온실가스 22, 59
외식 34
외식업 26
외식업소 46
우수식품 132
우유 285
원산지표시제 264
유아 식단 203
유전자변형식품 266
유전자변형식품 표시제도 265
유제품 285
유통 23
유통기한 263
육류 272
육우고기 276
윤리 24
음식레시피 데이터베이스 168
음식물 쓰레기 95, 322
음식 배달 플랫폼 59
인적 자원 15
일본인을 위한 식생활지침 123
임신·수유부 식단 196
잎채소 279

ㅈ
잔류농약제거 306
재래시장 258
재정 자원 15

저가격계획 78
적정가격계획 78
절단사고 318
절약계획 78
정리 11
정밀영양 61
젖소고기 276
제조일자 262
조개류 277
조리 11
조리기구 42
중국인을 위한 식생활지침 124
즉석섭취식품 51
즉석조리식품 51
지구 온난화 38
지리적표시제 269
지속가능발전목표 22
지속가능성 25
지속가능한 식생활 94
지식 16
직거래장터 259
질감 83

ㅊ
찹쌀 272
창고형 할인점 259
채소 292
철 197
청소년 식단 212
체중조절 식단 240
초고령화사회 41
최저생계비 230
충분섭취량 108
친환경 농축산물 97

친환경농축산물인증제도 269
친환경식품 전문매장 259

ㅋ
카페인 197
칼슘 208
코로나19 42
콜레스테롤 216

ㅌ
특수영양식품 56
특수의료용도식품 56

ㅍ
편식 209
편의점 47, 259
평가 13
평균필요량 108
폐기율 134
포장단위 260
표준레시피 168
푸드 마일리지 97
푸드마켓 327
푸드뱅크 327
푸드테크 42
품질유지기한 262

ㅎ
한국인 영양소 섭취기준 107
한국인을 위한 식생활지침 114
한우고기 276
항산화 영양소 219
해동 305
해조류 282

행복 20
향미 83
현미 272
호주인을 위한 식생활지침 125
화상사고 317
화재사고 320, 321
환경보호 31
환경적 요인 35

A
AI 30

E
ESG 25

G
GMO 266

H
HACCP 312
HMR 40
Home Meal Replacement 45

S
SDGs 22

기타
1교환단위 157
1인 1회 분량 112
1인 가구 39
1차 시장 252
2차 시장 252
4C 11

저자 소개

이심열
서울대학교 식품영양학과 학사
서울대학교 식품영양학과 석사
미국 캘리포니아 버클리대학교 식품영양학과 석사
서울대학교 식품영양학과 박사
(현) 동국대학교 가정교육과 교수

김경민
서울대학교 식품영양학과 학사
서울대학교 식품영양학과 석사
서울대학교 식품영양학과 박사
(현) 배화여자대학교 식품영양학과 교수

김경원
서울대학교 식품영양학과 학사
서울대학교 식품영양학과 석사
미국 사우스캐롤라이나대학교 보건교육학 박사
(현) 서울여자대학교 식품영양학전공 교수

윤지현
서울대학교 식품영양학과 학사
서울대학교 경영학과 학사
미국 아이오와주립대학교 호텔외식급식경영학과 석사
미국 퍼듀대학교 호스피탈리티관광경영학과 박사
(현) 서울대학교 식품영양학과 교수

송수진
서울대학교 식품영양학과 학사
서울대학교 식품영양학과 박사
(현) 한남대학교 식품영양학과 교수

식생활관리

초판 발행 2022년 8월 31일

지은이 이심열, 김경민, 김경원, 윤지현, 송수진
펴낸이 류원식
펴낸곳 교문사

편집팀장 김경수 | **책임진행** 윤소연 | **디자인** 신나리 | **본문편집** ops디자인

주소 10881, 경기도 파주시 문발로 116
대표전화 031-955-6111 | **팩스** 031-955-0955
홈페이지 www.gyomoon.com | **이메일** genie@gyomoon.com
등록번호 1968.10.28. 제406-2006-000035호

ISBN 978-89-363-2384-4(93590)
정가 24,000원